ゼロエミッションと新しい水産科学

氷

三浦汀介［著］

北海道大学出版会

扉：カバー表と同じ漁場での操業風景(清水 晋氏撮影)。
　　写真は，網おこし作業の開始時のものである。

はじめに

　水産科学教科書シリーズの刊行は，北海道大学大学院水産科学研究院長の原　彰彦先生の提案で実現することとなった。これには本水産科学研究院が，2007年に創基100周年を迎えたことと関係が深い。記念式典では，「高邁なる野心(Lofty Ambition)」を刻んだ御影石の碑が関係者に披露され，我われにとってクラークの言葉は，100年を経た今日，改めて解釈すると，どのような意味となるのか？　が話題となった。本シリーズの刊行は，このような背景から生まれた活動のひとつである。新しい100年の最初の年に当たる今年，本シリーズを刊行できることは，関係者とともに著者の望外なる喜びである。

　ところで，ゼロエミッション(Zeroemission)という言葉が生まれて10年以上の月日がたち，今日では一般的な概念として定着した。ところが，この言葉を，単にゴミをゼロにすることと理解している方々の多いのも事実である。一方，さまざまの産業分野でゼロエミッションの成功事例？　の報告が増えてはいるが，多くの場合は旧来のリサイクルの概念を出ていない場合が多いように思われる。水産業も例外ではない。副産物の有効利活用についていえば，第二次世界大戦中(1943年)に著わされた書物にもかかわらず，『水産廃棄物利用』(株式会社水産社刊)では，既に，基本的な利活用技術の体系が示されているのである。ゼロエミッションが副産物の単なる利活用技術でないとすれば，その本当の意味は何なのかについて知っておく必要があろう。

　このような観点から本書は，はじめに，ゼロエミッションとは何かといった概念的な説明に加えて，種々の産業における国内外のゼロエミッションの成功事例を知ることで，ゼロエミッションの意味を理解する。次に，それを水産業に取り入れる場合の課題について，たとえば，水産廃棄物問題，水産廃棄物の資源化技術の課題について述べるとともに，水産ゼロエミッションの数少ない具体的事例を知り，水産分野の現状を理解する。さらに，筆者の

考える実践のための「持続可能性(ゼロエミッション型)水産科学」とは何か，そして，それを支える教育・研究システムとはどんなものかを，読者に理解していただけるよう意図した構成となっている。しかし，本書を購入された読者が，これをどう読むかは自由である。水産にあまり関連のない方は，第1章の地球システムの脆弱性とゼロエミッションに関する記述から読むことをお勧めする。また，広く教育・研究に関わる方々にとっての関心事が，自分の属する組織の将来の姿であるのなら，第9章の持続可能性とその教育から，続く第10章をお読みになるのも良い。本書は，基本的にゼロエミッションと水産科学を紹介しているものの，読者が自分の関連する領域を重ねさえすれば，自分の関連分野の問題として考えることができるからである。願わくは，本書がきっかけとなって，学生から教官，さらには産業界の各方面の方々に，熱い議論の生まれることを期待するものである。

2008年9月10日

三浦　汀介

目　　次

はじめに　　i

第1章　地球システムの脆弱性とゼロエミッション　　1

　1.1　人類が抱えている問題　　1
　1.2　地球システムの脆弱性の具体的事例　　3
　　　水不足　3／食料問題　5／地球温暖化　7／オゾン層破壊　12／種の絶滅　14
　1.3　ゼロエミッションによる問題解決　　17
　　　前提となる環境問題　17／ゼロエミッション社会の実現の条件　18
　引用・参考文献　　19

第2章　ゼロエミッションとは　　21

　2.1　歴史的経過　　21
　　　"エコ・リストラクチャリング"を基盤とする7つのプロジェクト　23／国連大学ゼロエミッション研究構想　23
　2.2　ゼロエミッションの意味　　24
　　　6つの行動原則　26
　2.3　ゼロエミッションへのアプローチ　　28
　　　ゼロエミッション社会構築のための5つの方法　28／ゼロエミッションを目指すための3つの原則　29
　引用・参考文献　　30

第3章　ゼロエミッションを支える基本的な概念　　31

　3.1　ナチュラル・ステップ　　32
　　　ナチュラル・ステップのコンセプト　32／人間社会が自然を破壊す

　　　　　るメカニズム　33
　　3.2　エコロジカル・フットプリント　34
　　　　　エコロジカル・フットプリントのコンセプト　35／研究事例　36
　　3.3　ファクター10とMIPS　38
　　　　　ファクター10のコンセプト　38／MIPS　39
　　3.4　エネルギーとエクセルギー　42
　　　　　エネルギー保存の法則　42／エクセルギーの概念　43
　引用・参考文献　46

第4章　日本のゼロエミッション　47

　　4.1　バイオマス・ニッポン総合戦略　47
　　　　　戦略の概要　47／戦略目標　48／利活用事例　48
　　4.2　地域ゼロエミッション　50
　　4.3　産業ゼロエミッション　52
　　4.4　学術研究ゼロエミッション　55
　　　　　研究目的および概要　55
　　4.5　民間ゼロエミッション　57
　引用・参考文献　59

第5章　世界のゼロエミッション　61

　　5.1　ZERIファンデーション　61
　　　　　実行計画　61／これまでに実施してきたプロジェクト　63
　　5.2　フィジー統合型ゼロエミッション　64
　　　　　プロジェクトの内容　65／研究の内容と今後の課題　67
　　5.3　カロンボー工業団地のゼロエミッション　67
　　　　　カロンボーの産業共生　68／廃棄物の利活用　70

第6章　水産業の歴史・現状・課題　73

　　6.1　戦前・戦後の歴史　73

6.2 現　状　75
　　水産資源　76／漁場環境　76／漁業経営　76／水産物流通・加工など　77／漁業地域　77
6.3 今後の課題　78
引用・参考文献　81

第7章　水産廃棄物の分類・課題・対策　83

7.1 水産廃棄物の法的分類　83
7.2 廃棄物系バイオマスに分類されるもの　85
　　水産加工残滓　85／廃棄藻類　86／貝殻　86
7.3 未利用バイオマスに分類されるもの　86
　　混獲・投棄魚　86／打ち上げ海藻　87／北海道ホタテガイ漁場での駆除ヒトデ　87／漁業対象外ネクトン（ハダカイワシ科魚類）　87／アブラソコムツ　88
7.4 漁業系廃棄物処理ガイドライン　88
　　分別　88／保管　89／収集・運搬　89／中間処理　89／最終処分　90
7.5 水産廃棄物の問題点　90
7.6 日本の水産廃棄物対策　91
　　漁網　91／FRP漁船　92／海産付着物　94／斃死魚介類　95／魚類煮汁　95／サケ加工残滓　96／ホタテ貝殻　97／マルソウダ　98／ワカメ　99／魚腸骨　100／魚箱（発泡スチロール）　101
7.7 海外の水産廃棄物資源化技術　102
　　ノルウェーにおける水産廃棄物と資源化技術　103
7.8 日本の水産バイオマス資源化戦略　106
　　実現のための課題　106／バイオマス変換計画について　107
引用・参考文献　108

第8章　水産科学の新しい展開　111

　8.1　水産養殖とゼロエミッション　111
　8.2　イカのゼロエミッション　112
　　　わが国のイカの物質フローと窒素収支　112／函館のイカの物質フローと窒素収支　114／人工餌料の開発　116／イカ墨の有効利用　120／新しい加工残滓処理技術の可能性　122
　8.3　漁業のLCA研究　125
　　　LCAによるアプローチ　128
　8.4　関連するシンポジウムと研究　134
　　　水産物の有効利用法開発に関する国際シンポジウム　134／水産ゼロエミッション研究会　135
　引用・参考文献　135

第9章　持続可能性とその教育　137

　9.1　水産業の持続可能性とは　137
　　　持続可能性の意味　137／持続可能性のロジック　139
　9.2　エコラベル認証制度・税制・環境規制　141
　　　エコラベル認証制度　142／税制・環境規制　144
　9.3　持続型水産業のための教育・研究　145
　　　水産科学の新しいロジック　145／水産科学の基本理念　147／水産科学の課題　150
　引用・参考文献　153

第10章　教育・研究システムの成立条件　155

　10.1　学部機能　155
　　　学部の利害関係者　156／倫理的指針　157／学部ガバナンス　157／学部戦略　157
　10.2　構成員の持つべき精神性　158

引用・参考文献　159

おわりに　161
謝　辞　163
索　引　165

地球システムの脆弱性とゼロエミッション

第 1 章

1.1 人類が抱えている問題

21世紀に入って世界は，図1.1に示すようにいくつかの複雑で難しい問題を抱えている．現在，中央環境審議会会長の鈴木基之は2002年に行われた早稲田大学の講義「理工文化論」のなかで，学生たちに次のような問題提

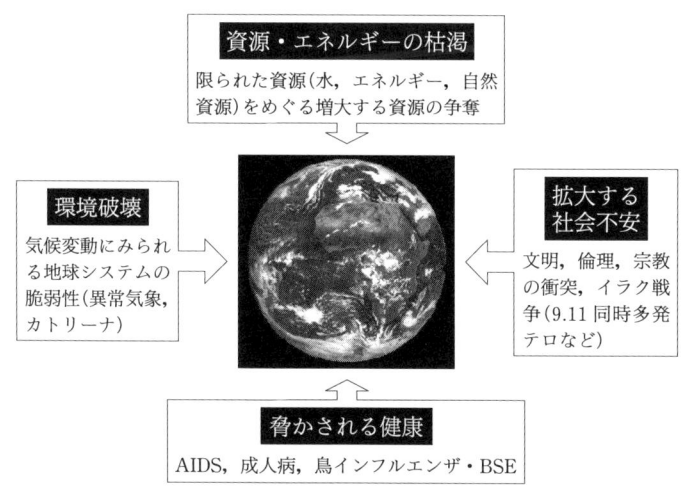

図1.1 21世紀の抱える諸問題(写真はNASAホームページより)

起をした。それは「我われはいかにして地球上の環境劣化をくい止め，資源枯渇を防ぐことができるか」である。しかし現実には気候変動にみられるように地球システムの脆弱性が明らかになり，人間社会では，水・エネルギー・自然資源などの限られた資源をめぐって争奪も激しくなっている。さらに，文明・宗教・倫理の衝突による社会不安も増大しつつあり，最近ではBSEや鳥インフルエンザの大流行のように我われの健康を脅かす新しい脅威が生まれている。世界は東西2極支配体制の崩壊により経済のグローバル化が進むと同時に，IT技術の発展や世界的な情報の共有化による一体化が進んだ。しかし，さらなる疑問として「ハイテクは人類を幸せにしてきたのであろうか，ITやバイオテクノロジーは根本的な問題解決に役立つのか，また，グローバル化により国のアイデンティティーはどうなるのか」に対して，鈴木基之は，「これまでの技術革新が必ずしも良いことばかりではなかったのではないか」と疑問を投げかけ，結論として，「その根本的な原因が，我われの住む地球の有限性(R・バックミンスター・フラー)にある」ことを指摘した。

　すなわち，21世紀に入って我われ人類社会が，これまでのような大量生産・大量消費・大量廃棄の行われた旧パラダイムから離脱して，有限な地球システムのなかで持続可能な開発を行うという新しいパラダイムにシフトしなければならないという問題である。

　地球システムの脆弱性に関しては，これまで示したような多くの問題が存在する。歴史的には産業革命を境に化石燃料の使用が急増し，近代社会は一気に工業化を進めることになった。急激な成長は経済システムや，社会システムに矛盾を生み，結果として，以前とは比べものにならないほど大きな影響を地球システムに与えることとなった。以前は，地球システムのマスが大きく，地球環境の劣化の速度や，その空間的な広がりを，人間は感覚的に捉えることが難しかった。しかし，アメリカ合衆国で打ち上げられたNASAのスペース・シャトルから見た映像は，直感的に地球の病的な姿を我われの目の前にさらした。有限な地球で持続可能な社会を築くためには，地球システムの脆弱性から派生する問題を，どうしても克服していかなければならな

い。以下，具体的事例で個々の重要課題について考察する。

1.2 地球システムの脆弱性の具体的事例

(1) 水不足

1995年に世界銀行(World Bank: WB)が出した「水危地に直面する地球」によれば，水問題の概略は以下のような内容である。

報告書は「今世紀の戦争の多くは石油をめぐる争いだった。来世紀には水をめぐる戦争になるだろう」と指摘している。このことは生存の基盤となる水をめぐる問題が21世紀に深刻化することは必死だということである。特に社会資本の整備が遅れている開発途上国で問題の深刻さが増す。そこでは，水不足，水質汚染，洪水被害の増大などの水問題が発生し，これに起因する食糧難，伝染病の発生などその影響が加速される。この原因には，急激な人口増加や都市開発，産業発展などがあり，水をめぐる国際紛争が各地で発生しているからである。そして今後も人口増加などは進むので，さらに深刻な事態が予想される。現在，急激な人口増加や工業などの発展にともない，下水道などの施設整備が追いつかない途上国を中心に著しい水質汚染の問題が生じている。

この事態について国連(United Nations: UN)は1998年に以下のような警告を発した。

①水関係の病気で，子どもたちが8秒に1人ずつ死亡する。
②途上国における病気の80%の原因は汚水である。
③世界人口の50%の人々は，下水施設が未整備である。
④淡水魚の20%の種は，水質汚染により絶滅の危機にある。
と，このように事態は大変深刻である。

また，関係する話題としては，事務局が，ユネスコのパリ本部にある世界水アセスメント計画が2000年に設立されたことであろう。その活動の成果として，第1回「世界水発展報告書」が，国連の23機関による共同作業の結果として作られた。内容は6つの主なセクションから構成されており，各

セクションは，背景，世界の水資源の評価，水の需要・利用および必要性の評価「生命と福祉に関する課題」，水管理の検討「管理上の課題」，さまざまな水シナリオを取り上げた7つのパイロットケーススタディ，結論および付録からなるものであり，今後の活動が期待される。

一方，水危機についての解釈としては，持続可能な開発委員会(Commission on Sustainable Development: CSD)は2002年に下記のように述べている。「貧困の撲滅，持続不可能な生産および消費形態の変更，経済・社会発展のための天然資源の保護および管理は，持続可能な開発のための最優先目標であり，もっとも本質的な要件である」。そして，我われ人類が直面している社会および天然資源に関するあらゆる危機のなかでも，水危機は人類の生存および地球環境の存続の核心に位置するものである。

レスター・ブラウンの報告[1-1]によれば，穀物1トンを生産するのに使われる水の量はおよそ1,000トンである。人々が豊かになればなるほど牛肉，豚肉，鶏肉，卵，乳製品を食べる人が増える。たとえば，牛肉1kgを生産するのに穀物は8kg必要で穀物を肉に変換せずにそのまま消費するのに比べて8倍もの量が必要になる。したがって食生活が贅沢になればなるほど穀物の消費量は増え，その結果，水の需要は増大する。たとえば，アメリカ人の食事には畜産製品が多く，それらを生産するのに1人当たり年間800kgの穀物が必要である。しかし，コメなどの炭水化物が中心のインド人の食事では，200kgの穀物しか必要としない。アメリカ人はインド人4人分の穀物を消費することになり，水も4倍使っていることになるという。さらに，水事情の今後の見通しについては，次のように述べている。

①世界の水不足は年ごとに深刻になっており，対応はますます難しくなる。もし世界各地で地下水の汲み上げ量を急激に減らして地下水位を安定させようとすれば，世界の穀物生産量は8％，およそ1億6,000万トン減少して，価格が高騰する。水収支の赤字が増え続ければ，結果としてさらに大規模な調整が必要になる。

②政府が早急に人口を安定させ，水の生産性を向上させなければ，水不足はすぐに食糧不足へとつながる。膨大な人口を抱える中国やインドを含

め，水不足に悩む国が増え，穀物輸入の需要が増えるに従って，アメリカ合衆国，カナダ，オーストラリアなどの食糧余剰国の輸出供給量を上回る危険性が出てくる。そうなれば，世界の穀物市場は不安定になる。
③対策が遅れれば，水不足の低所得国のなかには必要な穀物を輸入できないところも出てきて，何百万人という国民を飢えに追いやる危険性がある。

このような警告を踏まえて，今後の問題解決策を考えるならば，ひとつは水の需要と持続可能な供給のバランスを回復することである。また，人口の安定と水利用効率の向上といった，需要側の率先した行動も重要になる。そして，各国の政府は，もはや人口政策と水供給を分けて考えることはできない状態を強く認識しなければならない。そして，具体的な水利用効率の向上を目指す政策へとすぐにでも転換する必要があろう。それには水利用効率の高い技術，水利用効率の高い作物，水利用効率の高い動物タンパクへの転換を含めた水資源の生産性を向上させることが重要になる。

(2) 食料問題

国際食糧政策研究所(International Food Policy Research Institute: IFPRI)は，アメリカ合衆国・ワシントンに本部を置く，途上国を中心とした国際的な食料問題について研究する国際情報機関である。1975年に設立され，現在，日本を含む57加盟国で組織されている。今後の食料需給について，次のような警告をしている。

1996年から1998年にかけて開発途上国に暮らす7億9,200万の人々，つまり開発途上世界人口の18％は，慢性的な栄養不良状態にあった。開発途上国の5億7,600万の人々(つまり10人に1人)が，今後も2015年まで食糧不足に苦しむものと予測されている。これは，遅くとも2015年までには飢餓を半減させるという，世界食糧サミットの目標にはるかに及ばないことを示す。食糧不安に苛まれる人々の大多数は，これからも南アジアおよびサブサハラ・アフリカで生活していく。開発途上国における1億5,000万人の就学前児童は若死または身体・精神が正常に発達しないことが多い。国際食糧政

策研究所は，2020年までに開発途上国の1億3,200万人の就学前児童が栄養不良状態に陥るものと予想している。開発途上国の何億もの人々は，ビタミン類やミネラル類の摂取が不足しており，公衆衛生上深刻な影響を引き起こしている。

　開発途上国における食糧の入手可能性は，食糧が必要に応じて配分されているのであれば，人々が必要とするカロリーは提供され，すべての人々に食糧が行き渡り，適切なレベルにある。2020年までには，人口1人当たりの食糧の入手可能性は，全地域で上昇する。それにもかかわらず，何億もの人々が必要なだけの食糧を買うことができず，自らのために食糧を生産する資金の入手もままならないために，食糧不安を抱えている。貧困に加えて，食糧不安の原因として，無力化，紛争，差別，人口統計学的要因，天然資源の管理が持続不可能なことが挙げられる。国際社会および経済の力は，予測される食糧需要の拡大，グローバル化，援助削減（特に農業に対する援助の減少），負債，技術，地球規模での気候変動，そして保健医療に関する問題を含めて，食糧安全保障に影響を与えることになる。

　一方，国際連合食糧農業機関(Food and Agriculture Organization: FAO)も次のような警告を発している。発展途上世界の飢えた子どもたちの80％が，余剰食糧を生産している国に住んでいる。そして穀物生産が世界レベルでは生産が十分であっても，世界の食料問題は依然として存在し続ける。その理由は「問題は生産でなく分配にある」あるいは「食料不足ではなく，所得または購買力の不足，つまり貧困か食料取得権の不足」にあるとしている。

　しかし，人口増加，農地の荒廃，水不足が進んで，国民1人当たりの食糧供給量が減ってきている国は多い。今後50年間に人口が倍増すると予測されているナイジェリアやパキスタンのような国では，既に1990年代に余剰食糧のストックを確実に減らしている。また，農業生産を促進するために地下水を過剰に汲み上げているインドのような国は，帯水層が干上がるか，揚水が経済的に引き合わなくなれば，食糧自給が困難になるといわれている。このように世界の各国での穀物生産能力も今後大きな問題となることは確かである。開発途上国は，今後20年間，穀物・食肉需要の増加分を先進国か

らの輸入に依らざるを得ない。しかし開発途上国は必要な外貨を持っていない。また、東南アジアのエビ輸出国では外貨獲得のため、自国の消費分までも輸出に回してしまうケースも生じた。このような状態を改善するためには、低所得開発途上国の貧困と食料供給不安を減少するための研究・政策が重要になる。特に、これらの国の小規模農家における生産性向上、生産における富の適正な分配などに関する研究・政策が重要である。

(3) 地球温暖化

最近、北極点の氷が融けて、そこに青い海が広がっていたというニュースに驚かされた。レスター・ブラウンは地球温暖化が第二段階に入ったと警告している。そもそも地球温暖化とは何か。簡単にいうと、地球温暖化とは図1.2 に示すように、地球の平均気温が上がり、それによってさまざまな気候変動が生じる現象をいう。単に地球全体が暑くなるだけではなく、暖冬や猛暑が多くなり、雨が降らない地域が生じる反面、集中豪雨や台風の被害が増え地域によってさまざまな影響が予測される。したがって、地球環境問題のなかで、他の問題に比べて原因がより根源的で、その影響がより空間的広がりを持つ点で、問題としてはもっとも根深く深刻な問題といわれ始めている。さらに、地球温暖化は他の地球環境問題とも非常に深い関係があり、生物多様性の減少やオゾン層の破壊にも大きな影響を与える。

現在、国連環境計画(United Nations Environment Programme: UNEP)と世界気象機関(World Meteorological Organization: WMO)が協同で設置した「気候変動に関する政府間パネル(Intergovernmental Panel on Climate Change: IPCC)」では、世界各国の科学者や専門家がこの問題の解明に取り組んでいる。IPCCの予測では、人口や経済活動やエネルギー使用量の増加によってもこの予測も変化するが、現状のまま有効な対策がなされず進むと2100年までに1〜3.5℃上昇するそうである。ある程度抑制が効いた場合でも2℃ほど上昇する。この2℃という値は、それほど大きな温度変化に思えないかもしれないが、実は大変なことである。たとえば1994年の猛暑といわれたこの年の夏も、平均気温にするとたった1℃しか例年より高かったにすぎない。2℃

図1.2 温暖化の影響(出所:京都府ホームページより)[1-2]

変化した場合を具体的に推測すると,今の札幌が盛岡に,東京が熊本になる緯度変化をすることに相当する。

ところで地球温暖化はどのようなメカニズムで生じるのか。IPCC第二作業部会の資料は次のように解説している。

地球は太陽光線が地表面に届くことによって暖められる。この地球に降りそそぐ光を太陽放射と呼ぶ。この内の70%が地表面に吸収される。地表は暖められた温度に応じた赤外放射,つまり熱(赤外線)を宇宙に放って冷えてゆく。このような熱のやりとりのバランスによって地表の温度が決定される。太陽放射は大気によってほとんど吸収されないが,赤外放射の一部は,大気

中の二酸化炭素(CO_2), メタン(CH_4), 亜酸化窒素(N_2O), フロン(CFCsおよびHCFCs), 水蒸気(H_2O)などによって吸収される。このような気体を一般に温室効果ガスと呼ぶ。もし温室効果ガスがなければ地表の平均温度は約$-18℃$となる。現実には地球の平均気温は約15℃であるから, この効果で約33℃も温められていることになる。我われ地球上に生物が住めるのもこの温室効果の恩恵であるが, これが行きすぎ始めているのが地球温暖化問題である。具体的に温室効果ガスの大気中における収支や濃度は, どのような仕組みを通じて安定化され, あるいは変動しているのか。温室効果ガスのなかで最大の原因物質といわれるCO_2は, 火山活動のような自然現象によっても排出されるが, 産業活動や人間活動にともなって化石燃料の燃焼などで大量に排出される。これらはいずれも, 温室効果ガスの発生原因である。一方, CO_2は陸上植物の光合成によって吸収・蓄積される。森林がこの吸収・蓄積に大きな役割を担っている他, 農業作物なども一定の役割を果たしている。また, 海洋も大規模な吸収源としての働きを持っている。地球の歴史からみると長い間, CO_2の自然発生量に対して自然吸収量のバランスがたもたれていたが, 産業革命以降にはそれがくずれ始め, 近年, 人間活動が活発化するにつれて特に顕著な傾向が現れ始めている。

　具体的に地球温暖化の影響がどのような形で現れるのかについて次のような予測をしている。

① 植生・等温線が150〜550 km高緯度側に移動するため, 今後100年間で全森林面積の1/3で植生の何らかの変化が発生する。また, 病害虫・火災の増加などによる森林損壊により大量のCO_2が放出される。
② 氷雪圏・今後100年間で山岳氷河の1/3〜2/3が消失する。氷河や降雪の減少は河川流量の季節変化や水供給に影響を及ぼす。永久凍土の融解などの変化によりCO_2・CH_4が放出される。
③ 水資源・干ばつなどの激化により水資源確保のための大きなコスト負担を招く可能性が大きい。
④ 食糧生産については前項のような影響が出る。
⑤ 洪水や高潮被害を受けやすい人口は, 人口増加を考慮しなくても4,600

万人から9,200万〜1億1,800万人に増加する。1mの海面上昇の場合，マーシャル諸島の一部で80%，バングラデシュで18%の土地が海没する。その影響人口は中国，バングラデシュで各7,000万人。一部の島嶼国では対策コストが実施不可能な額になる。

⑥健康影響やマラリアの潜在的流行地域に居住する人口は45%から60%に増加する。患者件数は5,000〜6,000万件増加するおそれがある。気温上昇・洪水増加の影響としてコレラなどの非虫媒介性感染症も増加するおそれがある。

一方，2007年に開かれた国連大学主催ゼロエミッションフォーラム(Zero Emissions Forum: ZEF)の記念講演会のなかで，IPPC第四次報告について，国立環境研究所の甲斐沼美紀子から，温暖化問題の今後の傾向についての報告があった。講演の内容を要約すると以下のようなものである。

①温室効果ガス排出量のトレンド

温室効果ガスの排出量は，産業革命以降増えており，1970年から2004年の間に，CO_2換算で287億トンから490億トンと，約70%増加した。一番伸び率の大きかったのはエネルギー供給部門であり，約145%であった。この間に，交通部門では，120%，産業部門では65%増加した。現状のままでいくと，世界の温室効果ガス排出量は今後数十年にわたり，引き続き増加する。

②短中期的な緩和(2030年まで)

今後数十年の間に，世界の温室効果ガスの排出量を緩和できる大幅な経済ポテンシャルがある。それは，予想される世界の排出量の伸びを相殺し，さらに現在の排出量以下にできるほどである。2030年における緩和可能な経済ポテンシャルは，積み上げ型のアプローチによると，炭素価格がCO_2換算で1トン当たり20米ドルの場合は，年間90〜170億トン(CO_2換算)であり，炭素価格が同様に100米ドルの場合は，年間160〜310億トン(CO_2換算)である。トップダウンによる研究でも世界の緩和可能な経済ポテンシャルはほぼ同様であるが，部門別の緩和ポテンシャルは異なっている。

③長期的な緩和(2030年～)

　大気中の温室効果ガス濃度を安定化させるためには，排出量は，どこかでピークを迎え，その後減少していかなければならない。目標とする安定化レベルが低いほど，このピークとその後の減少を早期に実現しなければならない。より低い安定化レベルを実現するためには，今後20～30年間の緩和努力が大きな意味を持つ。適切な投資，技術開発などへの適切なインセンティブが提供されれば，それぞれの安定化レベルは現在実用化されている技術，または，今後数十年間において実用化される技術の組み合わせによって達成可能である。2050年において，温室効果ガスを445～710 ppmv(CO_2換算)の間で安定化させた場合のマクロ経済影響は，世界平均で1%の増加から5.5%の損失までの値を取る。国あるいは部門によって，経済影響は大きく異なる。

　ところで，CO_2の問題を歴史的に振り返ってみよう。発生抑制のための国際会議である，COP3で有名な地球温暖化防止京都会議は1997年に開かれた。この会議では具体的に各国の削減目標が決められた。2008～2012年の先進国の削減率は国や地域ごとに異なり，日本は1990年に比べて6%減，アメリカ合衆国は7%減，EUは8%減，先進国全体では5%減となった。CO_2の排出量をみると，明らかに先進国の排出量が多いことがわかる。つまり，過去から現在まで産業の発達につれて，CO_2の排出量が増大し，それが地球温暖化を促進してきた。その責任はたくさんのCO_2を排出することで豊かになった先進国にある。一方，開発途上国はこれから産業を興して都市を築き，我々と同様に安全で豊かな生活を営むために発展していかなければならない。世界人口の8割を占める開発途上国の人々が，先進国と同様にCO_2を排出したらどうなるのか。この問題を解決するには，先進国は，エネルギー効率を高め，我々の社会経済活動で消費する石油や石炭などの化石燃料を減らし，温室効果ガスの排出量を抑制する努力が不可欠である。また，開発途上国があまり多くのCO_2の排出をしなくても発展できるような技術協力が必要になる。さらに，削減の方法も化石燃料などの消費エネルギー削減に加えて，太陽光や風力などの石油に依存しない新エネルギーの利

用促進やその他の代替エネルギーの研究開発も必要になる。そして森林をCO_2の吸収源として保全していくことも重要である。このようなシナリオを実現するにはどうしても世界的な地球温暖化防止に向けた枠組みが必要になる。さらに世界各国での地球温暖化防止に向けた具体的な取り組みと連携研究開発ならびに技術協力なども必要になる。

(4) オゾン層破壊

オゾン層破壊の問題を最初に指摘したのは、ローランドとモリナである。彼らは「このまま CFC-11 が工場などにより使用され続けたらオゾンが10%前後減少するだろう。さらにオゾン層が薄くなると地表に届く紫外線が増加し、皮膚癌、白内障など健康に非常に大きな影響を及ぼすことになるかもしれない。しかも CFC は安定した物質なので仮に CFC 使用が中止されたとしても 100 年は今の状況が続くであろう」と予測し、それを 1974 年に *nature* 誌に発表した。この段階ではオゾン層破壊のスピードはそれほど速くなく数十年から 100 年かけて徐々にオゾン濃度が低下していく程度にしか考えられていなかった。大きな衝撃のきっかけとなったのは、1985 年にイギリス南極観測所のファーマンらにより発表された *nature* 誌の記事である。彼らはイギリス南極基地ハレー・ベイ上空で南極の春に当たる 10 月ごろのオゾン量が、1977 年から 1984 年にかけて 40% 以上も減少したというこれまで予測しえなかった現象を発見した。これが最初に発見された南極のオゾンホールであるといわれている。それ以来、日本の観測隊を含め、世界各国の南極観測隊は、競ってオゾン層の測定を続けている。

オゾン層破壊の問題を、環境白書の記述から要約すると次のようになる。オゾン層とは、地上から 10〜50 km 上空の成層圏と呼ばれる領域に大気中のオゾンの約 90% が集まっていて、この層のことをいう。問題となっている CFC などの物質は、図 1.3 に示すように成層圏で紫外線により分解して塩素原子(Cl)や臭素原子(Br)を発生させる。これが、オゾン分子(O_3)を分解させる触媒として作用し、オゾン層の破壊は、ますます進行することになる。そして、南極域上空では、冬から春にかけて南極上空を取り巻く極夜渦と呼

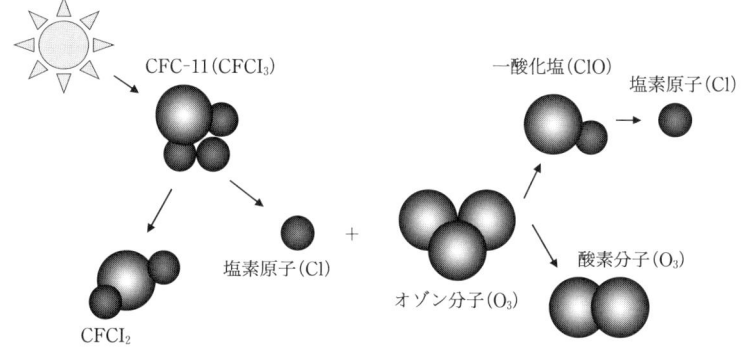

図1.3　フロンによるオゾン層破壊のメカニズム

ばれる強い渦状の気流のため，冬期には極めて低温になり，極域成層圏雲と呼ばれる雲が発生する。この雲の粒子表面での反応によってオゾンの分解が加速され，オゾンの量が大きく減少してしまう。北半球高緯度域においても，年によっては大規模なオゾン減少が観測されるような状況になっている。NASAのデータによると，地球を覆っているオゾン層は年々薄くなっており，南極のオゾンホールも拡大し続けている(1993年には日本の面積の約60倍を記録)。これにより，皮膚癌や失明，白内障などの影響が，オーストラリアやチリをはじめとして世界各地で顕著となってきた(オーストラリアではこの7年間で皮膚癌の死亡率は2倍に増加)。UNEPの発表によると「オゾン層が1％減少すれば，地上に達する紫外線Bが2％増え，皮膚癌が3％増加する」といわれている。

　国際的な枠組みとしては，オゾン層の保護を図る目的から1985年には「オゾン層の保護のためのウィーン条約」が，また，1987年にはオゾン層破壊物質の生産削減などの規制措置を盛り込んだ「オゾン層を破壊する物質に関するモントリオール議定書」が採択されている。なお，モントリオール議定書は，当初の予想以上にオゾン層破壊が進行していることが観測されたことなどを背景として，1990年，1992年，1995年および1997年の4度にわたって見直され，規制対象物質の追加や，既存規制物質の規制スケジュールの前倒しなど，段階的に規制強化が行われてきた。

オゾン層の今後の予測について，UNEP の 1998 年の科学・環境影響・技術経済アセスメントパネルの統合報告書は，すべての締約国が 1997 年の改正モントリオール議定書を遵守すれば，
① 成層圏中の塩素・臭素の総量は 2000 年より前にピークに達する。
② オゾン層破壊のピークは，2020 年より前に訪れる。
③ 成層圏中のオゾン層破壊物質濃度は，2050 年までに 1980 年以前のレベルに戻る。
④ オゾン化学にとって重要なその他の気体（亜酸化窒素，メタン，水蒸気など）の将来の増加または減少および気候変動がオゾン層の回復に影響を及ぼす。

と予測している。

我々の日常生活のなかで，フロンは安定した物質で人体に害がないことから，スプレーや電子部品の洗浄，冷蔵庫やクーラーの冷媒，ソファーやマットのウレタン，発泡スチロールの発泡剤として広く使われてきた。1986 年には世界で 115 万トン，日本では 13 万トン，1 人当たりでは約 1 kg 生産されたことになる。これからは，現在，地球上に製品として加工された形で存在するフロンの処理を完全にすることに加えて，影響が少ないとはいえ，オゾン層に悪影響を及ぼす代替フロンの使用（2020 年に全廃が決まっている）をできる限り少なくする必要がある。それには改善のための全体的なシステムと生活者一人ひとりの行動が問われることになる。

(5) 種の絶滅

地球上には多くの種が存在しているが，その総数は正確には把握されていない。UNEP の報告書によれば，種の絶滅の具体的内容は概略以下のようなものとなる。

科学的に明らかにされた野生生物種は約 175 万種程度である。しかし，推計によると地球上に存在する種の数は 300 万〜1 億 1,100 万種に及ぶといわれている。特に熱帯雨林は陸地の面積の 7% 程度を占めるにすぎないが，未知の種を含めれば半数以上が存在すると考えられている。熱帯地域は種の多

様性において核心的といえる。このような種の多様性の他，遺伝子レベルの多様性，生態系の多様性を含めて，一般に，「生物多様性」と呼ぶ。そのなかにはシロナガスクジラのような巨大な生物から土壌中の微生物に至るまで非常に多くの生物が存在し，多様な環境のなかで相互に関わり合いながら生態系を構成している。一方で，地球上では生命の誕生以来，自然のプロセスのなかで絶えず種の絶滅は起こってきた。絶滅そのものは，誕生した生命に必ず起こることで，どんな生物もいつか必ず絶滅するはずであるから，自然な現象といえるが，問題となるのが，現在では，過去にないスピードで種の絶滅が進行していることである。そして，その原因の多くが，人類の活動によって生じていることである。

具体的に野生生物種が減少する主な理由は，
① 環境の悪化や破壊による生息域の減少
② 漁業資源などの乱獲
③ 生態系の変化
④ 農作物や家畜を守るための野生生物の捕獲

などを挙げることができる。また，野生生物種の減少がもっとも進行していると考えられている地域は，アフリカ，中南米，東南アジアの熱帯林地域である。これらの地域では，焼畑農業が行われ，森林の減少が進んでいる。また，日常的に燃料として薪が使われていることも過剰な伐採の原因となっている。そして家畜の過放牧も森林資源の再生に影響を与えている。さらに先進国への過度の木材輸出も行われている。これらの問題が直接的原因となって野生生物種の生息環境が破壊され，種の減少が進行していく。しかも，ここで挙げた原因の背景には，貧困，内戦などによる社会制度の崩壊・不安定による政策や制度の不備，人口の急増など，極めて社会的な要因が大きいことも看過できない。このような状況のなかで生物多様性は，生息・生育地の破壊により急速に失われている。このままの割合で森林破壊が続くと熱帯の閉鎖林に生息する種の4〜8%が今後25年の間に絶滅するという試算もある。

それでは我われの生活に，野生生物種が減少することによりどのような影響が考えられるのか。直接的には，食料・燃料・衣料品・医薬品・装飾品な

どの生物資源，また間接的には遺伝子資源や観光・レクリエーション資源の減少などが挙げられる。しかし，もっと根本的な問題として，種の絶滅が進むことにより，密接に関わり合ったさまざまな生物種の相互関係により成り立っている地球環境が崩壊し，人類の存続そのものが危うくなることが心配される。このように種の絶滅は地球環境問題の重要な課題として捉えられているので，国際的な取り組みが進められている。

　ノルウェーの哲学者アルネ・ネスはディープエコロジー(Deep Ecology)という言葉を1973年に初めて創案した[1-3]。これまでのエコロジーとしての捉え方は，人間のために，自然から資源を取り出し，人間の社会的仕組みを維持したなかで，自然を管理・保全するもので，その結果，環境破壊が行われるという人間中心的なものであった。それに対して，この言葉の意味は，人間と自然について，「より深い問いかけをする」こと，「人間を生態系構成要素のひとつと考える」という考え方である。すべての生物種は生態系というシステムのなかでそれぞれ重要な役割を担っている。人類は生態系構成要素の一部であるからその仕組みをすべて理解しているわけではない。また，システムの一部である人類がシステムの全体をコントロールすることなどできるはずもない。したがって一度絶滅してしまった生物を再び人間の手では(少なくとも現在の技術では)作り出すことはできないのである。今後，人類は他の生物種との共生関係を維持しつつ，それを高めていく共生進化の方向にシフトしなければならない。

　以上，述べたように，人類が抱える種々の問題は，全球的，地域的およびより小さなスケールの自然生態系に対して，複雑で多重的なストレスを与えているのである。したがって，これらの問題は，単に，断片的な認識や方法論では解決しない。複雑で難しい問題ではあるが，我われは，地球システム全体を，これまでの悪循環から良循環へとシフトすることが必要なときにきているのである。

1.3　ゼロエミッションによる問題解決

　2002年8月26日から9月4日まで，南アフリカのヨハネスブルグにおいて「持続可能な開発に関する世界首脳会議(World Summit for Sustainable Development: WSSD)」が開催された。この会議は，「アジェンダ21」が採択された1992年の環境と開発に関する国際会議(リオ・デ・ジャネイロで開催)から10年が経過したのを機に，同計画の実施促進やその後に生じた課題について議論することを目的に企画されたもので，「リオ＋10」ともいわれている。内容は「アジェンダ21」をより具体的な行動に結びつけるための包括的文書である「行動計画」および首脳の持続可能な開発に向けた政治的意志を示す「ヨハネスブルグ宣言」の採択が中心であった。

(1)前提となる環境問題
　筆者は，21世紀の最重要課題を，国連が標榜する世界の共通理念「持続可能な開発」と考える。そして，持続可能な開発とは，解釈のひとつとしてブルントラント報告にあるように，「将来の世代がそのニーズを充足する能力を損なうことなしに，現在のニーズを満たす開発」とする場合であっても，到達点の概念はゼロエミッション(詳細は次章で述べるが)社会の実現と定義するのが妥当と考えるのである。理由は，持続可能な社会では，廃棄物が極限まで少なくなるであろうし，ゼロエミッション化の進んだ社会では，限りなく持続可能な社会に近づくからである。そして，このような文脈では，環境問題の克服が，超えるべきハードルの最大の条件となるに違いない。それならば，ここで環境問題とは何かについて改めて言及すべきであろう。日本比較文明学会会長で麗澤大学教授の伊東俊太郎は，人類には，過去に5つの転換期があり，それらは「人類革命」，「農業革命」，「精神革命」，「科学革命」で，現在は6番目の転換期にあり，これを「環境革命」と呼んでいる[1-4]。人間の自然に対する働きかけ方が急速に増大したことにより，環境問題は，政治，経済，技術，倫理や哲学にも，すべてのものに大きな影響を与えるこ

ととなった。また，この問題が21世紀の根源的な問題であることを考えると，我われは，環境の変化を，人為的で，自覚的な問題として乗り切っていかなければならない。さらに，環境問題は出口のない危機ともいうべき問題であり，この点からも我われは環境革命の重大さを強く自覚しなければならない。

(2)ゼロエミッション社会の実現の条件

鈴木基之は，1999年開催の国連大学ゼロエミッション国際会議で「生物の成長について，その成長を制限するものがない場合，一般に指数増殖となるが，食料や栄養の成長を支える供給が間に合わなくなると，生物の生長を抑制するようにフィードバックがかかり，生物の数は減少に向かう。しかし，平行点を超えてこの抑制効果が働かなくなったとき，生物の数は限界に達し，その後は，破局に向かうしかない」と述べている。工業社会の開発は既にこのようなオーバーシュートの状態にあり，このままでは，破局に向かうしかない。したがって，我われは，これまでとは根本的に異なる考え方と実践により，未来を本来の平行安定すべき着地点にソフトランディングさせなければならない。また，持続可能な開発の条件について，具体的に，次のように述べている。

①地球のキャリング・キャパシティーを的確に評価し，その範囲内に人口も含め人間活動を抑制する。
②現実的には，人間活動を根本的に見直し，仕組みそのものを変えることで，環境に対するインパクトを最小化する。
③現在の資源利用，産業のあり方，生産プロセスを含む産業全体のシステム，消費者の消費パターン，ライフスタイルなどを基本的に見直し，経済システムを含んだ人間社会全体を再設計する。

これらの条件が，脆弱な地球システムを持続可能な形で未来に残すために必要な破局回避の条件であり，別の表現を使えば，ゼロエミッション社会の実現の超えるべきハードルと言い換えることもできるのである。

[引用・参考文献]
1-1. レスター・ブラウン. 1998. 枝廣淳子訳. エコ経済革命. たちばな出版. 216 p.
1-2. アルネ・ネス. 1997. 斉藤直輔・開龍美訳. ディープ・エコロジーとは何か. 文化書房博文社. 355 pp.
1-3. 京都府ホームページ. http://www.pref.kyoto.jp/tikyu/zyouhou.html
1-4. 伊東俊太郎. 1997. 近代科学の源流. 中央公論新社. 397 pp.

第2章 ゼロエミッションとは

2.1 歴史的経過

「環境と開発に関する国際会議」別名「地球サミット」が1992年6月ブラジルのリオ・デ・ジャネイロで開催された。この会議のキーワードは「持続可能な開発」で、それには開発によって環境や資源を利用する場合、将来の世代のことを考え、長持ちするように利用しなければならないという考え方がベースにある。地球サミットでは、気候変動枠組条約、生物多様性条約への署名、持続可能な開発を原則とする「環境と開発に関するリオ宣言」、その実現のための具体的な行動計画「アジェンダ21」、ならびに「森林原則声明」が採択された。国連加盟のほとんどの国、180か国の首脳が集まった地球サミットは、今後の環境問題の方向性を決める歴史的な会議となった。

このような社会的背景のなかで国連大学は、1993年に国連大学アジェンダ21を決定し、持続可能な開発のための活動計画を定めた。ところで国連大学とは、いったいどんな大学かここで簡単に紹介する。この大学は、ウ・タントが国連事務総長をしていた1969年に「真に国際的な性格を有し、国連憲章が定める平和と進歩の諸目的に合致する国際連合の大学」の必要性を訴えたことをきっかけにいくつかの経緯を経て誕生し、1975年、東京に本部を置き活動を開始した。国連大学本部の建物は図2.1に示すようなもので、

図 2.1　国連大学のビル (写真提供：国連大学)

東京青山にあり14階建てビルで，有名な建築家丹下健三の設計による。この組織が日本にあるのは，当時の首相佐藤栄作が，日本経済も軌道に乗り「もはや戦後ではない」との判断から，日本が自信を回復するためには国際社会に貢献をすることが，わが国の利益につながるものと考えたからである。それは来日したウ・タント国連事務総長に国連大学構想実現への積極的協力を約束し，日本政府は国連に対して1億ドルを拠出するとともに首都圏に恒久的な本部施設を無償で供与することに始まる。

　国連大学の目的は，憲章に謳われている通り，世界の学者・研究者の知識を総合して「人類の存続，発展および福祉に関わる緊急かつ世界的な問題」を理解し，その解決のための研究を行うこととなっている。そして国連大学本部における学術活動には「環境と持続可能な開発」と「平和とガバナンス」の2領域があるが，特に「環境と持続可能な開発」プログラムがゼロエミッションと深い関係にある。我われの社会が「環境と持続可能な開発」を達成するには，生産・消費のシステムを含めた包括的な変革を迫られることになり，国連大学高等研究所は，この方向転換を〝エコ・リストラクチャリ

ング"と呼ぶ。この概念を基盤に以下のような学際的プログラムが生まれた。

(1) "エコ・リストラクチャリング"を基盤とする7つのプロジェクト
　①持続可能な地球の未来(人間のさまざまな活動が世界の環境に及ぼすインパクトをめぐって、その動向と将来のシナリオを分析するプロジェクト)
　②開発途上国のための持続可能な開発の枠組み(中国と日本の研究機関のネットワークによる研究)
　③世界の森林，社会，環境(世界の森林の現状を，環境，経済，人口動態，社会政策などの問題点を背景に検討)
　④国連大学ゼロエミッション研究構想("エコ・リストラクチャリング"の重要な戦略)
　⑤貿易，工業化，環境(アジアとメルコスール地域のこれら三者間の相互関係分析)
　⑥石英産業通商システム(鉱物産業セクター全体に持続可能性を実現するための全般的方策の開発)
　⑦岩手環境ネットワーク(岩手環境ネットワーク(IEN)構想「ローカルアジェンダ21」)
である。このなかの④の国連大学ゼロエミッション研究構想が、これから紹介するゼロエミッションのバックボーンとなるものである。

(2) 国連大学ゼロエミッション研究構想
　この構想は国連大学が1995年の4月に主催した第1回ゼロエミッション世界会議で提唱された。この考え方は同大学の学長顧問をしていたベルギー人の実業家グンター・パウリが1994年に提唱したものである。これを国連大学は、循環型社会構築のための有力な手段として位置づけ、会議で正式に推進することを決定した。続いて、第2回世界会議が1996年5月、アメリカ合衆国・チャタヌガ市で、1997年7月には、第3回会議がインドネシアのジャカルタで開かれた。このようにしてゼロエミッション運動は、日本発のコンセプトとして世界的な広がりをみせた。一方、国内でも、廃棄物を出さない地域循環型社会づくりを目指して、地域住民の意識の高まりを背景に、

ゼロエミッション運動の動きが強まった。このため，国連大学も1996年以降は，地域発ゼロエミッション会議の主催，共催(たとえば1996年開催の国連大学・ダイヤモンド社共同フォーラムなど)を通して，その普及に努力した。この数年，環境省，経済産業省など中央政府でも政策の中心にゼロエミッションのコンセプトを置くようになってきた。ゼロエミッション運動の発展のため，国連大学ゼロエミッションフォーラムが1999年4月に発足し，同年，その国際シンポジウムも活動を開始した。ZEFジャパンは国連大学内部に事務局本部を置き，副学長であった鈴木基之を中心に，企業，地方自治体，学界とNPOの各代表者約150名からなる構成でスタートした。初代会長は日本テトラパック(株)会長の故山路敬三で，現在は2代目会長に荏原製作所(株)名誉会長の藤村宏幸が就任している。

2.2 ゼロエミッションの意味

高度成長時代に公害問題を経験したわが国は1970年ころ生産プロセスから出る汚染物質を排出口の末端(end-of-pipe)で処理することで問題の解決を図ろうとした。河川問題にたとえれば，汚染を河口付近で処理し海に汚染物質を流さないのがend-of-pipe処理技術の考え方である。しかし，公害防止装置はそれ自体経済的利益を生み出すものではないので，廃棄物処理の考え方は1980年代の後半からCP(Cleaner Production)に移行する。これは，3R(リサイクル，リデュース，リユーティライゼーション)すなわち，廃棄物をいかにリサイクルさせるか，いかに減らすか，いかに再利用するかという考え方である。しかし，CPは低公害型生産プロセスであるが，廃棄物処理技術に関しては，end-of-pipe処理であり，この考え方は，基本的な共通原理に欠けるため大きな成果が得られなかった。これに対して，国連大学が提案したゼロエミッションは，河川問題にたとえれば，上流の汚染原因まで遡って根本的問題解決を図るものである。また，CPがひとつのプロセスを考えるのに対してゼロエミッションは異種の産業のネットワーク化によって，単一のプロセスではなしえない資源利用の効率化，ならびに環境負荷の低減を図る。

さらに，ゼロエミッションは廃棄物という考え方から脱して，すべての排出物を再原料化する技術と，それを利用する他の企業が結びつくエコシステムに似た産業クラスターの構築を目指す。したがって，end-of-pipeとは対照的に，物質循環全体を考え，プロセスの上流側に遡ってシステム全体の最適化を進めることが重要になる。図2.2は，産業における廃棄物対策の発展過程をend-of-pipe，CP，そしてゼロエミッションの順番で示したものである。具体的例としては，車の排気ガス対策の場合を示している。問題が顕在化した当時，白金触媒のキャニスターを装着することから始まり，次にエンジンのクリーンなCVCCとなるが，燃料は相変わらずガソリンであった。これから登場する燃料電池車では，脱化石燃料化が進み，自然エネルギー由来の水素が使われることになりそうである。このようにシステム全体の最適化が進み，無駄なものが最小限になった状態は，まさしくゼロエミッションと呼べるものになるに違いない。グンター・パウリは「人間以外の生物は廃棄物を出さない。人間もエコシステムに学んで，廃棄物を出さないようにするべきである」と述べている。我われはこのことを学んで自然生態系の循環を利用した社会システムを作っていかなければならない。ゼロエミッションの具体的目標は，最小のインプットで最大のアウトプットを得る仕組みを作り出すことにある。そのことがスループットを最大化し，環境負荷の少ない循環

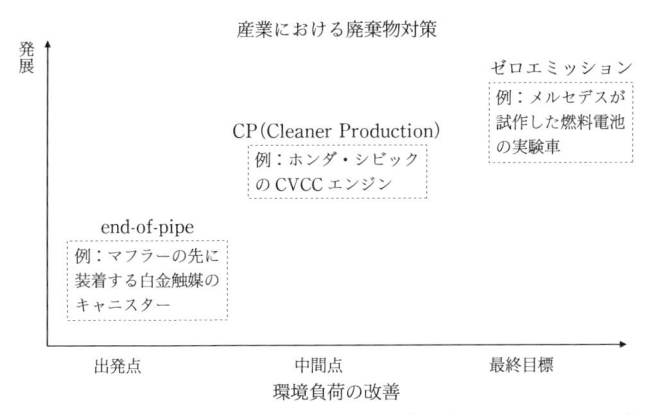

図 2.2 end-of-pipe，CP (Cleaner Production)，ゼロエミッションの違い

型社会への道につながる。

6つの行動原則(2-1)

ZEFジャパンは実現のための6つの行動原則を提案している。それらを具体的に説明すると以下のようになる。

①再生可能な資源は，再生される資源量を上回って消費してはならない。

　たとえば水産資源のように再生可能な資源であっても，再生量を上回って漁獲し続ければ，やがて再生が間に合わず水産資源は消滅してしまう。農業や林業においても同様の悲劇が世界的に進んでいるが，これは原則①が守られていないために生じた結果である。

②再生不可能な資源は，資源の生産性を向上させるとともに，再生可能でクリーンな代替資源を開発し，その生産量に見合う範囲でなら消費してもよい。

　再生不可能な資源というものは，一度使えば，その分なくなる。したがって一方的に使い続ければ，いずれはなくなる資源である。しかし，それは絶対使用してはいけないというのではなく，それを使う場合には，できるだけ資源生産性を高め，効率的に使用することが重要である。たとえば，同じ量の燃油で2倍の距離航走することのできる漁船や，同様に2倍輸送できる船舶を設計することができれば，燃油の生産性は2倍に向上したことになる。次に，代替資源を開発し，その生産量の範囲内でなら消費してもよいというのは，石油を例に説明すると，将来の石油資源の枯渇を考えると，できるだけクリーンで代替可能なエネルギーを開発し，それを石油と置き換えていくことができれば，その生産量に見合う範囲で石油を大切に使うことは，人間社会に利益を生むので許されるという意味である。

③自然界の許容範囲を超えて廃棄物を放出してはならない。

　有害物質を自然界に放出し続ければ，やがて自然の持つ浄化能力を超え，地球環境を限りなく悪化させてしまう。陸上で排出された汚染物質は川から海に運ばれ，海洋全体を汚染し，そこに棲む生物を汚染し生態

学的に上位の種である我われ人間の健康を蝕むことになる。地球規模でみると，人工増加と廃棄物の排出量，その結果生じる環境破壊には，強い相関がみられる。自然の浄化能力の限度を超えて廃棄物を出してはならない。

④経済活動，日常生活の場で，できるだけ脱物質化を図らなければならない。

　これまでの社会のような物質至上主義的な考え方を改め，最小の物質投入量で最大の満足が得られるような新しい経済システムの構築が必要である。自動車を例に考えると，これまでは高級自動車を所有する喜びのように，持つことが社会的ステイタスであった。しかし，この考えは資源が無限に存在すると考えられた時代には許されたが，資源制約の厳しいこれからの時代では難しくなる。我われが自動車というもの（およそ1トンの鉄の塊）に執着するのではなく，機能やサービスといった便利さに注目するようになれば，より資源節約的な自動車が開発されるようになると思われる。複写機のように既にメーカーであると同時にレンタル会社のような形態が自動車社会にも受け入れられる日は遠くない。脱物質化の進んだ社会は，サービス産業の比重が高い社会で，物質依存度が低くなった分をサービスやソフト，情報などが補い，より自然と調和した質の高い循環型社会である。

⑤地上ストック資源の有効活用を図らなければならない。

　20世紀を支えた物質文明は地下資源に大きく依存してきた。主要な金属の地下資源は，あと数十年で枯渇するといわれているが，資源が地球上から消えたわけではない。それらは都市のあらゆる建築物をはじめとする構造物に形を変えて存在している。これを地上ストック資源という。これからはこの資源をうまく取り出し，再利用していくための工夫が必要となる。うまく取り出すことができれば何度でも半永久的に使う（リサイクル）ことができる。また，この方法の利点は，極めて省エネであることも注目される。そして，鉄を例に計算すると日本のような先進国には既に，粗鋼換算で10億トン程度存在すると専門家は推定してい

る。これから先進国はできるだけ地上ストック資源を有効活用することで，地下資源を発展途上国や次世代のために残しておくべきである。
⑥環境コストを内部化させ，環境効率の高い市場経済を作らなければならない。

　21世紀は環境コストを市場経済のなかに取り込まなければならない時代になる。地球温暖化を放置すれば，世界的気候変動を招き，海面が上昇し農地が水没し，島嶼国の場合は国そのものが消滅する可能性もある。このような破局を回避するためにはCO_2を排出する石油や石炭などの化石燃料の消費抑制が必要となるが，具体的に実施する場合には，すべての国民に平等に行うことが難しい。一部のブローカーのような人間が利益を独り占めしかねない。むしろ，炭素税のように化石燃料の消費に一定の課税をし，無駄を抑制する方法が，社会全体でみれば効果的である。そして，この税率が高すぎれば経済活動に打撃を与えることになり，低すぎれば抑制効果が期待できない。実を挙げるには，環境コストの適切な計算方法を開発することが重要となる。

2.3　ゼロエミッションへのアプローチ

(1)ゼロエミッション社会構築のための5つの方法

　ゼロエミッション社会を構築するための具体的な手法[2-1]について，三橋規宏は，次のように述べている。

①製品設計革命
　　資源の無駄使いを極力押さえて，最小のインプット(原材料)で最大のアウトプット(製品)を作り出す製品設計を目指す。

②産業クラスター革命
　　クラスターとは，ブドウの房，羊群などのひとつの塊，集団を示す言葉である。産業クラスター革命とは，廃棄物を資源化する産業集団を作ることである。そうすることで，廃棄物ゼロに近づける。

③エネルギー革命

温暖化の最大の原因である化石燃料については，燃費効率を高めてその消費を抑制する一方，代替エネルギーの開発を急がなければならない。
④税制革命

ゼロエミッション化に有効な所得に減税し，反対に好ましからざる行為に特別の課税を行う。
⑤ライフスタイル革命

これからはエネルギーや資源の浪費を改め，廃棄物の再資源化など有効活用に心がけるライフスタイルの転換が求められる。

(2)ゼロエミッションを目指すための3つの原則

また，その原則について，三橋規宏は，さらに次のように述べている。
①地域循環の原則

地域で必要なエネルギーは地域で調達する。地域で排出する廃棄物は地域で処理する。地域で生産されたものは，できるだけ地域で消費する。
②住民参加の原則

地域をゼロエミッション化する主体は，地域住民である。地方自治体がいくら熱心でも，住民にゼロエミッション社会を築く強い気概がなければ，循環型社会の構築はできない。
③地域文化の保存と新しい付加価値の創造の原則

地域には，長い歴史と伝統があり，歴史に裏づけられ，その地に根づいた生活習慣や労働形態，自然との接し方について，地域の特性を生かした合理性がある。それらの文化遺産を見直し，今日の生活にどのように生かすことができるか検討する必要がある。

三橋規宏が述べたように，ゼロエミッションは社会全体としての変革を推進するもので，生産と消費は別物ではなく非常に密接に関連し合った活動である。それゆえ，ゼロエミッションを本当に達成するためには，産業活動も含む，より広い社会システムを考えなければならない。また，ゼロエミション社会を達成するということは，都市，地域計画，消費パターン，エネルギー保全，上流側の産業の連携(共生)，製品の再利用・リサイクルなどの問

題を，地域の産業との関連で考えていくことである。

[引用・参考文献]
2-1. 三橋規宏. 2001. ゼロエミッションのガイドライン―廃棄物のない経済社会を求めて. 海象社. 64 pp.

第3章 ゼロエミッションを支える基本的な概念

　ゼロエミッションの概念が作られる以前に，既に，いくつかの重要な考え方が存在していた。例を挙げるとナチュラル・ステップ[3-1]，エコロジカル・フットプリント[3-2]，ファクター10とMIPS(Material Input Per Unit of Service)[3-3]，エネルギーとエクセルギーなどである。これらは，それぞれがゼロエミッション社会を形成するための重要な考え方である。ZEFジャパンが提案したゼロエミッション社会実現のための6つの行動原則には，既にナチュラル・ステップの，持続可能な経済社会の構築のための4つのシステム条件が明確に生かされている。また，エコロジカル・フットプリントは，ゼロエミッション社会を目指すときに，経済活動の持続可能性に関する計量・評価に加えて環境意識を高めることや，政策の構築に対する実効的な手法として有効である。また，ゼロエミッション社会を目指して，エコロジカルに健全な経済発展を推進させるためには，より少ない資源消費によって持続可能な発展を考えなければならないが，そのためには，MIPSが重要な指標となる。具体的には目標達成のために，生産・消費効率を現在の10倍にすることを示す言葉がファクター10である。さらに，エネルギーのゼロエミッション化を考えるときに，エクセルギーの概念はエネルギーの有効活用という点で大変重要な概念になる。以下，ここに挙げた重要なキーワードについて簡単な内容の説明を加える。

3.1 ナチュラル・ステップ

ナチュラル・ステップは1989年にスウェーデンで生まれた環境保護団体の名称であり，同時に，カール・ヘンリク・ロベールが主宰する運動の基本的なコンセプトである。彼はヨーテボリ大学の教授でPhDとMDを持つ学者で，専門は癌を中心とした内科学である。彼が提唱するナチュラル・ステップは環境保護の有効な方策として国内はもとより，諸外国にも積極的に展開されている。スウェーデン国王・カール16世グスタフもこの運動の支持者である。スウェーデン国内ではナチュラル・ステップに基づく環境教育プログラムが企業や自治体に提供されて運動の強化に役立っている。現在，スウェーデン国内では，多くの企業がナチュラル・ステップのコンセプトを導入して環境対応型経営を行っている。また自治体もこのコンセプトを導入するものが増えている。ナチュラル・ステップは広く世界中で支持されており，既にアメリカ合衆国，イギリス，カナダを中心に多くの現地組織が設立されている。

(1) ナチュラル・ステップのコンセプト

ナチュラル・ステップの基本的な考え方は，図3.1に示すような「バックキャスティング」と呼ばれるもので，将来のある想像上の時点に立って，今を振り返るという方法である。つまり，到達点の概念を明確にして，そこから逆時系列的に現在まで辿ってきたとき，現状とのギャップが見えてくる。ここで，目標に到達するためにはどうギャップを乗り越えたらよいかを考える方法をバックキャスティングと呼ぶ。バックキャスティングを用いて計画を立てることは，問題が複雑で，過去の延長線上に解決目途がなく，緊急に大きな変革を必要とするようなときに効果的である。反対に，現時点で可能なことから改善していく方法で，到達点が不明な場合を「フォアキャスティング」と呼ぶ。また，バックキャスティングは持続可能な未来を設計するのに有効である。未来は誰にも具体的に表現することはできないが，原則的レ

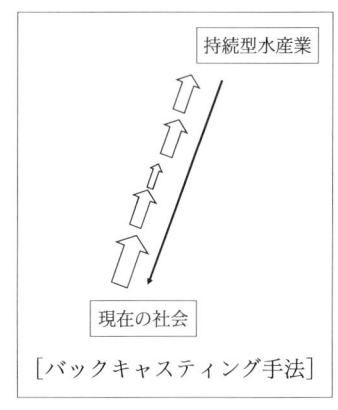

図 3.1 バックキャスティングとフォアキャスティング手法の違い

ベルで定義することはできる。このように基本的な原則，あるいは基本的な条件が何かを考えるとき，バックキャスティングは，非常に有効な手段となる。

(2) 人間社会が自然を破壊するメカニズム

1999年11月に国連大学で「国連大学ゼロエミッション国際会議」が開催され，招待講演「ナチュラル・ステップ―戦略決定のためのシステム―」はカール・ヘンリク・ロベールによって行われた。内容の概略を紹介すると，人間社会が自然を破壊するメカニズムについて，彼は，本質的に次の3つを挙げている。

① 地殻から掘り出した物質が，地殻に戻される速度よりも速く自然に拡散されるために，これらの物質の濃度が継続的に上昇すると，自然は破壊される。

② 社会によって生産された物質が，自然によって分解されて新しい資源となる(あるいは地殻に戻される)速度よりも速く社会はこれらの物質を拡散するために，これら物質の濃度が継続的に上昇すると，自然は破壊される。

③ 自然は，継続的に物理的に劣化されると破壊される。これは，自然が再

び作り上げることのできる量よりも多く取り出す(たとえば再生できる量以上の木材や魚などを利用する)ことによって，あるいはその他の生態系に影響を及ぼすこと(たとえば地下水面を変えること，土壌侵食，遺伝子操作による不測の事故，過剰収穫あるいは肥沃な土地をアスファルトで覆うことなど)によって，生じる。

といっている。

したがって，これら3つの破壊メカニズムを否定することが，持続可能な社会のフレームワークを作る場合の重要な原則となる。ナチュラル・ステップは，これに，

④持続可能な社会が人類のニーズを世界中で満たすことができる。

という4つめの基本原則を追加している。

これらの基本原則の基に，ナチュラル・ステップは，持続可能な経済社会の構築のための条件として，以下の4つのシステム条件を提案している。

①地殻の物質をシステム的に自然界に増やさないこと(石油・金属・鉱石などを地殻に定着するより速いペースで掘り起こさない)。

②人間社会で生産した物質(たとえば化学物質)をシステム的に自然界に増やさない(自然が生分解するか地殻に定着させるより速いペースで自然界に異質な物質を生産しない)。

③自然の循環と多様性を支える物理的基盤を守ること(自然界の生産力に富む地表が傷つけられたり，他のものに取り替えられたりされない)。

④効率的な資源利用と公正な資源配分が行われるようにする(資源の浪費は避ける。また，富める国と貧しい国の不公平な資源配分も避けるべき)。

一方，日本では，1999年4月にナチュラル・ステップ・インターナショナルから活動ライセンスを受け，ナチュラル・ステップ・ジャパンが発足し，現在NPO法人としてナチュラル・ステップの普及活動が始まっている。

3.2 エコロジカル・フットプリント

世界自然保護基金(World Wide Fund for Nature: WWF)は「生きている地球

レポート 2000」のなかで，世界中の人々が日本人なみに自然資源を消費し，CO_2 を排出したとすると，地球がもうあとふたつ必要となることを明らかにした。このレポートのなかで地球環境の劣化を「自然資源の消費による環境への負荷」という視点で数値化することが試みられている。そこで使われている指標が「環境影響範囲(エコロジカル・フットプリント)」である。

(1)エコロジカル・フットプリントのコンセプト

この分析手法は，カナダのブリティッシュコロンビア大学(University of British Columbia: UBC)のウィリアム・リースとその研究グループによって開発された。彼の定義によると，エコロジカル・フットプリントは，図 3.2 に示すように「ある特定の地域の経済活動，またある特定の物質水準の生活を営む人々の消費活動を永続的に支えるために必要な生産可能な土地および水域面積の合計」と説明されている。簡単にいうと，各国民が 1 人当たりどれだけ自然資源を消費しているかを表すのに，平均的な生産力を持つ，土地や海洋の面積を用いて，それらを面積に換算して表したものである。我われは

図 3.2 エコロジカル・フットプリントの概念図(出所：Wackernagel, M. and Rees, W. E. 1995. Illustrated by Phil Testemale. Rees, W. E. 氏を通して許可を得て掲載)[3-2]

日常消費している食糧や木材，エネルギーなどは，自然の生産力に依存している。具体的には，
　①米や麦などの耕地
　②食肉や乳製品生産のための牧草地
　③木材などの生産のための森林
　④海産物を生産する海洋
　⑤CO_2を森林が吸収するとした場合に必要な森林
　⑥都市やインフラなどの居住空間
の6つの土地や海面の利用を「エリアユニット」という共通単位で統合し，エコロジカル・フットプリントとして表す。

(2)研究事例
　マティース・ワケナゲルらの「地球カウンセル」において，人類の環境負荷は自然の生産性を1970年代のどこかの時点で上回り，1996年の環境影響範囲の世界平均は2.85エリアユニットで，一方地球の収容力は2.18エリアユニット，すなわち1997年までには約30%超となったことが報告された。
　エコロジカル・フットプリントは，日本では，まだあまり知られていない。この考え方を紹介したのは，和田喜彦である。彼は前述のUBCで研究を行い，この分野の先がけ的な研究者である。『地球環境対策』[3-4]のなかから和田の分担執筆した「地球の環境収容力」より，日本の全人口の消費活動を支えるためのエコロジカル・フットプリントについて紹介する。
　1990〜1991年のデータを基に計算すると，まず，陸地エコロジカル・フットプリント合計が，2億7,800万haとなる。これは，国土面積(3,800万ha)の約7.4倍に当たる。一方，海洋淡水域エコロジカル・フットプリントは2億3,500万haで，合計すると5億1,200万haとなる。これは，国土面積の約13.6倍の広さに相当する。エコロジカル・フットプリント総合計の内，もっとも多くを占めているのは海洋淡水域で，46%である。これは国土面積の6.2倍になる。日本人がいかに漁業や輸入も含めた海洋資源に依存しているかがわかる。次にCO_2吸収地が大きく，全体の42%を占める。便

利で快適な製品を使う現在の生活を維持するためには，多くの工業製品が作られ使われる。その結果，日本人の消費活動にともない発生するCO_2排出量を固定するためには，国土面積の5.6倍の森林が必要となる。土地カテゴリー別に「対国内現存面積比」を見ると，日本人が必要としている農地は，国内の農地面積の約5.3倍となり，逆のいい方をすれば，農地の「自給率」は，ほんの18.9％にすぎないことになる。牧草地の「自給率」は，わずか6.2％である。これらのことのなかに，わが国が穀物を海外に依存しなければならない根本的な理由がある。一方，森林地の要求面積は，現存の森林面積の0.88倍であり，森林から木材や紙を得ることのみを考えた場合は，国内の森林だけで十分自給できる。しかし，現状では，海外市場の安価な木材に押されて，経済合理性の理由から有効に利用されていない。また，CO_2吸収地としての森林機能を考えた場合，日本人の消費を支えるためには現存森林面積の8倍以上の森林面積が必要となり，CO_2のバランスが相当くずれていることがわかる。

次に，1990～1991年のデータから日本人1人当たりのエコロジカル・フットプリントについて見てみると，カナダ人のそれと比べて陸地エコロジカル・フットプリントが比較的小さい反面，海洋淡水域エコロジカル・フットプリントが格段に大きい(1.90 ha)という特徴がわかる。それは，世界の水域公平割当面積(0.51 ha)の約4倍にも達する。このことは水産物消費に関する統計資料のデータからも裏づけられ，同一の年度のものではないが，1997年の世界水産物消費量の平均を示すと，1人当たり年間15.9 kgであるが，日本人は年間70.6 kgと実に4倍強となっている。海洋淡水域エコロジカル・フットプリントの1.90 haの内訳は，遠洋物の高級魚マグロ・カツオ類が，全体の58％，エビがそれに続き9％である。日本の場合は，生態的位置の上位に属する水産物の消費が目立つ。同時に，世界的に漁業資源の枯渇問題が深刻になりつつある状況を考えると，飽食，グルメ志向の食生活が見直されなければならない。

エコロジカル・フットプリントは，経済活動による生態系への負荷を「面性」という単位で表す指標で，エネルギー分析やその他の総合環境指標と比

較して，より視覚化しやすいメリットがある。そして，地球と人類の未来をどのような方向に進めていくべきかを考えるとき，エコロジカル・フットプリントの値を適正規模に近づけることが必要であり，この点で大変重要な意味のある指標である。

3.3 ファクター10とMIPS

シュミット・ブレークは，2001年の第1回武田賞(テクノアントレプレナーシップが生み出す工学知)を受賞し，その年の12月に東京で記念講演を行った。受賞の理由はファクター10の提唱である。

(1)ファクター10のコンセプト

「ファクター10」という考え方は1991年にドイツのブッパータール研究所に所属していたときのアイディアによるものである。この主張を基礎に1994年に欧米や日本などの研究者，政治家，経営者などによってファクター10クラブが結成された。そして今後30年から50年の間に先進国の資源生産性を10倍に引き上げることを提言する「カルヌール宣言」が発表された。ここで具体的な対策について，資源消費の指標をその結果発生するCO_2排出量に置き換えて考えてみる。現在，OECD諸国をはじめとする先進国の人口は世界全体の20%ほどである。そして現在，そこで発生しているCO_2排出量は世界全体の50%にもなる。2050年の世界人口は現在の2倍になるといわれている。そのときのOECD諸国をはじめとする先進国の人口は世界人口の10%と推測される。

これらの前提条件の基に2050年までに，世界のCO_2排出量を1/2にする目標を立てる。ここで，平等の原則から1人当たりの年間排出量を南北で同一とする条件を前提に考えると，OECD諸国をはじめとする先進国市民は，図3.3に示すように目標として現在発生しているCO_2排出量全体の50%を人口比1:9で配分すれば良いことになり，我われは5%を達成しなければならない。このことは現在の排出量の1/10を意味する。もし，先進国と同

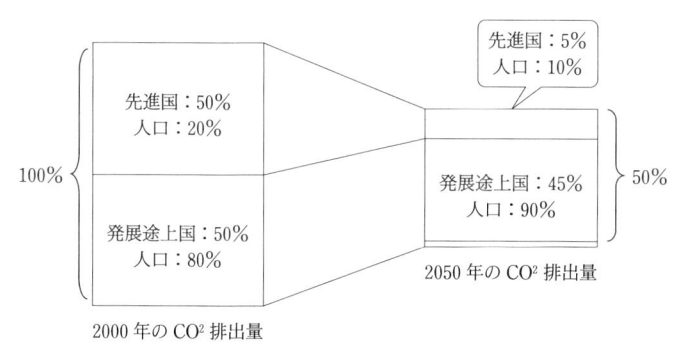

前提条件：平等の原則から1人当たりの年間排出量を同一とする

図3.3 ファクター10の考え方

じようなやり方で中国，インドなどの国々が発展しようとするなら，資源消費が増大し，地球の環境収容力を大幅に超えることになり将来は破綻する。したがって，我われは資源エネルギーの生産性を10倍に高めないと現在の生活水準は維持できない。現状は資源の有効利用とはほど遠い状態で，とても環境と調和のとれたものではない。特に，加工，食糧，製品とサービスにおいて膨大な無駄がある。資源の利用のされ方がどうか，このことを正しく理解するには，その製品が作られ，そして最終的に廃棄されるまで，そのライフサイクル全体でどの程度の資源が必要かということが重要になる。そしてそれを客観的に意味のある数値として示すことができれば，応用的な面で大変有効なインデックスになる。

(2) MIPS

　MIPSはシュミット・ブレークにより提案された。これはサービス単位当たりの物質投入量，また物質集約度を表す数字である。具体的にいえば，ある特定サービスを提供する製品のライフサイクル全体で，どの程度の資源の投資が必要なのかということを数字で表したものである。たとえば，1台の自動車が生産されて利用された後，廃棄されるまでの間で，サービスとして何人の人を何万km運んだかに対して，そのとき，資源として材料や燃料

などをどれくらい使用したかという両者の比を表したものである。製品は車のような複合材料からできているものでも、単一の素材、たとえば、1 kgのアルミを作るのに、またはその他のものを作るのにどの程度の資源が使われているのかを表すことができる。一般的に、重さ1トンの自動車を作るのに平均30トン以上の再生不能な資源が使われる。さらに排ガスなどの環境対策にも白金触媒のような天然資源の利用が必要になる。このMIPS(数字)が高ければ高いほど、資源を攪乱してその結果自然環境を破壊して製品が作られることになる。反対にMIPSを下げることで、我われは環境に優しい生産活動や暮らし方ができる。このMIPSはまったく新しい概念である。それぞれの製品や材料が環境に対してどの程度負荷を与えるものなのかを客観的な数値として示すことができ、また、異なる製品やものでも、たとえば乗用車と洗濯機、または住宅というものを比較することも可能になる。そしてこの数字を元に、ある製品を作るのにどの選択肢が一番いいのかを考えることができる。環境負荷を考えた場合、どのような製品作りがいいのか考える指標を与える。これはエコロジー経済学においてLCAの評価手法のひとつとして用いられている。

MIPSは以下の関係式から導かれる。

$$MIPS = MI/S \tag{3-1}$$

ここでMIはエコリュックサック(物質集約度)、Sはサービス数を表す。

$$MI = \Sigma(Mi \cdot Ri) \tag{3-2}$$

となる。ここでMiは構成する素材の重量で、Riはリュックサック因子を表す。

シュミット・ブレークは人間が使う製品や、受けるサービスは、それらを作り出すために動かされ、変換される自然界の物質をリュックサックに入れて背負っていると考えてエコリュックサックと表現した(図3.4)。エコリュックサックはそのまま環境にかけた負荷の程度を表すことになる。製品のエコリュックサックは、それを構成する素材の重量にその素材のリュックサック因子を掛けた値を全素材について加えれば得られる。リュックサック因子はある素材1 kgを得るために、どれだけの重量の鉱石、土砂、水その

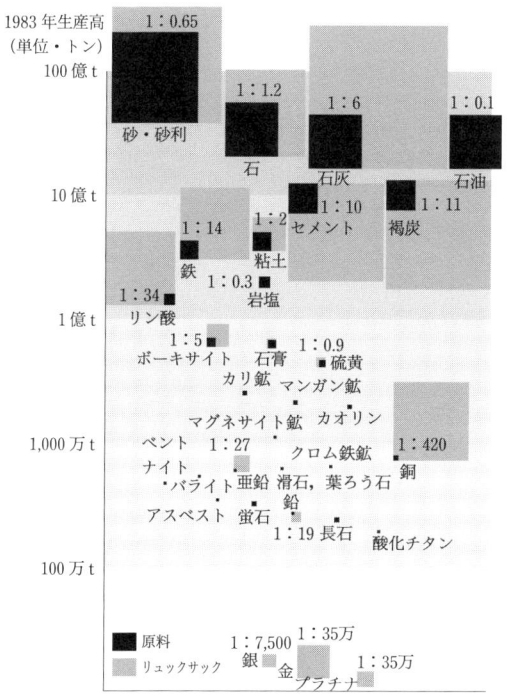

第3章　ゼロエミッションを支える基本的な概念　41

図3.4 さまざまな原料の世界生産高(■)と対応するエコリュックサック(物質集約度(▨))（出所：Lütting/Walter/Merian/IEA Coal Research/US-DOG; Rucksacks: Schüty, Liedtke を基に作成）

他もろもろの物質を何 kg 自然界で動かしたかを表したものである。ブッパータール研究所で集積しているデータによれば，鋼鉄は21，アルミニウムは85，再生アルミニウムは3.5，金は54万，ダイヤモンドは5,300万，ゴムは5などである。1 kgの鋼鉄は自身の重量も含めて，21 kgのエコリュックサックを背負っていることになる。

また，サービス数 S は，$S = n \cdot p$ で定義される。n はサービスの種類によって時間，面積，利用回数などの値を取る。p はその財，サービスを同時に利用する人の数で算出する。実際にはSの値はその製品の使用後までわからないが，それでは評価できないので，経験的に設定するか，メーカーの保証期間を基礎にして算出する。また，その値は，通常の消費財の場合は1，

耐久消費財の場合は n として利用回数や，その他の量を用いる。MIPS の逆数である S/MI というのは，物質投入量当たりの単位サービスとなり，これを資源生産性と呼ぶ。したがって，MIPS を下げることは資源生産性を向上させることに等しくなる。

3.4　エネルギーとエクセルギー

(1) エネルギー保存の法則

エネルギーには"熱エネルギー"，"力学的エネルギー"，"電気的エネルギー"，"化学的エネルギー"などいろいろな形態があるが，それらすべての種類のエネルギーをひとまとめにして，相互に変換しても全体として増えも減りもしないという考え方がある。たとえば，300℃(573 K)の水蒸気の持つ 1 kJ の熱エネルギーも 40℃(313 K)の温水の持つ 1 kJ の熱エネルギーも同じ 1 kJ のエネルギーとみなしているわけである。しかし，今ここに図 3.5 に示すように 100℃の熱湯が 1 リットルあるとする。これに 20℃の水を何リットル加えれば 50℃の温水になるか考えてみよう。加える 20℃の水の量を V リットルとすると，

$$100 \times 1 + 20 V = 50(1+V) \tag{3-4}$$

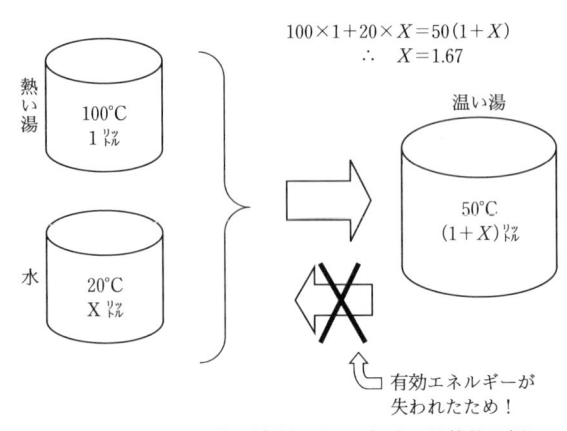

図 3.5　エクセルギー(有効エネルギー)の具体的な例

となり，答えは，約1.67リットルとなる。この式の右辺も左辺も熱量は133 kcalで同じになる。つまり，100℃の熱湯を20℃の水で割る前も後も，合計した熱量に変わりはないと考えるのが，エネルギー保存の法則(熱力学第一法則)である。

しかし，いったん50℃に薄めてしまった熱湯は，自然には元の100℃に戻らない。この混合過程で大切な何かが失われている。たとえば，300℃の水蒸気はタービンで仕事を取り出せるが40℃のお湯では給湯に使える程度で，ほとんどそこから仕事を取り出すことができない。水蒸気が冷えてお湯になれば仕事の能力が失われているというのが我々の実感である。

(2) エクセルギーの概念

エネルギー保存の法則では，この部分がうまく説明できず，工学的にエネルギーの有効利用を考える場合に不便である。もっと明確に仕事の能力を表現する概念が必要となり，そこで，生まれたのがエクセルギーの概念である。第二次世界大戦後は熱力学第二法則に着目したエネルギーの質的な価値が注目されるようになり，エクセルギーという言葉は1956年にドイツの熱工学者ゾラン・ラントが作ったといわれている。彼は，それまでに使われていたいろいろな最大有効仕事の表現を統一するために，ギリシャ語で"仕事"を意味するergonに"外へ"を意味する接頭語exをつけ，さらに愛称の接尾語ieをつけて，ex erg(on)ie → exergie(エクセルギー)を提案した。そして，エネルギーは，他のエネルギー形態(仕事)に変わりうる部分と変わりえない部分とがあり，前者をexergie(有効エネルギー)と呼び，後者をanergie(無効エネルギー)と呼ぶことにして，エネルギーとエクセルギーの関係を明確にした。すなわち，エネルギー(有効エネルギーと無効エネルギーの合計)は保存される(熱力学第一法則)が，有効エネルギーはエネルギー変換の過程で保存されず，しだいに無効エネルギーに変化していく(熱力学第二法則)ことになる。

中西重康[3-5]のまとめによると，エネルギーとエクセルギーの特徴は次のようになる。

エネルギーは，

①系のパラメータにのみ依存し，外界(周囲媒体)のパラメータに依存しない。
②絶対値はゼロとならない。
③いかなる場合も保存則に従い，消滅することはない。

エクセルギーは，
①系のパラメータ以外に周囲媒体のパラメータにも依存する。
②ゼロとなる(系が最初から周囲媒体と完全に平衡の場合)。
③可逆プロセスにおいてのみ保存則に従う。現実の非可逆プロセスでは一部または全部が消滅する。

物体が持っているエクセルギーは，いつでも減少しようとしている。しかも，その減少の仕方は条件が許す限りもっとも速く消滅するように起こる。川の水が一番抵抗の少ない場所を選んで一気に流れ落ちようとするのと同じ原理である。非平衡の熱力学ではこれを「最大原理」と呼んで，エクセルギーもこの原理に従ってたちまち環境と同化してなくなってしまう性質を持っている。地球は太陽のエクセルギーを受け取って生命体の維持や自然現象で消費している。あらゆる系は，このように他の系からエクセルギーの供給を受けない限り消滅するしかない。つまり，エントロピーを回復しようとすれば必ず外からエネルギーを投入しなければならないといえる。

また，エネルギーを効率的に使うためには，エクセルギーの減少過程に注目する必要がある。熱エネルギー有効利用技術のひとつとして，熱のカスケード利用が挙げられる。カスケード熱利用とは熱エネルギーの温度レベルに合わせて適材適所に熱エネルギーを利用するシステムのことである。わかりやすく説明すると，図3.6に示すように1,000℃以上の熱エネルギーは，たとえば溶鉱炉で鉄を溶かして鋳物(ダイキャスト)を作る場合などに用い，その廃熱を利用して蒸気タービンを回して発電し，さらに，捨てられる蒸気を工場内の暖房の熱源に利用するといった利用法を意味する。いったん，下がってしまったエクセルギーは元に戻らないから，高温の熱源は，何段階にも使いまわして有効に利用するべきである。このことは，エネルギーに関するゼロエミッションとして重要な考え方といえる。

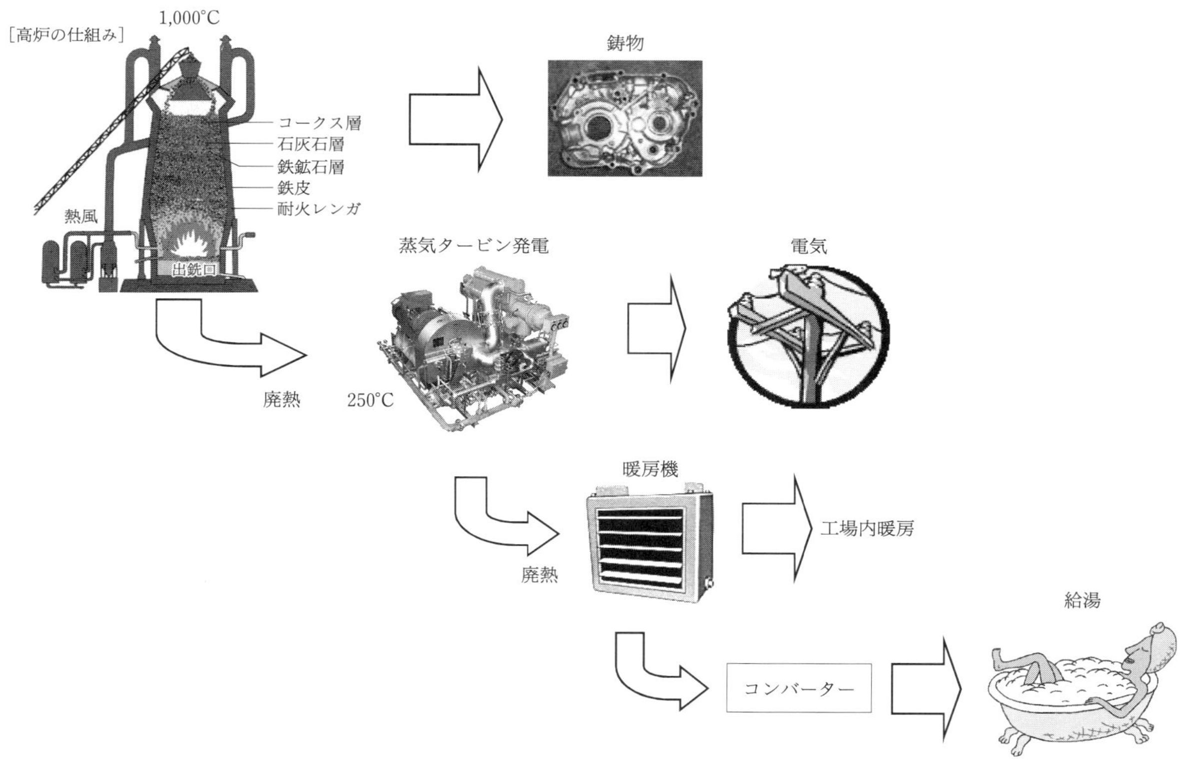

図 3.6 熱エネルギーのカスケード利用

[引用・参考文献]

3-1. カール・ヘンリック・ロベール. 1996. 市河俊男訳. ナチュラル・ステップ. 新評論. 259 pp.
3-2. Wackernagel, M. and Rees, W. E. 1995. Our ecological footprint: Reducing human impact on the Earth (New Catalyst Bioregional Series). 160 pp. New Society Pub. [マティース・ワケナゲル, ウィリアム・リース. 2004. 和田喜彦監訳・解題. 池田真理訳. エコロジカル・フットプリント. 合同出版. 293 pp.]
3-3. フレデリック・シュミット・ブレーク. 1997. ファクター 10. シュプリンガー・フェアラーク東京. 373 pp.
3-4. 堀内行蔵(編). 1998. 地球環境対策—考え方と先進事例. 有斐閣. 329 pp.
3-5. 中西重康・小松源一. 1998. 熱力学入門. 山海堂. 154 pp.

第4章 日本のゼロエミッション

4.1 バイオマス・ニッポン総合戦略[4-1]

(1)戦略の概要

「バイオマス・ニッポン総合戦略」は2002年12月27日に閣議決定された計画である。これは農林水産資源,有機性廃棄物などの生物由来の有機性資源であるバイオマスを,エネルギーや製品として総合的に利活用し,持続的に発展可能な社会を実現することを目的にするもので,具体的には,

①温暖化の防止
②循環型社会の形成
③農山漁村に豊富に存在するバイオマスの利活用
④競争力のある新たな戦略的産業の育成

の4つを基本課題としている。

この計画の内容にはゼロエミッションの概念やアプローチの手法に共通する部分が多い。持続可能な社会を実現するために,温暖化を防止し,循環型社会の実現を志向する考え方は,まさに,ゼロエミッション実現の条件でもある。バイオマス・ニッポンでは,目的達成の手段として,バイオマス資源の有効活用を中心に置いている。そして,実行段階では,民間における市場原理に基づいたバイオマスの総合的な利活用を基本とし,利用可能なバイオ

マスを循環的に最大限活用することにより，将来にわたって持続的に発展可能な社会の実現を目指している。また，バイオマスの利活用については地域の特性や利用方法に応じ多様なものとならざるを得ないことから，地域ごとに地域の実情に即したシステムの構築を目指すものとなっているので，この考え方も地域ゼロエミッションの構想と一致している。1995年に始まったゼロエミッション構想は，いろいろな形で本構想に影響を与えた。たとえば，1996年に行われた国連大学の地域発ゼロエミッション会議では，後段の利活用事例に示される山形県長井市のレインボープランがゼロエミッションの農業における成功事例として紹介された。その他，(財)北九州産業学術推進機構などにみられる多くの事例がゼロエミッション国際会議のテーマとして，これまで紹介されてきたことも両者の概念が極めて近いことを示すものである。

(2)戦略目標

バイオマス・ニッポン総合戦略の策定に当たっては，わが国におけるバイオマスの現状を踏まえたエネルギー，製品としての利活用可能量を把握するとともに，バイオマス利活用に関するいくつかのシナリオを描き，それぞれに合わせた目標値の設定について検討がされている[4-1]。現時点で，エネルギー利用に関しては，地球温暖化対策推進大綱の目標値(2010年)に示されるように，バイオマス発電は33万kW(原油換算で34万kl)で，1999年度実績の約6倍に相当する値となっている。また，バイオマス熱利用は，67万kl(原油換算)である。さらに，製品利用に関しては，農林水産省が堆肥利用として4,000万トンを暫定目標(2010年)と定めている。

(3)利活用事例

国がバイオマス・ニッポン総合戦略を策定したことにより，全国各地で食品廃棄物，家畜排泄物をはじめとするバイオマスの利用推進に向けたさまざまな取り組みが行われるようになった。また，国と地域の行政機関の連携を深めるため，協議会や連絡会議などの設置も始まっている。第1回バイオマ

ス・ニッポン総合戦略推進会議配布資料のバイオマス利活用事業事例によれば，現在，取り組みが行われている主なものは以下のようなものである。
　マテリアル利用では，
　①たい肥化
　　　　京都中央農業協同組合(樹木剪定枝，ビールかすなど)，生活協同組合コープこうべ(食品加工残渣，牛糞，もみがら)，盛岡・紫波地区環境施設組合(生ゴミと樹皮)，栃木県高根沢町(生ゴミと牛糞尿，もみがら)，宮崎漁業協同組合(水産廃棄物)，滋賀県浅井郡びわ町(集排汚泥)，山形県長井市レインボープラン(生ゴミ，畜糞，もみがら)，郡山市(脱水下水汚泥，コーヒー豆かす)
　②飼料化
　　　　西薩クリーンサンセット事業協同組合(焼酎かす)，長崎漁港水産加工団地協同組合(水産加工残渣)，北九州食品リサイクル協同組合(食品廃棄物)，札幌生ごみリサイクルセンター(食品廃棄物)
　③炭化
　　　　アイオーティーカーボン株式会社(廃木材)，パーティクルボードに関しては，東京ボード工業株式会社，セイホク物流，セイホク株式会社
　④木質-プラスチック複合素材
　　　　エコファクトリー株式会社(建築廃材など)，生分解性プラスチック，(財)北九州産業学術推進機構(食品廃棄物)
　エネルギー利用では，
　①鶏糞ボイラー(発電，発熱)
　　　　南国興産株式会社
　②メタン発酵
　　　　中空知衛生施設組合(生ゴミ)，横浜市下水道局(下水汚泥)，八木バイオエコロジーセンター(家畜糞尿)，富山グリーンフードリサイクル株式会社(食品廃棄物，剪定枝)，ジャパン・リサイクル株式会社(有機性産業廃棄物)
　③直接燃焼(発電，発熱利用)
　　　　能代森林資源利用協同組合(樹皮，チップ屑，ボード屑，端材など)

④ペレット燃料製造
　　　葛巻林業株式会社(樹皮など)，大阪府森林組合(間伐材，剪定枝，伐採木など)
　⑤バイオディーゼル燃料製造
　　　滋賀県愛東町(廃食油)
また，技術開発事例としては，
　①循環型社会システムの屋久島モデルの構築
　②都市エリア産学官連携促進事業(函館，青森，山形，茨城)
などがある。
　さらに，地域レベルでのバイオマスの有効活用の事例には，
　①バイオマスタウン構想
がある。
　バイオマスタウンとは，域内において広く地域関係者の連携のもとでバイオマスの発生から利用までが効率的なプロセスで結ばれた総合的利活用システムが構築され，安定的かつ適正なバイオマス利活用が行われているか，あるいは今後行われることが見込まれる地域をいう。第1回目として，全国で次の5市町村，北海道瀬棚町，留萌市，青森県市浦村，福岡県大木町，熊本県白水村の構想が選ばれている。

4.2　地域ゼロエミッション

　岩手県は早くから他の都道府県に先がけてゼロエミッション構想を推進してきた。それは，当時県知事の増田寛也に負うところが大きい。知事のリーダーシップによって，これまで，大胆でユニークな行政が展開されてきた。たとえば，情報収集の面では，ゼロエミッションに関する情報はすべて企業や市町村に提供されることでゼロエミッションへの取り組みが促進される。また，インターネットを活用した産業廃棄物取引情報ネットワークが構築されていて，それによって事業者間の排出物取引が円滑になるなど，事業者の廃棄物ゼロに向けた活動支援も積極的に行われている。さらに，ゼロエミッ

ション型の産業の育成・集積の促進のためには，ゼロエミッションの実現に向けた新しい産業システムの構築を図るための調査研究や，ゼロエミッション型の産業の育成や誘致の推進，関連産業の集積などによる循環型地域社会の実現が図られている。岩手県が現在行っている環境政策やゼロエミッションに対する取り組みについて具体的に紹介すると，次のようなものがある。

①環境基本計画の策定

　　21世紀に向かって真に豊かな暮らしを創造する「環境共生・循環型地域社会」を実現するため，1999年度を初年度とし，2010年度を目標年次とする「環境基本計画」を策定する。

②環境ホルモンのモニタリング

　　環境中の環境ホルモン残留の状況を把握するため，県内の主要水系などについて，水質などの環境ホルモンのモニタリングを行う。

③環境保険センターの整備

　　環境保健行政の科学的，技術的中核機関として2001年度中に設立し，研究成果などの情報の発信拠点であり県民の環境学習の拠点とする。

④IWATE・UNU・NTT環境ネットワーク共同プロジェクトによる取り組み

　　国際連合大学高等研究所とNTTと共同して，河川の水質や大気物質の自動測定，酸性雨調査を行い，測定結果をインターネットで情報提供する共同プロジェクトを実施する。

⑤ISO14001の認証取得

　　環境マネジメントの国際規格であるISO1401の認証を取得する。

⑥ゼロエミッションの推進

　　古紙のリサイクルを推進，家庭の生ゴミや鶏糞，牛糞の肥料への転換，セメント工場における廃棄の有効利用などによる，県内のさまざまな分野におけるゼロエミッションの普及を図る。

⑦東北三県知事サミット

　　環境施策の推進については，県を越えた広域的な連携による取り組みが必要な側面がある。岩手，秋田，青森の三県が連携・協力して環境保

全やゼロエミッション型社会の構築に向けた取り組みなどを進める。

4.3 産業ゼロエミッション

甲府市に近い国母工業団地には，横川電気，松下電器産業などの電気機器，部品を製造する工場を中心に23社が集まっている。この工業団地が，今，産業界にとどまらず，循環型社会における工業団地のあり方を考える，研究者や行政の人々からも注目されている。国母工業団地工業会の産業廃棄物処理研究会会長をしている石井迪男によると，この工業会が発足したのは1994年のバブルがはじけたころである。また，その時期は1992年の環境と開発に関する国際会議を受け，従来型の企業行動に疑問が投げかけられ始めたころでもある。1992年に，国母工業団地では深刻さを増す地球環境問題について入居企業23社が共通の認識に立ち，環境調和型工業団地を目指す方針を確立した。山梨県は産業廃棄物の最終処分場を他県に依存していることから，このままでは将来生産活動に大きな支障が出るという危機感があり，そのことが取り組みの原点になった。組織的には23社の協同組合「国母工業団地工業会」が存在し，そのなかに石井を中心とした産業廃棄物処理研究会が作られ約30回にも及ぶ勉強会が行われた。そのなかから産業廃棄物処理研究会は産業廃棄物に関する基本的考え方を，

①源流削減
②回収・再利用・再資源化
③減量化(中間処理)

の3つにまとめ，活動をスタートした。

①は，まず，各社で自ら廃棄物を削減(リデュース)する。②は，努力しても発生してしまう廃棄物については，それを共同回収し，再利用(リユース)，再資源化(リサイクル)する。③は，再利用，再資源化できない廃棄物について，中和などの中間処理を通じて，少しでも減量する。これらの考え方にゼロエミッションの理念を加えて考えたとき，再利用・再資源化は，できるだけ工業団地内で循環させることが必要であるとの認識に立ち，循環型リサイ

クルシステムの構築が進められた。また，国母工業団地工業会では，これらの基本的考え方が浸透しており，組合員23社中これまで既に9社がISO14001認証取得を済ませていることからも明らかである。具体的な取り組みとして，図4.1に示すように，最初に，23社に共通し，しかも身近で取り組みやすいものからということで，1995年11月より紙類の共同回収リサイクルがスタートした。以前は各社がそれぞれの焼却炉で処理していた紙類を，現在は上質紙，ダンボール新聞・雑誌・パンフレットその他に分けて分別収集が行われている。集められたものは再び上質紙は上質紙に，ダンボールはダンボールに，新聞，雑誌，パンフレットその他はトイレットペーパーにリサイクルされる。そして，再生されたトイレットペーパーを各社が購入することで，循環型のリサイクルシステムを作り上げている。スタートしてからこれまでに回収された紙類の量は，20年ものの成木換算で約1万7,000本にも及ぶ。

　国母工業団地が"ゼロエミッション"に出会ったのは，1996年，アメリカ，テネシー州チャタヌガ市で開催された第2回ゼロエミッション世界会議

```
団地概要
        総面積：9,584 ha
        位置：山梨県甲府市，昭和町，玉穂町
        入居企業：24社
        （電機関連産業，鋼材，木材加工，食品関連の中小企業）
        従業員数：5,075人(2001年4月現在)
        年間生産額：2,683億円(1999年度)

経緯    1974年：造成工事完了
        1978年：協同組合 国母工業団地工業会設立
        1990年：産業廃棄物研究会設立
        1995年：紙の共同回収開始
        1997年：廃プラの共同回収開始
        1998年：生ゴミの共同回収開始
               産学官ゼロエミッション推進研究会設立
        2000年：パルプモールド成型
```

図 4.1　国母工業団地の概要とこれまでの経緯

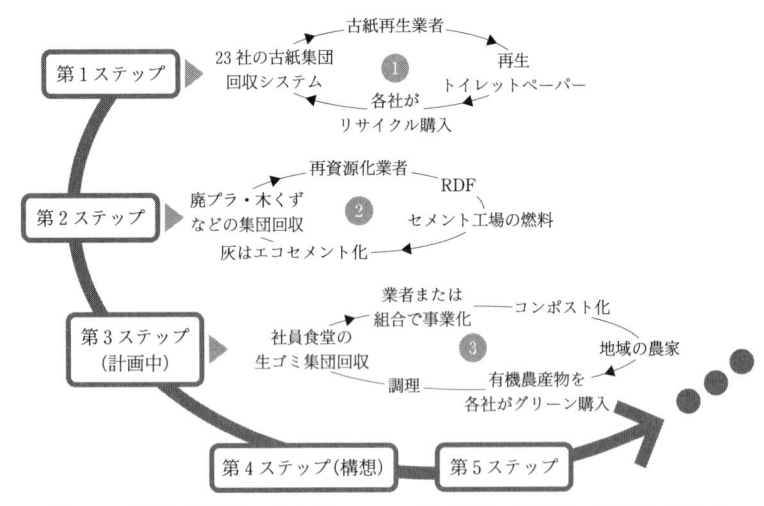

図4.2 国母工業団地のリサイクルシステム（出所：環境省，1998より）(4-2)

である。石井迪男は自分たちのこれまでやってきたことの裏づけとなる，より高度の実践概念，それがゼロエミッションであるということに確信を持った。これを基に，図4.2に示すように次に取り組まれたのは廃プラスチック，木くず，ゴミ類で，1997年1月より，このリサイクルシステムがスタートした。従来は埋め立てまたは焼却していた廃棄物を固形燃料化してエネルギーとしてリサイクルするもので，処理業者の協力を得て固形燃料化「RDF」のプラントが県内に完成し，製品はそこを通して太平洋セメント株式会社に燃料として供給され，その焼却灰はエコセメント化されている。

石井迪男は，これまでの過程において，推進の大きなポイントとなったのは，
　①同事業化の組織
　②処理業者の協力
　③分別回収の体系確立と全員の理解
が重要で，特に②については，独自の固形燃料化プラント建設の他にも，業者間の協調で協同組合「山梨県総合環境クリーンセンター」が設立され，工業会との2者契約という形で共同システムへのスムーズな移行が可能になっ

た点を強調している。

次の取り組みは1998年11月より始まった各企業の食堂から出る生ゴミ(残飯)の共同処理化である。生ゴミを団地内の共同施設でコンポスト化し近隣のモモ農家に供給し，できたモモを団地内で買い入れる循環型システムはとてもユニークで有効なシステムに思われる。さらに現在では，プラスチック回収でできた固形燃料を国母工業団地内で使うことにより，運搬費用を削減でき，より進んだ循環型のシステムの構築が検討されている。また，古紙余り現象のなかで，古紙の積極活用の方途として，パルプモールド(発泡スチロールに代わる梱包材，緩衝材)の普及促進と設備導入も検討されている。これは「ゴミ発電」を通じて得られた電力と熱を有効に利用する目的も持っている。また，残りの廃棄物処理として，廃酸，廃アルカリの中和処理システムなども検討されている。これらの検討は，工業団地の枠を越えて広域的視野で取り組む必要があり，また，技術的にも掘り下げて研究する必要があることから，産官学の連携は重要で，1997年9月には「産学官ゼロエミッション推進研究会」が発足し，全県レベルでの取り組みが進められている。

4.4 学術研究ゼロエミッション

1997年度から文部科学省科学研究費補助金による「重点領域研究」に新たな領域として図4.3に示すような「ゼロエミッションをめざした物質循環プロセスの構築」が発足し，日本におけるこの分野の本格的な研究がスタートした。この研究は，鈴木基之を領域代表として1997年から2000年の4年間行われた。

研究目的および概要

「21世紀に向けて地球に優しく安全で快適な生活を維持できる人間活動および生産活動を創生するためには，環境への排出，すなわちエミッションをできるだけゼロに近づける社会・産業・生産システムが構築されなければならない」という鈴木代表の考えの元に，全国から研究者が集まり，ゼロエ

```
領域名：ゼロエミッションをめざした物質循環プロセスの構築
領域代表：鈴木基之(東京大学生産技術研究所，教授)，領域略称：ゼロエミッション
領域番号：292，研究期間：平成9年度～平成12年度(4年間)，申請金額：100～500
万円程度/年(公募研究1件当たり)
```

```
                    ゼロエミッション社会・産業・生産システム
                                  ↑
┌─────────────────────────────────────────────────────────────┐
│  計画研究 A02        データベースの    情報   計画研究 A03         │
│  ネットワーク形成    提供           発信    物質循環モデル         │
│  (生産プロセスの                          (地域における物質循環モデルの解析) │
│  ネットワーク形成)                                                │
│          情報          総括範 A00         情報                    │
│                       ゼロエミッション・コンセプト  生産プロセスデータ │
│  データベースの提供  基本概念  (ゼロエミッションのコンセプト 基本概念  の情報提供 │
│                       作りと情報発信)                             │
│          情報                            情報                    │
│  計画研究 A01                              計画研究 A01-Phase 1   │
│  物質フロー解析   個別プロセスデータのデータ提供  物質フロー解析    │
│  (生産プロセスにおける                    (生産プロセスにおける    │
│  ゼロエミッション化)                      物質フロー解析)          │
└─────────────────────────────────────────────────────────────┘
```

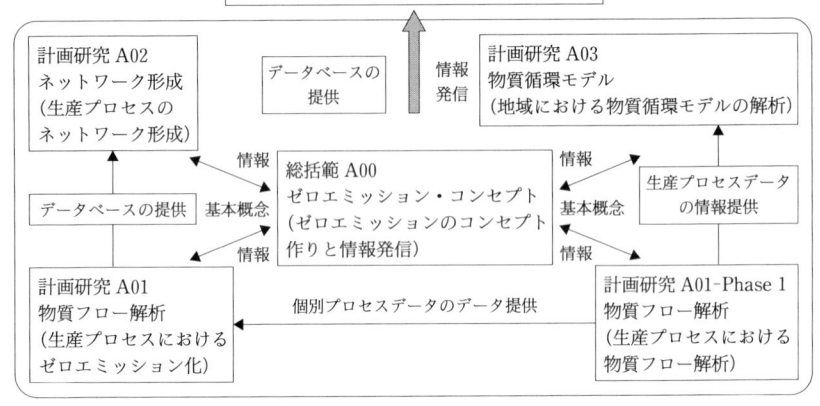

図4.3　ゼロエミッションを目指した物質循環プロセスの構築の概念図

ミッションを目指した新たな物質循環プロセスの構築に関する研究が始まった。

本研究領域は次に述べる3分野(A-01，A-02，A-03)に分かれていて，そこに，それぞれの研究班長を置き計画研究と一般から公募による公募研究の両研究が行われた。

A-01班：

羽野忠を班長とするグループで，「個々の生産プロセスにおける現状の物質フローの解析と，それに基づくゼロエミッション化の検討」がテーマである。具体的内容は，現在の主な生産活動における物質およびエネルギーのインプット・アウトプットに関する解析とそれらのデータベースを作成する。

A-02班：

吉田弘之を班長とするグループで，「業種を越えた生産プロセスのネットワーク形成によるゼロエミッション化の検討」がテーマである。具体的内容は，産業間および企業間における物質とエネルギーのフローを明らかにした

上で，もっとも有効な資源活用のためのリンクならびに立地条件について考える。

A-03班：

藤江幸一を班長とするグループで，「モデル地域における物質循環を記述する数理モデルの構築とそれを用いたゼロエミッション化の評価と予測」がテーマである。具体的内容は，モデル地域の物質収支・エネルギー収支を記述するダイナミックモデルの構築を行い，さまざまな階層におけるゼロエミッション化の評価と予測を行う。

以上の研究で得られた成果を，生産活動や都市活動からのエミッション低減のために有効活用する。

4.5　民間ゼロエミッション

「菜の花エコプロジェクト」は図4.4に示すように滋賀県環境生活協同組合理事長の藤井絢子を中心に推進されてきた極めてユニークでわかりやすいゼロエミッションの事例[4-3]である。既に，ドイツでは1970年代に世界を襲った石油危機を教訓に，資源枯渇も考えられる化石燃料に頼らない，しかも温室効果の高いCO_2を抑える化石燃料代替エネルギーとして，菜種油の燃料化計画を強力に進めてきた。「Ayakoの環境ノート」(ホームページ)によると，藤井が1998年にドイツを訪問したときには，菜種の作付面積は100万haにも及び，菜種油から精製した燃料を置くガソリンスタンドは全国に800か所も設置されていたそうである。藤井は，ドイツの「化石燃料代替である菜種油燃料化プログラム」を琵琶湖の保全再生に応用することを考えた。このことは「循環型社会の実現の場を地域でつくりたい」，「地域モデルを模索しながら循環型社会システムのひとつの形を示したい」との思いで進められたという。

具体的には，滋賀県工業技術センターでの廃食油燃料化の実験，配送車・トラクター・漁船を利用した実用化試験，ならびにプラントの設計，国・県への助成の働きかけなどが行われた。そして，滋賀県愛東町においてBDF

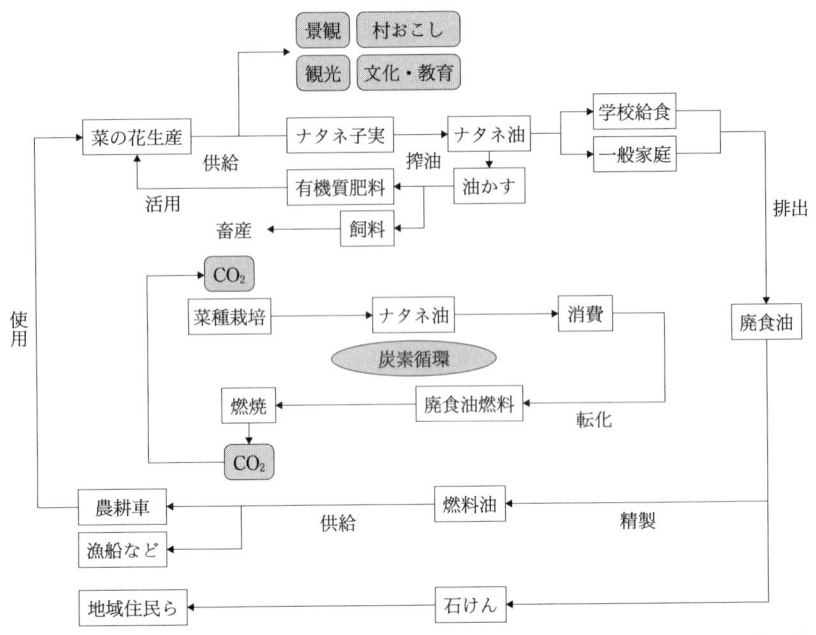

図 4.4 湖国菜の花エコプロジェクトの資源循環サイクル(出所：三橋，2000 の資料を基に製作)[4-3]

(バイオ・ディーゼル・フューエル)プラントを導入することが合意された。愛東町に着目したのは，1981 年以降取り組んでいるゴミの分別などのベースがしっかりしていたからである。1994 年度にプラントを設置して以来，愛東町の公用車は BDF で走っていることが知られるようになった。そして，1998 年には，転作田に菜種を播き，搾った菜種油を学校給食に使い，その廃食油を回収して石けんを製造し，地域で動く車や農耕機械の燃料を精製する，という地域内で資源を循環するプログラム「菜の花エコプロジェクト」がスタートした。これは地域が生み出すゴミのなかから資源として再利用できるものは，再度「資源」として循環させる，まさにゼロエミッションを具現化したプロジェクトである。

このプロジェクトを通じて，我々は環境問題がエネルギー問題と極めて近い関係にあることを教えられる。しかも化石燃料に代わるものとしてバイ

オマス・エネルギーの可能性がみえてくる。エネルギーの観点からすると，菜の花が植えられているたんぼは「巨大油田」であり，山の木質資源もまた豊かなバイオエネルギー源だと認識できる。一次産業として捉えてきた農業や林業が資源・エネルギー産業として再生できる可能性も感じさせる菜の花プロジェクトは我われに循環型社会のイメージを膨らませてくれる。

[引用・参考文献]
4-1. 小宮山宏・松村幸彦・迫田章義. 2003. バイオマス・ニッポン―日本再生に向けて. 日刊工業新聞社. 252 pp.
4-2. 環境省. 1998. 平成 10 年版環境白書.
4-3. 三橋規宏. 2000. 日本経済グリーン国富論. 東洋経済新聞社. 383 pp.

第5章 世界のゼロエミッション

5.1 ZERIファンデーション

「ゼロエミッション構想」を最初に提唱したグンター・パウリは，これまでゼロエミッションに関連するいくつかの具体的なプロジェクトを世界で提案・実践してきた。1994〜1997年の国連大学学長顧問就任当時はこの分野における指導的役割を果たし，本構想の実践的プログラムをスタートさせた。そして，この研究構想のさらなる広がりを視野に入れた組織作りを進め，1995年には南米コロンビアのボゴダ，南アフリカのナミビアに事務所を開設した。1996年にはプログラムの実施を重点的に取り扱うZERI財団(Zero Emission Research and Initiative Foundation)を設立し，本部をスイスのジュネーヴに置いた。日本政府は1996年度の環境白書でゼロエミッション研究構想を産業界の目標に据えている。2000年には，図5.1に示すようにドイツのハノーバーで万国博覧会(EXPO2000)が開催された。そこでもゼロエミッションが中心的なコンセプトとして取り上げられた。

(1) 実行計画

ZERI財団は，これまでいろいろなレベルの能力開発のなかで，得られた知見をどのように移転するかを考え，実施計画を推進してきた。職業訓練を

図 5.1 建設中のゼロエミッション・パビリヨン（出所：ゼリー・ファンデーションより。Gunter Pauri 氏の許可を得て掲載）

ともなうフィジーのプロジェクト，ナミビアでの統合バイオシステム，コロンビアの再植林事業から，ゼロエミッション研究構想を実践する上で興味深い知見が得られている。これらのプロジェクトは現在，科学的，社会的，経済的な角度から分析が行われ，地域の状況を考慮しつつ，他の場所へ，どのようにそれらを再現することができるかに関して考察が行われている。しかし，一方で能力開発によって必要な人材が用意されなければ，計画の再現は不可能である。このことから ZERI 財団は以下のプログラムを立ち上げた。

① ZERI フェローシップ

　ZERI 財団は大学を卒業した若い人たちに ZERI プロジェクトの現場で経験を積ませることを目的に設立された。

② ZERI 講座

　ゼロエミッション構想は統合された科学的なアプローチを必要とし，生物学，化学，工学，経済学の基礎が，相互に関連し合い生成科学を形成している。1997 年，ユネスコと国連大学の助成を受け，ナミビア大学に最初の ZERI 講座が設けられた。

③統合バイオシステムの修士号

　ジャカルタで開催された第3回ゼロエミッション世界会議の場で，6つの大学がZERI教育プログラムの創設のために協力し合うことに合意した。これらの大学の代表者がコロンビアのマニザレスで1997年9月に集まり，そこで統合バイオシステムの修士号を授与する1年間のコースを設置することが決定された。

④管理職研修，概況説明プログラム

　ZERIフェロー，ZERI講座，修士学プログラムの教授陣による管理職研修プログラムが計画・実施された。このプログラムはケーススタディー，資料，プレゼンテーション構成，経済界の特殊な要求に応じることに焦点を合わせたものである。

⑤政府職員研修講座

　ZERI概念の発展のため，政府職員にZERIフェローシップ，修士学プログラムなどへの登録の機会を与えることが重要であるとの考え方から設置された。アメリカ合衆国資源エネルギー省，インドネシア政府が既に政府職員研修講座のクライアントとなっている。

⑥地域導入プログラム

　ZERIフィールドプロジェクトを実行する過程で獲得した知見を地域レベルで進行中のプログラムに還元するプログラムである。既に1997年，南アフリカのナミビアと南太平洋のフィジーでUNDP(国連開発プログラム)の援助を受け実施されている。

(2) これまでに実施してきたプロジェクト

　ZERIがスタートして3年を経た1997年の終わりには，しかるべきトレーニングによって，現地の状況に合わせた柔軟な対応ができれば，同じプログラムの複製が可能となるいくつかのフィールドプロジェクトを持つことができるようになった。ZERIは，これまで提携相手とともに，以下のような計画を実践してきた。

　①農業，農産業のバイオマス廃棄物を完全に活用する統合バイオシステム。

ビール醸造(発酵過程)，水ヒヤシンスのバイオマス利用など
　②統合バイオシステムに基づく島の開発計画
　③コロンビアのラス・カヴィオタスの例に基づく再植林計画
　④エコ・ツーリズム
　⑤酵素抽出システムに基づいた食肉処理場管理
などである。

5.2　フィジー統合型ゼロエミッション

　フィジー諸島共和国は2000年5月に政変があり，国会に首相などを人質にして反政府派が立てこもる騒ぎが起こった。この騒動も人質解放，暫定政府発足，前首相の外遊という形で収拾に向かい，8月末になってやっと飛行機の定期運航が再開した。政変は人口構成でほぼ伯仲する先住フィジー人と移住インド系との摩擦にあったようである。筆者は政変の2か月前，統合型生物システムに基づくゼロエミッションの取材でフィジーを訪れていた。首都のスバはのどかな町で，政変が起こるとは考えてもいなかった。
　このプロジェクトが生まれたきっかけは，1994年7月6日に東京でZERIの会議が開催され，フィジーの駐日大使ロビン・ヤーロウが参加したことから始まった。そのとき，ZERIもまた統合的生物システムの最初の試験施設を設立するために場所を探していた。大使の強い希望もあり，フィジーが候補地として選ばれた。その後，フィジー農業省の招待でグンター・パウリは1995年にフィジーを訪問した。彼は候補地を探すために，島中を見て歩き，最終的にモンフォート・ボーイズ・タウンを訪問したとき，ここをプロジェクトの候補地として決めた。モンフォート・ボーイズ・タウンは恵まれない少年たちのための学校である。この場所が選ばれた理由は，実験に適した環境と必要なスペースがあったからである。また，学校は地元産業に即した教育を行っており，統合的生物システムがもたらすインフラ整備とそれによる経済的利益は魅力のあるものであった。そのために教育の一環として労働力を提供することも進んで提案された。また，得られた成果は，彼らが故郷に

帰ってから，自立する機会に結びつくことも期待された。

　日本からは，荏原製作所が国連大学を通じて財政的支援を行った。また，ZERI財団，およびフィジー政府による財政支援もあり，これらを基に，1995年11月にジョージ・チャンを中心にこのプロジェクトが開始された。

(1) **プロジェクトの内容**

　プロジェクトの基本概念は図5.2に示すようにひとつのプロセスから出る廃棄物を別のプロセスで有効に利用することで，統合的生物システム全体からは何も廃棄物が排出しないというものである。具体的には，キノコの菌床としてビール醸造所から排出される糟が使用される。ビール糟には1/4ほどのタンパク質が含まれているが，ジョージ・チャンによると含まれるタンパク質を現実的に利用する手段は，ミミズに与えるかキノコの栽培しかなく，ここでは商品価値が高いことからキノコが選ばれた。そして，キノコ栽培から発生する残渣は有効なブタの餌となる。豚肉はフィジーでは，まだ，高価なものであるが，モンフォートの学生たちは，このシステムのおかげで比較的頻繁に豚肉を食べる機会に恵まれている。また，ブタから排出される糞尿はダイジェスタに導かれ一部は燃料として使用可能バイオガス(メタン)に変換される。このガスは学校内の照明のためのガス発電機の燃料やその他の用途に有効に使われる。さらにダイジェスタからの窒素，リン，カリを含んだ栄養豊かな溶出液は藻池に導かれ，光合成により藻のバイオマスとして一部固定される。藻は定期的に収穫されて池のまわりの土手に育つ野菜や果物などの肥料や家畜の飼料などのコンポストとして利用される。残りは養魚池に排出され，微生物を成長させ結果的にそこに棲む数種類の魚類を育てることになる。巨大な蓄用池にはプランクトン，エビ，カニをはじめ，マッドカープ，ティラピア，ソウギョなどの魚が独自の生態系をつくっている。もちろん，人工的な生態系ではあるが，ごく自然に近い生態系で病気予防の抗生物質の投与も必要なく，水やその他の物質移動に関して重力を利用しているため，ポンプのような特別の装置や電気エネルギーも必要としない。

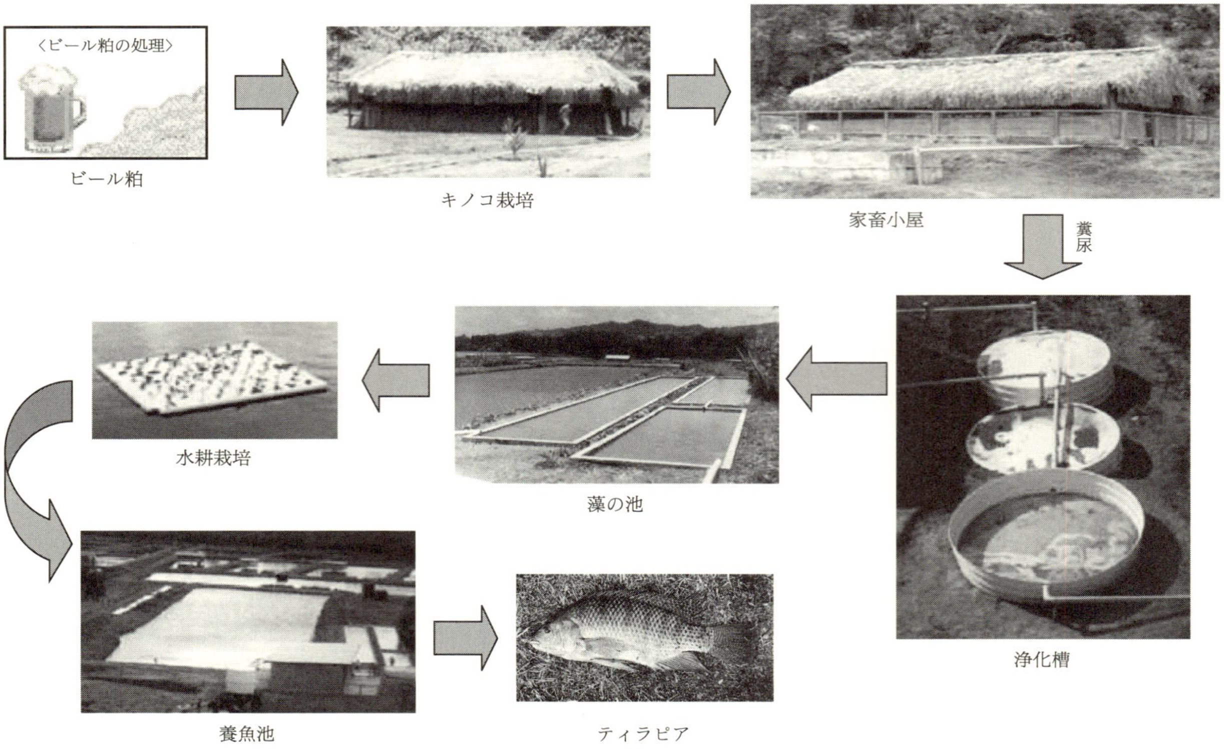

図 5.2 フィジーの統合バイオシステム・プロジェクト

(2)研究の内容と今後の課題

　東京大学生産技術研究所(IIS-UT)の研究グループは，ここで，学生たちの協力を得て工学的な基礎研究プロジェクトに着手した。メンバーは鈴木基之，迫田彰義らである。彼らの専門は環境と化学工学で，このグループは上記の統合的生物システムに基づく実験農場の物質収支に興味を持っていた。研究プロジェクトの目的は次のようなものである。ひとつは統合的生物システムに基づく実験農場の物質収支の理解である。今ひとつは，工学的観点からの統合的生物システムに基づく実験農場への改良・設計の提案である。具体的に，このプロジェクトが解明しようとしたのは，

①どのくらいの炭素がブタの廃棄物からバイオガスのメタンに変えられるか？
②どのくらいの窒素とリン酸塩がバイオマスで固定されるか？
③上流で利用されない炭素，窒素およびリン酸塩の養魚池に流れる割合はどれほどか？

であり，これらに着目して化学的酸素要求量に加えて，ブタ小屋とダイジェスタと藻池と魚池間の水の流れを調べることで，溶解有機物炭素(DOC)，アンモニア，硝酸塩，亜硝酸塩およびリン酸塩の濃度(COD)の状態を明らかにしようとするものであった。

5.3　カロンボー工業団地のゼロエミッション

　1999年に国連大学主催のゼロエミッション国際会議が東京で開催されたとき，アーリン・ペダーセンによってカロンボー工業団地の産業共生が紹介された。このとき，既にゼロエミッションをかなりのレベルで達成している現実に，参加者全員が大きな衝撃を受けた。アーリン・ペダーセンは，現在，デンマーク・カロンボー工業団地開発委員会理事であり，専門はエコマネージメント，環境関連技術による地方行政，環境関連産業ならびに経営の開発などである。これまで各種産業におけるゼロエミッションは，どちらかといえば概念が先行するような印象を与えていた。ところが，カロンボー工業団

地は，ゼロエミッションの概念そのものを先取りし，実践してきたユニークな工業団地といえる。工業団地内の各企業はお互いに協力をしながら無駄をなくすことで，結果的に全体の利益が拡大するように協力関係を強化している。このことを団地所属の企業関係者は，産業共生(インダストリアル・シンビオシス)と呼ぶ。

(1)カロンボーの産業共生

　カロンボー地区での産業共生は5つの企業とカロンボー市とのネットワークで構築されている。これを構成する5つの企業のひとつがアスナス発電所で，これは1,350 MW の容量のデンマークでもっとも大きい発電施設である。次が石膏ボードメーカーのギブロックで，この会社は北欧諸国のなかでスカンジナビアに工場を持つもっとも大きいラスボードメーカーである。そして，次が薬品とバイオテクノロジーのノボノルディスク社で，この会社は糖尿病患者と産業用酵素のためのインシュリンを製造している。この会社のもっとも大きい生産プラントはカロンボーに位置して，1,400人の従業員を抱えている。次が土壌改良剤のバイオテクニクス社で，この会社と系列会社は，芳香族多環炭化水素，化学薬品および重金属を含む炭化水素によって汚染される土を修復することを専門としている。バイオテクニクス社はデンマークの4つの施設で年間30万トンの汚染土壌の処理を引き受けている。最後がスタットオイル精油所である。この精油所は年間の5.2メガトンの原油処理能力がありデンマークでもっとも大きい精油所である。

　カロンボー工業団地では，それぞれの企業の廃棄物が他のひとつまたは複数の企業にとって重要な原料となることから，廃棄物がきちっと取引されている。結果的に資源消費と環境負荷の両方が減少することになり利益が拡大する。しかし，産業共生におけるすべての契約は健全な商業原則に基づき行われているので，けして無理な協力関係を強いられているわけではない。このようなプロジェクト発足の動機は，純粋に収益性の追求にあったわけで，そうすることがお互いに利益になるから始めたと，アーリン・ペダーセンはいう。このような産業共生は，短期間にでき上がったものではない。最初は，

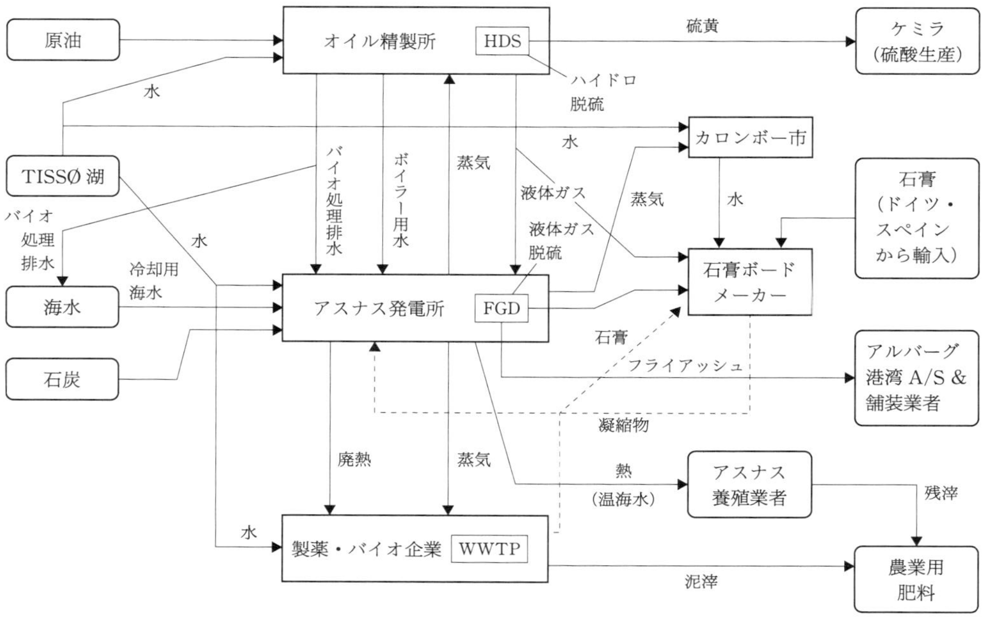

図 5.3 カロンボー工業団地の産業共生

企業間の廃棄物利用，つまり再資源化は最近になって始まり，30年近くの歳月をかけて，徐々に増え，現在19プロジェクトにまで発展してきた。図5.3にその全体のネットワークを示す。

(2)廃棄物の利活用
それでは産業共生を構成する各企業が出す廃棄物はどのように使い回されているのかを具体的に述べる。
①水蒸気と熱
　　アスナス発電所からは大量に水蒸気と熱が発生する。水蒸気はスタットオイル製油所とノボノルディスク社に供給され，熱はカロンボー市の家庭に地域暖房用に供給される。また，アスナス発電所からの冷却水の一部は近くにある養魚場に供給され，その温水は魚のより良い増殖条件をもたらす。
②水
　　カロンボー地区には非常に限られた地下水資源と大きい要水量を必要とする企業が存在する。したがって，産業共生に参加する企業はできる限り水の再使用を試みている。以前，電力と熱の生産では市の地下水だけが使用された。現在，地下水はTissø湖からの水やスタットオイル製油所から出る廃水処理された水や冷却水に置き換えられている。このことがアスナス発電所の消費する地下水を90%減少させた。そして，Tissø湖からの水資源が無制限でないので，次のステップでは湖からの水の消費を50%抑えることが計画されている。
③余剰ガス
　　スタットオイル精油所で発生する余剰精油所ガスは，アスナス発電所で石炭と油に代わる燃料として使われる。また，スタットオイル精油所はブタンガスをギブロックに供給していて，そこではぬれた石膏を乾かすための炉の燃料に使用されている。
④石膏
　　アスナス発電所の排煙の脱硫プラント(排煙から二酸化硫黄(SO_2)を取り除

く)は年間およそ17万トンの石膏を生産する。石膏の一部がギブロックに販売され，ビル建築のための石膏ボード製品が作られる。発電所から作られる石膏は天然石膏よりもさらに品質が一定でクリーンなので石膏ボード生産のための材料に最適である。

⑤バイオマス

ノボノルディスク社はジャガイモや小麦粉やそれに含まれる澱粉を原料として，それらを発酵させ農業用肥料や家畜のための飼料を作っている。毎年，およそ9万7,000 m³の固体のバイオマス(NovoGro/30)と28万m³液体バイオマス(Navarro)が生産される。以前，バイオマスは廃水に混ぜられて海に放出されていたが，今日では，およそ600人のWest Zealand地区の農民に供給され，土壌改良に使用することで，商業的肥料の使用量を減少させている。

⑥液体肥料

スタットオイル精油所では排煙から二酸化硫黄を取り除くときに，その過程では硫安が主要な廃棄物として生産され，これは液体肥料の原料になる。1年当たりおよそ2万トンでおよそデンマークの1年の消費に相当する。

⑦フライアッシュ

アスナス発電所には，煙道ガスから灰を取り除くための電気濾過ユニットがある。そこからフライアッシュが1年に7万トンほど発生する。その大部分はアルバーグ港湾A/S&舗装業者に運ばれ，セメント生産に使用される。

⑧泥

カロンボーの公共水処理場から発生する主要な残渣は泥である。泥はバイオテクニクス社のバイオリメディエイション過程で栄養物として利用される。結果的にひとつのプロセスから出る廃棄物が別のプロセスにおける有益な原料に変えられることになる。

このように具体的に各企業から発生する廃棄物が有効に使い回されていることがわかる。産業共生の利点を整理する。廃棄物を取引すると，いくつか

の利点がすべての関係者に提供される。まず，廃棄物がリユーズされ，ひとつの企業の出す廃棄物は別の企業の重要な原料になる。たとえば，水，石炭，油，石膏，肥料などの資源消費の減少につながる。また，CO_2とSO_2の排出抑制，廃水の排出抑制，水汚染抑制などの環境負荷抑制にも貢献する。さらに，排ガスがエネルギー製造段階で使用されるなど，エネルギー資源の有効利用になる。

　この点について，アーリン・ペダーセンは，「産業共生のためにこれまでに総額約7,500万ドルの投資を実施してきた。これに対し，パートナー全体の経費節減と収益は，産業共生をしなかった場合と比べ，累積で約1億6,000万ドルの黒字になっている。この数年に限れば，毎年1,500万ドルの黒字になっている」という。さらに，「産業共生の実験は，純粋に経済的動機，つまり利潤追求のために始められた。環境配慮とか，資源の枯渇を防ぐなどという問題意識は，みじんもなかった。この数年，資源循環型経済のモデルとして，注目を集めていることに驚いている。新しい時代の先頭を走る実験をしていることを逆に教えられて，大きな励みになっている」とも述べている。このように現実に存在するゼロエミッション型の工業団地の例は今後の日本の取り組みにも大変参考になるものと思われる。

第6章 水産業の歴史・現状・課題

6.1 戦前・戦後の歴史

　岡本信男『日本漁業通史』[6-1] によれば，戦前の漁業は現在のように沿岸，沖合，遠洋というような区分はなく，海面漁業と内水面漁業のような区分で，1920年で，それぞれ250万トンと4万トンほどであった。当時は，欧米から蒸気船や捕鯨砲や缶詰製造機といった新しい技術を導入することで，技術革新が行われた。その結果，近代的な捕鯨業やロシア沿岸でのサケの缶詰製造が行われ，欧米への輸出が盛んとなった。しかし，太平洋戦争によって日本漁業は，一次，壊滅するが，戦後は，動物性タンパク食糧の供給の必要から，漁業が再開されることになった。これには占領軍司令部が，当時の食料難から日本を救う方法として漁業を重視したことも大きな理由のひとつである。政府は1945年9月，食糧確保緊急措置を決定し，漁船33万トンの補充を具体的目標とした。このことによって，日本漁業復興の道が開かれ，日本漁業は急速に回復し，1950年には早くも戦前のレベルまで達した。1952年，水産庁は今後の漁業政策を「沿岸より沖合へ，沖合より遠洋へ」と拡大充実の方針を打ち出した。マッカーサー・ラインの撤廃にともない，日本の漁業者は，北洋のサケ・マスやカニ漁業，インド洋のカツオ・マグロ漁業，また，大西洋に出漁したトロール漁業など盛んに行われるようになり，さらに南氷

洋捕鯨やベーリング海での底魚漁業も盛大に始まった。また，沿岸小型漁船のなかからイカ釣り，サンマ棒受け，まき網などへの沖合漁業が発生し，沿岸から沖合の道も着実に進んだ。この間には，いくつかの技術革新が起こる。

1975年代に入ると経済は，低成長時代となるが，工業化や都市化の進行に後押しされて，魚の需要は増大し，1964年から1973年に至る10年間で漁獲高が1,000万トンに迫り，市場空前の漁業の繁栄期を迎えた。

その後，1973年と1980年の2度にわたるオイルショックを経て，漁業経営が根底から揺さぶられることになる。これまでの漁船の大型化や高性能化は，低燃料時代の原油に支えられていたが，原油価格がそれ以前の7倍ほどに上昇したので，特に，燃料多投型のカツオ・マグロ漁業は大きな影響を受けることになった。さらに大きな打撃となったのは，1976年にアメリカ合衆国が200海里を宣言し，続いてソビエト連邦も宣言することになり，1977年に200海里元年を迎えたことである。その後の日本の遠洋漁業はそれによって大きな影響を受けることになった。遠洋漁業の生産量は200海里以前の1975年には319万トンで，日本全体の生産量(1,035万トン)の30％を占めていたのが，1998年には81万トンで，全体(668万トン)の約12％になっている。これまで述べたように，日本の漁業生産は全体として，国連海洋法(200海里制度)などにより遠洋漁業が徐々に衰退し，沖合・沿岸漁業へのシフトを余儀なくされることにともなって近年，生産量を大きく減少させている。このことは，それまでの，安価な石油，広い海，右肩上がりの魚価という神話の崩壊を意味している。しかし，大規模な変動を示すマイワシなどの小型浮魚資源，200海里体制により漁場が大幅に縮小されたスケトウダラの生産量を除けば，生産量はほぼ600万トンを維持してきたが，近年，これを若干下回る傾向にある。また，同様に大きく変化した分野に水産物貿易がある。戦後，遠洋漁業の発展にともない，ソビエト連邦やアラスカ周辺でのサケやカニの缶詰は戦前以上に生産され，その多くが輸出された。しかし，日本経済が発展するに従って，国民生活が豊かになり，単に量の増大だけでは満足しなくなり，多用な水産物が求められるようになった。

一方，日本は自動車などの工業製品の輸出を伸ばすため，諸外国の貿易に

関する規制の緩和を必要とした．このような背景から，日本の水産物輸入に関する規制も時代の要求を受けてしだいに緩和されていく．最初は，国内では十分獲れないか，まったく獲れない魚種が中心で，価格も比較的高いエビ，カニやベニサケなどが輸入水産物の対象になった．その後は，価格もそれほど高くなく，加工向け水産物であるアジ，サバなどの輸入も始まる．さらに，国内で製品加工をする代わりに海外で日本向けの製品加工を済ませ，輸入する方式も生まれた．これらは日本国内に大型量販店やチェーン店方式のレストランや居酒屋が増えたことが大きな理由である．このようにして輸入水産物は伸び続け1997年で341万トンとわが国の水産物消費の約4割を占めている．それに対して輸出は34万トンしかない．このような経過から，現時点では日本の水産物の輸入額が輸出額を大きく超え，わが国は水産物輸入大国となっている．近年，わが国の水産物供給量は900万トンでほぼ一定に推移しているが，自給率は1975年以降に100%を割り込み，現在は約60%となっている．また，生産額も1982年をピークに減少し，2003年で約1.48兆円である．日本のGNPに対する比率は戦後の復興から徐々に減少し，1997年には0.4%，2005年では0.2%にまで落ち込んだ．

6.2 現　状

　水産庁によって2000年に策定された報告書「水産研究・技術開発戦略」によれば，わが国の水産業の現状について次のような記述がある．
　周辺水域の水産資源は，過剰漁獲や海洋環境の悪化から全般的に低位水準にあり，漁業生産は減少を続けている．また，漁業就業者の減少・高齢化の進行は著しく，将来にわたって周辺水域の水産資源を持続的に利用し，国民に安定的に水産物を供給していくための物的・人的基盤が年を追って脆弱化している．また，金融自由化，国際化などわが国経済の構造改革が進められるなかにあって，わが国漁業は，高コスト化が進むことなどにより国際競争力が低下しており，過去の過剰投資や長引く景気低迷の影響もあって，漁業の経営状況は著しく悪化している．

(1) 水産資源

　水産資源は，水産業の発展の基礎であり，その保存と持続的利用を中核に据えて水産政策を展開していくことが基本的に重要である。しかしながら，今日，わが国周辺水域の資源水準は深刻な状況にある。また，資源管理の前提となる資源水準や漁獲能力の定量的把握もいまだ十分ではない。そして，わが国周辺水域の資源回復を図るため，現状は，漁獲努力量を削減する一方である。

(2) 漁場環境

　わが国の沿岸水域や内水面の環境は，高度成長期以降，COD値などの水質面では総じて改善されたが，藻場・干潟の埋め立てなど漁場環境に重大な影響を与える大規模な開発行為は依然として進められており，繁殖や成育の場の喪失などによる資源の減少が懸念される。また，外来魚の移殖などによる生態系への影響や内分泌攪乱物質などによる汚染が問題となっている。しかしながら，これまで，望ましい漁場環境の姿が必ずしも具体的に明らかにされておらず，なしくずし的な漁場環境の悪化を許してきた面がある。

(3) 漁業経営

　漁業就業者は一貫して減少を続けており，新規就業者は低水準にとどまっている。就業者の減少は今後急激に進むと見込まれており，現在の沿岸漁業就業者数24万人が10年後には14万人まで減少し，しかも高齢化がさらに進行するとの試算もある。このような漁業就業者の減少・高齢化の進行により，担い手の減少とともに水産業・漁村の活力が失われることが懸念される。そして，漁獲対象資源の悪化により生産が減少し，過剰投資の状態に陥っていることなどから，各漁業種類とも経営状態が著しく悪化している。一方，沿岸漁業の経営の内，沿岸漁船漁業では，減価償却費が年々減少していることもあり漁業支出が減少傾向にあるが，漁業収入は小幅な増減を繰り返している状況である。

　また，海面養殖業では，中高級魚介類の需要の増大にともない，総じて着

実な発展を遂げてきたが，餌料価格の高騰，過密養殖や赤潮などによる漁場環境の悪化などが対象種の成育や生産量に悪影響を及ぼしている業種，需要の低下や供給過剰による価格の伸び悩みなどのため厳しい経営を強いられている業種もある。

⑷ **水産物流通・加工など**

水産物流通は，近年，大規模量販店などの影響力の強まりや輸入水産物の増大などにより急激に変貌している。また，水産加工業は，多くが漁業生産地周辺に立地し，漁業とともに地域経済を支える重要な産業となっている。そして，多様化・高度化する消費者ニーズに対応し，水産物の需要を開拓してきた。しかし，その産業構造は，中小・零細企業がほとんどを占め，他の食品製造業に比べ収益性が低く，新規投資が進んでいないなど経営体質の近代化が立ち遅れている。一方，食料品の品質・安全性について消費者の関心が高まっており，品質・衛生管理の強化が世界的な潮流となっている。

⑸ **漁業地域**

資源の減少による漁業生産の停滞およびそれにともなう所得の減少は，結果として若年齢層を中心とした就業者の減少を引き起こしており，多くの漁業地域において活力の低下が懸念されている。水産業を核とした地域づくりによって安定的な所得を確保している地域では，地域漁業の核となる重要な水産資源の管理・増殖に成功した例，立地条件を生かした観光客向け特産品生産や産地ブランドの確立により漁獲物の高付加価値化に成功している例などが見られる。

以上の水産庁の見解に見られるように，水産業を取り巻く環境には問題が多く，現状は閉塞感に満ちている。特に，遠洋・沖合漁業においては，わが国の技術力が音響資源計測技術，漁獲技術ならびに資源管理技術の面でノルウェーを中心とする北ヨーロッパの漁業国に遅れをとり，その差が大きく開いているのが現実である。このことを産・官・学は強く認識しなければならない。日本はこれまで技術立国として繁栄してきた。産業技術力は，わが国

経済を支える原動力であり，水産技術の低下も単に一産業分野の衰退といった次元で捉えるべきものではない。産業技術力が国民生活を支える経済社会の存立基盤を支えており，これからもこの枠組みは，変わらないものと考えられる。

わが国の水産業は，2度にわたるオイルショックを受けるまでは右肩上がりの発展をしてきた。それまでは，水産物需要の存在，水産製品のイメージ，満たすべき規格などの技術革新の達成目標が明確であった。戦前・戦後を通じて漁業先進国から導入した基本技術をベースに漁業生産や水産加工のプロセスに関して技術改良を行うことで，水産業は生産性や品質の面で，飛躍的に向上した。その背景には水産系学部を持つ大学をはじめとする関係教育機関の果たした役割は大きかったが，その中身は，ほとんどがキャッチ・アップ教育であった。

ひとつの転機は200海里元年といわれる1977年である。このときに大きなパラダイムの転換が必要だったはずなのに，そのような動きはなく，今日まで問題を先送りしてきた。先にも述べたように安価な石油，広い海，右肩上がりの魚価という楽観的なパラダイムが終わり，有限の漁場や資源を前提とした水産業への転換が行われなければならなかったはずである。しかし，現実は，産業界も学の世界も，それを先送りしてきてしまった。今こそ水産技術のイノベーションとそれを有効にするシステムの再編が必要なときである。そして水産業がわが国の基幹産業のひとつとして国際競争力を持つためには，その役割についても新しい解釈が求められているのである。

6.3　今後の課題

上で述べたわが国水産業の現状に対して，報告書は，重点課題を以下のようにまとめている。
(1)水産資源の持続的利用のための調査研究の高度化
　①水産資源の変動機構の解明と予測手法の開発
　②水産資源の評価手法および管理技術の高度化

③環境調和型漁業生産技術の開発
(2)積極的な資源造成と養殖技術の高度化
　①難人工生産魚介類の安定的採卵技術および健全種苗量産技術の開発
　②増養殖魚介類の高度飼養技術および養殖場環境保全技術の開発
　③資源培養および増殖場造成技術の高度化
(3)水域生態系の構造・機能および漁場環境の動態の解明とその管理・保全技術の開発
　①海洋環境の動態および低次生物生産機構の解明とそれらの変動予測技術の開発
　②水域生態系の高次生物生産構造の解明と資源生物の持続的生産のための管理手法の開発
　③人為的環境インパクトが水域環境へ及ぼす影響の解明と漁場環境保全技術の開発
(4)水産業の安定的経営確立のための研究の推進
　①安定的水産業経営のための省コスト・省エネルギー・安全性確保技術の開発
　②水産物の国内および国際的な需給・消費・流通構造の解明と産地機能強化手法の開発
(5)消費者ニーズに対応した水産物供給の確保のための研究の推進
　①水産物の品質・安全性評価技術の開発
　②低・未利用資源活用のための加工技術の開発
　③水産生物成分の有用機能の解明および利用技術の開発
　④水産物の原産地などにおける特定技術の開発
(6)漁業地域の活性化のための研究の推進
　①漁村の多面的機能の評価および活性化のための振興計画策定手法の開発
　②地域水産業の生産性向上のための基盤整備技術の開発
(7)水圏生物の機能の解明と高度利用技術の開発
　①水産生物の生体機能の解明とその多面的利用技術の開発

②遺伝資源の特性評価と優良品種育成技術の開発
　(8)国際的視野に立った研究の推進
　　①広域性水産資源の評価および持続的利用技術の開発
　　②開発途上地域における水産資源の維持・培養と利用技術の高度化
　　③地球規模の環境変動の生態系への影響の解明および漁場・資源量の変動予測技術の開発
重点課題は，以上の8項目である。
　ところで，わが国の人口は，近年，その伸びが鈍化し，国民1人1日当たりの摂取熱量，タンパク質摂取量，魚介類の1人当たり年間消費量も横ばい傾向にあり，2010年における食用水産物需要量は900万トン前後と推定される。一方，世界全体では2010年の水産物供給量は7,000万～1億1,000万トンの間にあるという。人口増加や経済成長にともなうタンパク食料の需要増大などを考慮すると2010年の食用水産物の需要量は1億1,000万～1億2,000万と推定される。1995年に京都で開催された「食料安全保障のための漁業の持続的貢献に関する国際会議」では，今後効果的な人為的手段なしでは5,000万トンに達する水産物が不足するとの警告が出された。この数値は，後の検証で，若干，過大に評価されているとの指摘があったが，水産物の供給が今後足りなくなることには異論がないと思われる。
　わが国の水産物輸入量は製品重量で約310万トン前後に達し，食用魚介類の約40％は輸入水産物である。他国の資源変動と乱獲の危険，さらには環境問題などにも左右されることから，他国任せの不安定な需給構造は危機管理の面で問題が残る。また，輸入魚介類に頼りすぎることは，わが国に持ち込まれる窒素の量を増加させ周辺水域の物質循環のバランスをゆがめることになる。
　水産資源の持続的利用を可能にするためには，まず，我われの利用できる排他的経済水域(Exclusive Economic Zone: EEZ)内の資源利用の可能性，キャリング・キャパシティーがどれぐらいかをしっかり調べなければならない。もし，本当に2010年に900万トンの食用水産物需要があるとしたとき，自国のEEZのなかで生産可能な量を確保しながら，どうしても足りない場合

に外国に依存しなければならないであろう。日本人は趣向性が強く，一説には1魚種20万トンまでしか需要が起こらないという話もある。もし，そのような状況を許すのであれば，EEZ内で余る魚種については，積極的に海外に輸出することも念頭に置くべきである。

　このような枠組みのなかで，上記の900万トンは，生産段階での混獲防止技術，また，加工プロセスでの残滓の資源化技術などの発達によって必要量は変わる。特に，本書の場合は，ゼロエミッションと関係の深い，後者の加工残滓の資源化の問題に注目して，次章では，水産廃棄物の分類・課題・対策について，現状はどうなっているのかについて考察を進める。

[引用・参考文献]
6-1. 岡本信男. 1984. 日本漁業通史. 水産社. 552 pp.

第7章 水産廃棄物の分類・課題・対策

　環境問題のなかでは，一次産業である漁業は，自らは環境を汚染しない被害者のように考える人が多いが，実際には，種々の廃棄物や汚水を排出している。機械化された大規模の漁船では，固体や液体ばかりでなく，気体の廃棄物である CO_2 の排出量も多く温暖化問題を考えると気になるところである。また，漁業は水揚げから販売に至るプロセスで，斃死魚類や魚腸骨を排出する。さらに，処理プロセスが不適格であれば，それには臭気の発生がともない，周辺の住民に迷惑をかけることになる。最近では，北海道，東北を中心に，ホタテの貝殻が大量に発生することで，大きな社会問題となっている。その他，廃網の処理や，トロ箱，FRP漁船も深刻な問題であることに変わりはない。

　それでは水産業全体で，廃棄物の発生はどのようになっているのか，また，その問題が何かについて，以下に説明を加える。

7.1　水産廃棄物の法的分類

　水産廃棄物は水産業の生産から加工・流通・消費の一連のプロセスで発生する生ゴミを中心とする廃棄物を意味する。法的な分類(廃棄物の処理及び清掃に関する法律)は図7.1に示すようなものとなる。これには漁業者が出す漁業系廃棄物と水産加工業者が出す動物性残渣などの産業廃棄物が含まれる。さ

```
水産廃棄物 ┬ 漁業者が出す漁業系廃棄物 ┬ 産業廃棄物 ─ FRP漁船，漁網，発泡スチロール製魚箱，廃油など
          │                          └ 一般廃棄物 ─ 木製魚箱，動植物性残渣など
          └ 水産加工業者が出す産業廃棄物 ─ 付着物，魚腸骨などの動植物性残渣
```

図7.1 水産廃棄物の法的分類「廃棄物の処理及び清掃に関する法律」

らに，このなかの漁業系廃棄物は，表7.1に示すように産業廃棄物と事業系の一般廃棄物に分類される。FRP漁船，漁網，発泡スチロール製魚箱などの廃プラスチック類や廃油などが産業廃棄物となり，漁業者や漁協から排出される木製魚箱や動植物性残渣などが事業系の一般廃棄物になる。また，水産廃棄物のなかで産業廃棄物に分類されるものの処理ルートは，

表7.1 漁業系廃棄物の種類(出所：環境省ホームページ「漁業系廃棄物処理ガイドライン」より)[7-1]

分類		廃棄物名称
漁業系廃棄物	一般廃棄物	
	木くず	木船，艤装材，竹ざお，木製魚箱
	紙くず	包装材，ダンボール
	繊維くず	天然繊維ロープ類，ウエス類
	魚介類残渣	貝殻，付着物残渣，斃死魚
	燃え殻	一般廃棄物の焼却残渣
	その他	日用雑貨品
	産業廃棄物	
	廃プラスチック	FRP船，魚網，発泡スチロール魚箱，包装資材フロート，浮子類，廃シート類，ノリ簀，ノリひび化繊ロープ類，ブイ
	廃油	廃潤滑油，重油，軽油，灯油，ガソリン塗装などの使用残渣
	金属くず	鋼船，漁船艤装材，アンカー，養殖イケス金網廃缶類，廃ワイヤー類
	ガラスおよび陶磁器くず	廃ガラスフロート，たこ壺
	燃え殻	産業廃棄物の焼却残渣

① 排出事業者が自分で処理する。
② 産業廃棄物処理の許可業者に処理を委託する。
③ 市町村が産業廃棄物を受けている場合(いわゆる「合わせ産廃」)は，市町村の施設で処理する。

の3つがある。

もう一方の事業系の一般廃棄物に分類されるものは，

① 市町村の施設で処理する。
② 市町村が自ら処理できない場合については，市町村は他の者に処理を委託できる。
③ 市町村が自ら処理できず，市町村の策定した「一般廃棄物処理計画」のなかで一般廃棄物処理業者による処理を認めている場合は，排出事業者が一般廃棄物処理の許可業者に処理を委託する。
④ 排出事業者が自分で処理できるものは自分でする。

の4つがある。

具体的な水産系廃棄物の発生の状況については，2004年度水産バイオマスの実態把握と資源化戦略の策定において廃棄物系バイオマスと未利用バイオマスに分けて紹介されている。その概略は次節に示すものとなる。

7.2 廃棄物系バイオマスに分類されるもの

(1) 水産加工残滓

廃棄物系の水産バイオマスには，水産加工時に発生する魚体の頭部や殻，内臓，骨，ひれなどの不可食部，水産市場での洗浄水，すり身さらし水などの他，コンブ，ワカメなどの海藻の葉先や根などの加工残滓，カキやホタテガイ，アコヤガイなどの貝殻などがある。現状では，全国の水産加工残滓の発生量に関する統計データがないため，現実の発生量は把握されていないが，日本の漁業生産量が約700万トン/年で，可食部50%程度，不可食部50%程度とすると，水産加工残滓の発生量は350万トン/年と概算される。最近の地域別・産業別での水産加工残滓の発生量推計調査では全国の水産加工残滓

の発生量を210.5万トン(2001年度)と推計している。分野別では,「水産加工」(32%,約67.4万トン),「水産卸売」(29%,約61万トン)からの排出量が特に多く,地域別では北海道(40万トン)を筆頭に東京,大阪,静岡,千葉などで排出量が多い。また近年は,水産物の輸入量が増加しているが,これらの多くが海外で加工されるようになってきており,国内よりも海外で水産加工残滓の発生量が増加する傾向にある。魚介類の不可食部は,主に水産加工や水産卸売で発生し,地域別では生産地である北海道の他は,消費地である東京,大阪などが多い。これらはフィッシュミール原料として全国的に利用されている他,北海道ではたい肥原料として利用されている。

(2)廃棄藻類

コンブやワカメの産地では,変色した葉先やコンブ付着器,コンブ耳,製品外のノリなどが食用に適さないとして廃棄されている。残滓発生量は全国で約5万トンと考えられる。海藻の加工残滓は,ウニ・アワビの餌,たい肥原料などとして一部で利用されている。

(3)貝殻

カキ,ホタテガイ,アコヤガイなどの貝殻は生産地でむき身されることが多く,年間約50万トンの貝殻が発生しているとされる。青森県ではホタテガイ貝殻が年間約8〜9万トン発生し,カキ養殖種苗器,埋め立て材,骨材,土壌改良材などとして利用される計画がある。

7.3 未利用バイオマスに分類されるもの

(1)混獲・投棄魚

漁獲された魚介類の内,サイズ規格外のものや漁業対象外の魚種は船上で選別,投棄されている。FAO調査によると,着底トロール,エビトロールなどで投棄量が多く,世界の投棄量は約2,700万トン/年と推計されている。日本では,小型底引き網漁で投棄が多く,投棄量は年間約91.7万トンと推

計されている。混獲・投棄魚は，漁業操業上の障害，種苗放流後の混獲などの栽培漁業との矛盾，生態系への影響などが指摘され，混獲・投棄の削減に向けた取り組みが世界的に行われている。混獲を減らすため，漁網の網目や分離装置などでの漁具改良，操業時期，操業場所の規制などが行われている。

(2) 打ち上げ海藻

海岸や海浜に打ち上げられる海藻はアラメ，カジメ，ホンダワラ類などが多く，その発生量は把握されていない。打ち上げ海藻は，海浜での放置，自治体の焼却処分・埋め立て処分によって処分されている。

(3) 北海道ホタテガイ漁場での駆除ヒトデ

北海道のホタテガイ漁場では，食害を避けるためヒトデ駆除を定期的に行っており，北海道全体でのヒトデ駆除量はおよそ1.5～2万トン/年と考えられる。

(4) 漁業対象外ネクトン（ハダカイワシ科魚類）

ハダカイワシは，硬骨魚網ハダカイワシ目ハダカイワシ科の総称で，全世界の外洋と陸棚縁辺海域に分布している。昼間は深度200～1,000 mの中層に分布し，日没とともに表層に浮上して摂餌する日周鉛直移動を行っている。動物プランクトンを主食とし，一方で魚類，海産哺乳類や鳥類の餌料となっている。日本近海では22属80種が知られ，種によって1～6年で成熟し，30～170 mmほどの大きさになる。北西太平洋におけるハダカイワシ類を中心とする中層性魚類の生物密度は，特に黒潮海域の陸棚縁辺域，移行域と親潮海域において高い。北西太平洋における中層性魚類の総生物量は，マイクロネクトン採集による調査(ORI：ネット，アイザクキッド中層トロールIKMT)で取得されたデータから，ORI(Ocean Research Institute)ネットによると1,800万トン，IKMT(10ft Isaacs-kidd Midwater Trawl)によると4,900万トンと推計されている。

(5)アブラソコムツ

アブラソコムツは、クロタチカマス科の一種で、世界の熱帯から温帯域の中・深層域に分布し、主に大陸の沿岸域、島嶼域に集中して出現する。1981年にワックス成分に起因する毒性が問題とされ、すべての商取引が禁止された。

商取引禁止以前は、主に太平洋側の高知沖から三陸沖の範囲で、アブラソコムツを対象とする深延縄漁業で漁獲され、マグロ延縄や曳縄で混獲されたものが気仙沼、三崎、焼津などに水揚げされた。気仙沼では1965～1980年度までの平均水揚量は1,280トン/年、三崎では1970～1975年に60～200トン/年、焼津漁港では最大で月間水揚量が300トン/月の水揚げの記録がある。

ところで、漁業分野の廃棄物処理問題に関しては、既に、1991年に漁業系廃棄物処理ガイドラインが策定され厚生省を通じて各都道府県・政令市に通達されている。ここでは問題が廃棄物の処理段階ごとに体系的にわかりやすくまとめられている。以下にその概略を示す。

7.4　漁業系廃棄物処理ガイドライン

(1)分　別

①付着海生物の排出

　　漁具に付着している付着海生物が除去されないまま、廃棄物として排出される。分別場所が不足している。

②材質別の分別

　　漁具として使われる網、鋼製ワイヤー、ロープ、浮子などが絡み合ったまま廃棄物として排出される。材質の多様化により、分別が複雑になっている。

③一般廃棄物との混合排出

　　廃プラスチック類など産業廃棄物が、家庭系一般廃棄物と混合排出される。

(2) 保　管
①悪臭発生物の放置
付着海生物が付着したままの漁具が漁港などに放置された場合，悪臭が発生する。
②溶出物による水質汚濁
付着海生物が付着したままの漁具が漁港岸壁などに放置され，雨天時などに溶出し漁港などの水質を汚濁する。
③保管場所の管理
漁業系廃棄物保管場所に野良犬が徘徊し，また虫が大量発生する。保管場所の不適正管理により悪臭が発生する。保管場所が不足している。保管施設の不備により，廃棄物が飛散する。

(3) 収集・運搬
①収集・運搬
収集・運搬の費用負担が増加している。収集・運搬業者が不足している。
②運搬中における溶出物漏れ
貝殻などの付着物を含む廃棄物を運搬中に汚水の漏れにより悪臭が発生する。
③飛散
運搬中に廃棄物が飛散する

(4) 中間処理
①海岸における焼却など
処理施設が不足し，不適正処理が広く行われているような状況にあり，生活環境の保全，公衆衛生の向上に支障が生じている。漁港内などでの焼却施設が不足している。破砕処理施設が不足している。海岸などにおける漁船(FRP船，木船)の野焼きにより住民からの煙苦情問題や，焼却残渣放置問題が生じている。

(5)最終処分
①自己処分

　漁港，海岸，河川などへの放置，不法投棄が発生している。不法投棄・放置物件の所有者確定が困難で，その処理を行わざるを得ない立場の者の費用負担が増加している。自己処理による，中間処理，最終処分が不適正に行われている。自己処理費用が増加している。自己処理用施設が不足している。

②委託処分

　最終処分業者が不足している。適正業者の選択が困難である。事業系廃棄物および合わせ産廃を処理する市町村が減少し，搬入条件も制限がある。市町村における事業系廃棄物および合わせ産廃の処理料金が増加している。

7.5 水産廃棄物の問題点

　水産廃棄物全般の問題点について述べると，消費地段階においては，残滓回収が処理施設から遠隔地にある場合や，人口密度が比較的低い地域においては効率的な回収ができず，経済的な成立条件を阻害する場合が多いことが挙げられる。また，法的な観点から特定の地域を越えて廃棄物の回収ができない廃棄物の自区内処理の原則も効率的な回収・処理を阻害する。さらに，水産系廃棄物の水分含有率の高さも，回収率や処理の効率を低下させることになる。漁業の生産ならびに産地市場，水産加工段階のいずれの場合であっても現状の主たる処理方法はミール加工による処理が選択されている。この理由はこれまでミール加工に代わるリサイクル方法が少なかったことが原因である。現状のミール加工が既に老朽化していることに加えて，既存の施設が大量処理を前提に作られた技術体系であることも問題である。水産廃棄物問題の解決に当たって，今後，漁業系廃棄物処理ガイドラインの指摘に加えて，

　①残滓の資源的利用の促進

②残滓の発生条件が異なることに適切に対応できる分散型で適正規模のプラント

が考えられなければならない。そのための問題解決には，これから展開するゼロエミッションの考え方を基盤に，新しい技術体系へのシフトが重要となる。

7.6 日本の水産廃棄物対策

2002年に刊行された『リサイクルの百科事典』[7-2]における「水産廃棄物(筆者が担当)」の項に日本の水産廃棄物対策の現状と課題が紹介されている。そこから水産廃棄物の代表的なものを項目別に解説すると以下のようになる。

漁業の生産現場では廃網(廃棄された漁網)，FRP(Fiber Reinforced Plastic)廃船(廃棄された漁船)，海産付着物，養殖施設からの斃死魚介類などが発生する。

(1) 漁 網

漁網は単一素材からなるものが多く，他の繊維製品に比べてもリサイクルがしやすい。そのため，公海上で大規模な流し網漁業が行われていたころには漁網のリサイクルが比較的うまく行われていた。東北および北海道の漁網会社およびリサイクル業者が廃網を溶かしてペレットとして再生利用したり，中古網として再使用したりしていたが，本漁業が200海里規制を受け消滅するとともにリサイクルも行われなくなった。現在，廃網のほとんどは焼却，埋め立て処理されており，リサイクルされているものほんのはわずか(10%程度)である。リサイクル事例のひとつとして，大手繊維メーカーが数年前から取り組んでいる事例がある。これはナイロン漁網を熱分解して原料のモノマーに戻し，さらに重合してポリマーを作り，再度ナイロン(漁網)として利用するものである。現在，約200〜400トン/年の古網のケミカルリサイクルが行われている。しかし，大部分の漁網のリサイクル化が進まない大きな原因のひとつは廃網が広域に少量ずつ散らばっていることである。また，使用後の網が海産付着物などにより汚れていることもリサイクルを難しくしてい

表7.2 ナイロン・ポリエステルのリサイクルにおける品目別評価
（出所：兼弘, 2001 より）[7-3]

品　目	繊維	原料化	ポリマー化	固形燃料
衣　料 （一般品）	複合品	××	××	×〜△
衣　料 （易リサイクル品）	NY	◎	○	○〜△
	PET	○	△	○〜△
漁　網	NY	◎	○	○〜△
	PET	×	△	○〜△

る。

　リサイクルを製造コストで見た場合，表7.2のようにナイロンのケミカルリサイクル(原料化)はナイロンモノマーの価値が高いためコスト的には十分採算がとれる。しかし，マテリアルリサイクル(ペレット化)ではリサイクルペレットの品質がバージン品よりも劣るためコスト的には不利となる(リサイクルペレットの価格はバージン品の30〜40%程度にしかならない)。ポリエステルの場合は，原料モノマーそのものの価値がナイロンほど高くないためケミカルリサイクルもマテリアルリサイクルもコスト的なメリットはない。

(2) FRP漁船

　FRPは繊維強化プラスチックの略記号である。FRP漁船が登場してから三十数年が経過している。半永久的な耐用年数を持つといわれたFRP漁船も数年前から老朽化，船型の陳腐化などの理由により廃船となるものが出始めている。最近これが加速し，FRP製の小型漁船は，わが国では30万隻以上が保有され，廃棄量は年間数千隻になるという試算もある。そして現在既に放置できない状況になっている。

　FRP漁船のリサイクル技術は，図7.2に示すように沈船や魚礁を粉砕して代替原料として用いるマテリアルリサイクルを中心に，樹脂分から燃料油を抽出するサーマルリサイクルや化学分解してその構成成分をモノマーとして取り出すケミカルリサイクルなどに関する研究が進められてきているが，

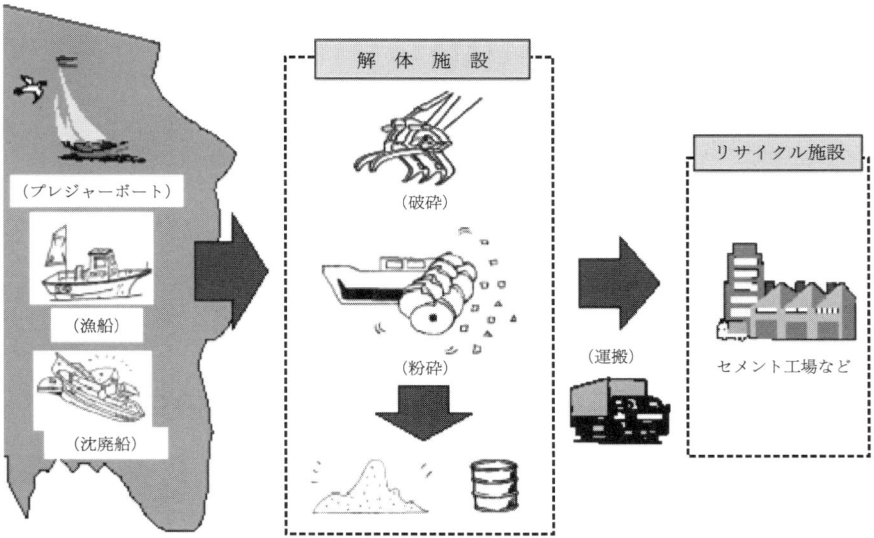

図 7.2 「FRP廃船高度リサイクルシステム構築プロジェクト」の概要(出所:国土交通省パンフレットより)

リサイクル製品の市場がないことや，コスト的にも品質的にもメリットが少ないこと，汚れの付着，発生量の不安定さなどの理由から，あまり実用化は進んでいない。現状で有望なリサイクルとして，以下に示す2つの例がある。

① 熱回収の実用化

これは，自動車解体・廃船解体業をメインとする企業が，これに用いる機材類を生かしてFRP船の解体も手がけるようになり，FRP船をハサミ状のアタッチメントをつけた大型重機で大ばらしし，この破片を自社開発の焼却炉で焼却し，その熱エネルギーを用いて，廃自動車エンジンからアルミを溶融分離して回収し，アルミインゴットとして自動車メーカーに売却するものである。

② セメント原燃料化

近年，セメント製造工場が，原料確保ならびに生産コスト圧縮を目的として，産業廃棄物をその原料として大量に受け入れている。セメント製造は，石灰石や粘土などの原料を混合し，キルン炉で高温(1,500℃)にて焼成，溶融してクリンカしたものを粉砕して行う。FRPはガラス繊維と樹脂の積層構造をなしており，セメント製造工程においては，その樹脂分が焼成工程での燃料として用いられ，ガラス繊維は，セメントの構成成分のひとつであるケイ素を供給する原料となる。1996年度FRP漁船等廃棄物処理促進技術開発調査(水産庁委託事業)で行った実証試験で，FRPがセメント原燃料として利用可能であることが確かめられている。

(3) 海産付着物

海産付着物とは，ホタテ，カキ養殖漁業において出荷時に陸揚げされるイガイ，ホヤ類，海藻類などをいい，北海道噴火湾などでは，養殖ホタテガイに付着している付着物が大変多く，ときにはホタテガイの量と同量の付着物が出ることから，湾内の養殖漁業者や漁協，役場など大変頭を悩ましている問題である。これらは埋め立て処分される場合が多いが，一部コンポストによって肥料化される場合もある。コンポスト技術は現状でもほとんど問題はないが，製品の販路が不明な点や売れるまで保管しなければならないなど，

事業化するには多くの問題を含んでいる。

(4) 斃死魚介類

斃死魚の発生は全国で4,000トンほどあるが漁業系廃棄物全体86万トン (1990年) からすると大きな量ではない。しかし, これら斃死魚を放置すると海面汚染および陸上における悪臭公害をもたらすことから, 何らかの処理施設や有効なリサイクルが考えられなければならない。香川県の庵治地区においては恒常的に養殖斃死魚が発生するので廃魚処理施設を整備している。斃死魚は各々の漁業者によって廃魚処理施設に随時持ち込まれフィッシュミールとして処理され肥料として袋詰めの上販売されている。1988年度では約90トンの生産により300万円を超える売上げを計上した。肥料販売による収益は庵治漁業の利用事業として廃魚処理施設運営費に充当されている。

水産加工段階では, 主として, 魚類煮汁, サケの加工残滓, イカ加工残滓, ホタテの貝殻などが発生する。

(5) 魚類煮汁

魚類煮汁は一般に原料加工時に排出する粘度の高い液体をいうが, ここではホタテ煮汁の場合を紹介する。青森県産業技術支援センターの資料 AITEM No. 21 TOPIC[7-4] によれば, 当センターは, これまでホタテ煮汁の資源化に取り組み, 次のような特性を明らかにした。

「ホタテ煮汁にはグリコーゲンを主成分とする糖質が5.4%含まれている。また, 抽出されたホタテエキスは他の貝類特有の苦味がなく甘味の強いことが特徴である。エキス中の遊離アミノ酸分析の結果から甘味を呈するアミノ酸であるグリシンとアラニンが全アミノ酸量の61%を占めており, 旨味を有するグルタミン酸塩も比較的多く含む。グリシンに次いで含有量の多いタウリンは, 生体内において細胞の浸透圧調整作用, 生体膜の安定化作用, 抗酸化作用など多彩な生理機能を有し, 目や脳の発達を助け, コレステロールを減らす働きや血圧を下げる効果などがある。」

これらのことから, ホタテ煮汁は健康食品の素材として優れた特長を有す

(6) サケ加工残滓

北海道ではサケが毎年大量に漁獲され切身やサケフレークなどの製品として食卓をにぎわしている。これらの製品を作る際，食用として利用されない頭や皮や内臓などは大量に廃棄され，資源の浪費，環境への負荷を与えるなど大きな問題となっている。北海道全体で魚類の加工残滓の発生量(1994年)は約8万トンである。このなかでサケの皮は年間約1万トン排出されている。サケ加工残滓の有効利用としては，現在，図7.3に示すような構想が進められている。北海道大学工学部の高井光男グループは，人工皮膚の開発を行っている。イカの背骨に含まれるキチンから作られたシートにサケの皮から抽出したコラーゲンをラミネートすることで優れた人工皮膚ができる。イカの

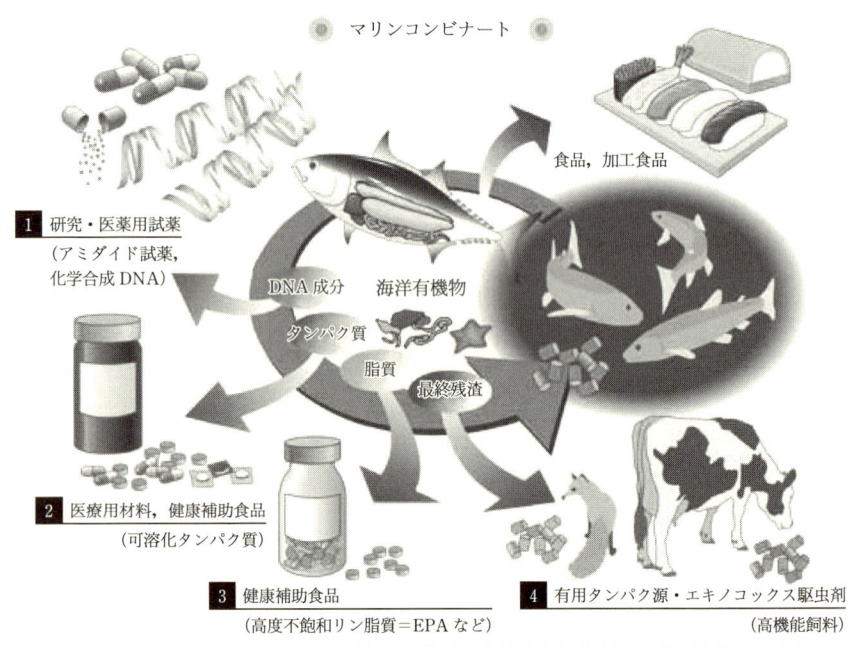

図 7.3 マリンコンビナート構想(出所：井原水産株式会社資料より許可を得て掲載)

キチンはβキチンと呼ばれ，カニからとれるαキチンより水蒸気透過性，吸湿性，柔軟さの点で優れた素材であり，今後の発展が期待されている。

また，道立釧路水産試験場ではサケ頭部の有効利用の取り組みを行っている。サケの頭部の軟骨から，糖質の仲間のコンドロイチン硫酸という物質が抽出される。これまでコンドロイチン硫酸はサメの軟骨や牛の軟骨から生産されているが，最近では原料の安定供給と安全性の確保が難しくなっている。一方，サケの頭部は，安定供給が可能で安全性の高いことから，コンドロイチン硫酸の原料として注目され始めている。コンドロイチン硫酸には肥満予防効果があり，食べすぎによる肥満を抑制し，肥満により引き起こされる糖尿病，高脂血症などの生活習慣病を予防する性質があることなど，今後の機能性食品への応用が期待される。

(7) ホタテ貝殻

青森県は1996年のホタテガイ養殖業の生産量が8万6,300トンで全国の順位は北海道に次いで第2位となっている。生産量が多いということはホタテ貝の加工残滓である貝殻も大量に発生し，近年，その処分方法が問題となってきた。青森市にある建設会社は，ホタテの貝殻を砕いて樹脂で固めたタイルを製品化し，1994年から販売している。最近では，このタイルは環境問題に対する関心の高まりとともに注目を集めている。

製品化されたタイルは，1枚の大きさが30 cm四方，厚さ16 mmで，1枚に約50枚のホタテの貝殻が使用されていて透水性が良いため表面に雨水がたまらず水はねや冬の凍結の心配が少ない優れた性能を持っている。その上，タイル自体に通気性があり夏の表面温度の上昇も押えることができる点もユニークである。

このタイルは地域の特産物であるホタテを広く商品展開する際にも好都合で，青森県が資源循環型社会を目指す一環として，現在では，青森港や秋田駅新幹線ホームなど県内外で広く利用されるようになった。

また，三陸国道の工事事務所では，「ゼロ・エミッション・ロード・プロジェクト」の一環として，カキ殻を道路舗装に利用している。内容は貝殻の

主成分が90%以上カルシウム分であり，セメントをはじめとした無機系硬化材との相性が良いという特性を利用して粉砕した貝殻を主原料に，セメントと硬化材，顔料を混合したものを利用している。特徴としては，
　①道舗装，植樹帯防草舗装として十分な強度がある。
　②透水性を有し，水たまりなどの解消に有効。
　③ヒートアイランドなど，都市部の環境問題に有効。
　④雨水の地下浸透による健全な水環境に寄与する。
　⑤歩道や植樹帯からの，雨水流出を排除し，排水溝断面の縮小が図られる。
　⑥破損した場合は，粉砕し，元工程を繰り返すことで再度舗装材料として利用可能。
などである。

　(8) マルソウダ
　ソーダガツオにはヒラソウダとマルソウダがあり，一般的にはスズキと同じように体型で区別できる。富山湾での漁獲方法は大部分が定置網で，その漁獲量は年平均約1,000トンである。マルソウダは10月から12月にかけて大量に漁獲され一部はねり製品に利用されているが，大部分が食用としてではなく，養殖用生餌として利用されている。この素材をより有効に資源化する試みとして，ひとつはマルソウダ魚醤油(図7.4)の開発が行われ始めた。醤油麹を用いて調製したマルソウダ(内蔵除去)魚醤油(かつお醤)の性状は，全窒素分と無塩可溶性固形分は，それぞれ1.89%，18%であり，JAS規格の大豆濃い口醤油の特級クラス以上で，食塩分は市販の大豆濃い口醤油と同じ17%である。官能的にはカツオの風味があり，しかも大豆濃い口醤油の評価に近い。もうひとつはマルソウダ加工残滓を原料とする魚醤油の開発である。これまでマルソウダすり身製造時に生じる加工残滓(頭，骨，皮，内臓およびさらし液など)は廃棄されてきた。そこで，その加工残滓から醤油麹を用いた魚醤油が作られた。この加工残滓魚醤油の性状は，全窒素分や無塩可溶性固形分がそれぞれ1.77%，18%で，これらの値は大豆濃い口醤油の値に近く，官能評価でもナンプラやパティスなどよりも味のバランスが良い。香りの官

図 7.4 水産未利用資源からつくられた魚醤油(出所：有限会社カネツル砂子商店資料より許可を得て掲載)

能評価でも，大豆濃い口醤油に近い評価が得られている。

(9) ワカメ

徳島県は全国で第3位のワカメ生産県(1998年)であり，全国の養殖ワカメ生産量約7.1万トンの14%に相当する1.0万トンを生産している。ワカメから出る加工残滓の有効活用の可能性について，藤井らの資料から，図7.5に示すような徳島県北灘漁協を対象に行われている研究例を紹介する。全体のモデルは図に示されるような未利用物の資源化モデルである。収穫後，最初にワカメ原藻5,600トンが葉，茎，芽株に選別されてワカメ加工製品として市場に出荷される。そのとき未利用物(加工残滓)が4,100トン発生する。これが次の工程で乾燥されて乾燥未利用物が41トン残る。この加工残滓から熱水抽出法により免疫賦活物質(β1, 3-グルカン)が抽出される。この抽出物の有効性は既に実験が行われていてクルマエビ養殖用の餌料添加剤として用いた場合生残性の向上が明らかになっている。しかし，このモデル例を徳

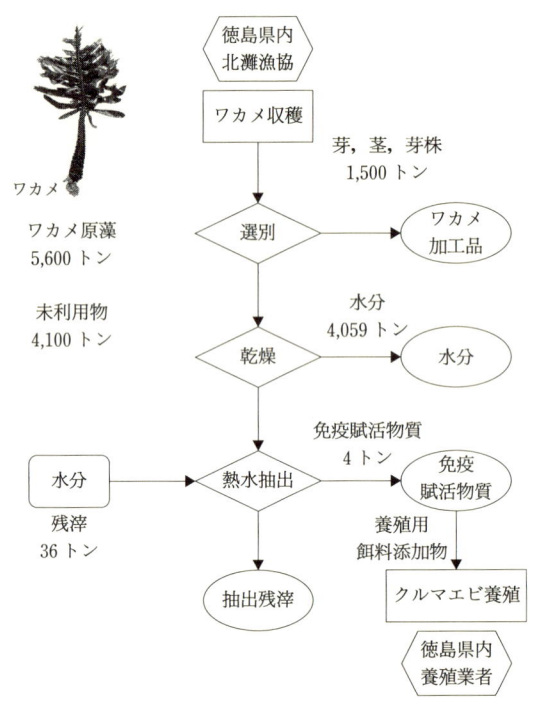

図 7.5 徳島県におけるワカメ加工残滓の有効活用のモデル(出所：藤井・伊永，2000 より)[7-5]

島県内全体に適用すると，年間約 32 トンの免疫賦活物質が生産されることになる。県内の需要は約 4 トン程度で供給量の 1/8 にしかならない。この点で地産地消(地域で生産したものを地域で消費する)は既にくずれている。今後は県外の養殖業者を含めたネットワークが形成されれば，この問題も解決しそうである。しかし廃棄物処理関連法の規制や，県外への移送による輸送コストなどの面で解決しなければならない問題も多い。

⑽ 魚腸骨

昔は魚介類を販売する場合，ラウンド(丸)状態で売られることが多く，魚腸骨(アラ，ワタ)などは家庭ゴミとして収集処理されていた。しかし，最近

では販売形態の変化から切り身や加工されたものが多くなり，魚腸骨は事業系廃棄物として大量に廃棄されるようになった。市場，魚屋，スーパー，加工場などから毎日排出される魚腸骨の量は，首都圏だけで毎日600～700トンといわれている。この魚腸骨のリサイクル例として，埼玉県草加市にある魚腸骨処理工場が有名である。ここでは1日当たり400～600トン，年間15万トンが処理され，3万6,000トンの魚粉と1万2,000トンの魚油が生産され，全国の大手飼料メーカーに出荷される。魚腸骨は1都6県を中心に1万3,000か所から180台ほどのトラックで回収され，回収費は逆有償で排出側が排出量に応じて1kg当たり8円ぐらいを支払う。回収された魚腸骨はその日の内に製品化され出荷される。工場にはクッカー，プレス，ドライヤーの一連処理ラインが4本あって内1本が常時稼動している。また，試験的な段階のものでは，魚腸骨から繊維などに加工できる乳酸を大量に生産する研究が大阪府立大の吉田弘之によって行われている。乳酸は，土のなかで水や微生物によって分解する繊維やプラスチック（生分解性プラスチック）に生成できるため，将来は，魚腸骨がTシャツに変身することも夢ではない。「超臨界水」という高温，高圧状態での水は強い酸化力を持ち，有機物を炭酸ガスにまで分解する性質があるが，この技術は，これより低温，低圧の穏やかな亜臨界水を用いるところに特徴がある。

⑾ 魚箱（発泡スチロール）

　魚箱などの容器として大量の発泡スチロールが使われている。使用済みの発泡スチロール容器は一般に，熱を加えて再び減容化され，インゴットとして回収業者に引き取られ，多くは海外に輸出されマテリアルリサイクルされる。大規模な魚市場の例として，築地市場の場合を紹介すると，発泡スチロールの空き箱は1日に10トン以上のものが発生し，このため場内に2か所の新鋭処理場が設置されている。ここですべてのリサイクルが行われる。空き箱は場内で発生するものの他，市場から購入した人が次の仕入れの際，持ち込むものもあり，築地市場ではこの持ち込み分について，持ち込むトラックの大きさで料金を定めている。このように築地市場の場合は比較的リ

サイクルがうまくいっている。しかし，再資源化には
　①再資源化物の引き取り価格の低迷
　②再資源化コストの上昇
　③再資源化物における品質向上の困難さ
などの問題も多い。

　一方，サーマルリサイクルについては，発泡スチロールの燃焼エネルギーが大きいことから理論的には，高い熱エネルギーを回収することが可能と考えられる。1 kg 当たり約 9,800 kcal の熱量は重油なみの熱量を持っているので，卸売市場内の熱エネルギーにより直接駆動できる「吸収式冷凍機」の利用も今後有効な方法となるものと思われる。

　これまで紹介したように魚腸骨や発泡スチロール製魚箱の分野などのように，一部工業化も進み静脈産業としての一定の成果が出始めているものもある。しかし，これらの技術革新は，個別的で，断片的技術に支えられたものが多く，静脈産業全体を視野に入れてはいない。したがって，部分的な問題解決には適していても，基本的な共通原理にかけていることから，水産業全体を変革するような技術には至らなかった。また，作られた製品の市場競争力に若干問題もあり，現状は，水産廃棄物の資源化技術は動脈系産業のごく一部に組み込まれたにすぎない。今後，この分野の資源化戦略を支えるロジックがしっかりすれば，産業的にも十分発展が期待されるものと思われる。

7.7　海外の水産廃棄物資源化技術

　FAO のレポートによると，全世界で 9,100 万トン以上の魚介類が毎年漁獲され，その内 50〜60% が人間に消費されている。そして，発生する加工残滓のいくらかは利用されるが多くは廃棄されてしまう。現状では，加工残滓の統計データに関する正確なものは存在しないが，一説に，2,000 万トン前後といわれている。このような状況から，水産廃棄物をより有効に活用することは，この産業の持続性に対する重要な貢献といえる。また，廃棄される量の多さを考えると，水産廃棄物の資源化を主とする新産業は，今後，大

きな発展の可能性があるともいえる。

　しかし，現在，海外においては，水産廃棄物資源化技術は古典的な技術に支えられているものがほとんどである。したがって，それらの技術は水産廃棄物の有効活用における部分的なプロセスの改善にとどまっている。最近の数少ない例として1999年に計画された「モルジブの水産廃棄物に関する有効利用計画(FAO-TCPプロジェクト)」がある。これはMale市場から出る水産廃棄物をフィッシュ・サイレージに活用するもので，これをゼロエミッション・プロジェクトと称しているが，サイレージ技術そのものは，特に，目新しいものではなく古典的で断片的な技術のひとつである。現状ではゼロエミッションのような統合的な概念に裏づけられた資源化戦略を海外の水産分野から見つけることは難しい。

　このような理由から，ここでは断片的技術ではあるが，この分野における水産廃棄物の資源化技術とそれによって生まれた製品について，ノルウェーの場合を例[7-6]に，歴史的発展経過と現状を紹介する。

ノルウェーにおける水産廃棄物と資源化技術

　北欧は漁業が盛んであるが，特に，ノルウェーが漁業国として有名である。2001年のルービンの報告から概略を示すと，ノルウェーのタラ漁業は，2000年にこの漁業だけで合計23万2,000トンもの水産廃棄物を発生させている。その内10万7,000トンは利用されたが，残りの12万5,000トンはそのまま廃棄された。そして発生した水産廃棄物全体の15.5％に当たる3万6,000トンだけが人間消費に回され，廃棄されなかった残りはフィッシュミール，サイレージ，および動物の飼料生産に利用された。歴史的にみれば，水産廃棄物の使用はけして新しいものではない。北欧諸国には，多くの水産廃棄物があり，それらのあるものはまださまざまな目的で使用され続けている。古くは，魚皮のズボンや靴などの衣服に使用され，バッグや袋などがこの材料から作られた経過もある。1600年代の半ばには，肝油の煮沸が普通になった。また，1903年には，ノルウェーにおいて肥料や飼料生産の工業化が始まり，1,300万〜1,400万のタラの頭が集められた例もある。その他，人間消費に利用されるものには，魚卵(缶詰，たらこ)，肝臓(東欧)，中身を空

にした胃，白子のフライ(スナックとして)などがある。現在行われている水産廃棄物の有効活用について，具体的製品の例として，魚醤油，フィッシュ・サイレージ，水産脂質について，以下に概略を紹介する。

①魚醤油

　さまざまなタンパク質加水分解物が魚から作り出されている。もっとも古いのは，東南アジアに長い伝統を持つ魚醤油である。魚醤油(主要な魚の発酵食品)は古代ギリシャとローマで，既に，存在していた。ノルウェーでは，2002年，魚醤油はおよそ年間25万トン生産されており，それは，原料魚3塩1の割合で混ぜたものを熱帯においては周囲の温度で6〜12か月放置することで，内因性の酵素と微生物による酵素の両方が魚に働き熟成が進行する。結果として，魚醤油は8〜14%の消化されたタンパク質とおよそ25%の塩を含む琥珀色の液体となる。生産のためには，高度な設備は必要ないが大きい集積場所が必要である。

②フィッシュ・サイレージ

　餌料として使用されるフィッシュ・サイレージはすべての価値の低い種類の魚と魚の加工残滓から生産される。製法は，通常，刻まれた原料に2〜3%のギ酸を混ぜ，周囲温度で内因性の酵素によって魚の組織が分解されるまで保存される。保存状態が良いフィッシュ・サイレージは，通常，魚のペプシンとして最適なペーハーであるpH 3〜4の値となる。製造過程で原料にペプシンと他の酸性のタンパク酵素(カテプシン)が十分含まれていれば，製品は数日で完成する。フィッシュ・サイレージは，直接，餌料で使用されるか，または魚油の分離とタンパク質濃縮のために，さらなる加工処理がされる場合もある。これを生産する利点は，低い設備投資と簡単な処理装置にある。不利な点は，高い含水率によって生じる高い輸送コストにある。ノルウェーは，年間約14万トンの主として養殖漁業の水産廃棄物(サケ)からフィッシュ・サイレージを生産するフィッシュ・サイレージ生産大国である。これは低価格商品ではあるが，加工残滓を利用するための良い代替手段である。そうでなければ水産廃棄物は廃棄されてしまう可能性が大きいからである。

③水産脂質

　水産脂質は健康に有益なものが多い。他の脂質と比べて，エイコサペンタエン酸(EPA，C20: 5n-3)とドコサヘキサエン酸(DHA，C22: 6n-3)のような多価不飽和脂肪酸(PUFA)が水産脂質をユニークなものにしている。これらオメガ-3系脂肪酸は心血管疾患，高血圧，自己免疫性，および炎症性の病気の予防に有効である。また，食事で取り込まれる魚油が，さまざまな癌から身を守るのを助けることも知られている。食物研究から，ほとんどの人が十分なオメガ-3系脂肪酸を食事から取ることが難しいこともわかっている。そして，典型的なアメリカ人の食事ではオメガ-6系脂肪酸対オメガ-3系脂肪酸の比率は20〜30：1とバランスが悪い。本来，望ましい比率はほぼ6：1にある。脂肪酸の比率を整えるには，タラのような低カロリーの白身魚の肝臓や，脂肪性の魚(すなわち，ニシン，サバ，サケ)などの水産脂質を利用するのが有効である。

　近年，魚から得られる数種の脂質をマイクロカプセル化した製品が機能性食品として製造され，大変関心が高まっている。オメガ-3系脂肪酸は幼児の公式食品として機能性食品や飲料に利用されている。水産加工残滓から得られる他の油脂成分には，リン脂質，糖脂質，スクワレン，およびビタミンなどがあり，健康食品市場で興味が持たれている。栄養補助食品として魚油が使用されるが，特に，オメガ-3系脂肪酸は，日常的に消費されるパン，卵，マーガリンなどの食品を豊かにする添加物として人気がある。今日，既にそのようないくつかの市販製品が存在する。

　以上示したように，海外においては断片的技術に有効なものが多いが，水産業のゼロエミッション化は進んでいない。その理由は，ゼロエミッションの概念が，まだ，産業界や研究者に浸透していないからであろう。2001年に京都で開催された「水産物の有効利用法開発」に関する国際シンポジウムにおいて，筆者は基調講演のなかでゼロエミッションの紹介を行った。外国人の反応は，おおむね，初めて聞く話ではあるが興味深いといった印象が多かったことを記憶している。この概念が外国人の発想から生まれたもので

あっても，国連大学発の日本で生まれた概念であることにも関連すると思われる。その点では，日本は，いち早く水産業のゼロエミッション化を目指したわけであるから，今後は，関係者間で大いに有益な情報交換を進めることが肝要である。

7.8　日本の水産バイオマス資源化戦略

「バイオマス・ニッポン総合戦略」が策定され，ナショナルプロジェクトとしての取り組みが本格化するなかで，水産バイオマスに関しても，賦存の実態，利活用の現状，利活用技術の現状と課題，地域における技術開発ニーズ・シーズ，今後導入すべき新技術および技術シーズと期待される成果，バイオマスを利活用した漁業・漁村の活性化システムなどの「水産バイオマスの資源化戦略」について検討がなされている。また，効果的に水産バイオマスを利活用するためのアクションプランとして「水産バイオマスを核とした地域循環型社会の構築」が策定された。これに関して，社団法人マリノフォーラム21は，ふたつの成果報告書を提出している。ひとつは「水産バイオマスの実態把握と活用システムの検討」で，今ひとつは，「水産バイオマスの資源化戦略の検討とアクションプランの策定」である。この計画の目的部分で述べられていることをまとめると，内容は「膨大な水産分野の廃棄系バイオマス」と「未利用バイオマス」の存在に加え，「資源作物」としての海藻類に水産バイオマスの高いポテンシャルの可能性があることである。そして，これらを利用して今後，進められる水産業のゼロエミッション化に関連する課題としては，以下の項目を挙げることができる。

(1)実現のための課題
①わが国の水産物自給率を高めるとともに，健康で豊かな魚食文化を守っていくためには，バイオマス利活用の基盤ともなる漁業や漁村の活性化が前提であり，漁業の収益性向上と漁村での雇用機会の創出が重要。
②地球温暖化防止や循環型社会の構築という新たな視点で水産分野のバイ

オマスの利活用を見直すとともに，漁業者ら漁村に生活する人々が直接携わることのできる競争力のある戦略的産業の創出が重要．

③水産分野のバイオマスに関して，賦存の実態，利活用の現状，利活用技術の現状と課題，地域における技術開発ニーズ・シーズ，今後導入すべき新技術および技術シーズと期待される成果，バイオマスを利活用した漁業・漁村の活性化システムなど「水産バイオマスの資源化戦略」について検討し，効果的に水産バイオマスを利活用することが重要．

さらに，報告書は，水産バイオマス利活用の現状について，調査結果を以下のように要約している．

(2) バイオマス変換計画について

バイオマス変換計画は，農林水産省のプロジェクトとして約25年前に行われた．海藻の積極的な栽培養殖技術の検討と実証試験を行い，その際に必要な施設，刈り取り技術について把握するとともに，収穫した海藻の利用方法について検討を行った．海藻の農場化(ケルプファーム)を行った場合，期待される効果として，

　①炭酸ガスの吸収効果

　②太陽エネルギー利用と栄養吸収効果

　③海藻の生産による化学物質の生産

　④メタンガスの生産

　⑤生態系への効果

　⑥アルギン酸など有効成分の抽出利用(工業利用)

を挙げている．

海藻を原料とするメタン発酵に関する調査事業は，通商産業省(当時)によって1981～1983年に実施された．それは八戸沖8 kmの海域にコンブ類100万トン/年を生産することを想定し，クロロフィル，カロチノイド，ステロール類，抗菌性物質などの副生品を抽出した後，メタン発酵によりメタンガスを得て，発酵液は有機質肥料とするものである．これらのシステムを稼働させた場合の経済性について検討を行ったところ，建設費は約548億円，

運転費は約65億円と算定され，メタンガスや副生品，有機質肥料の販売によって合計約179億円の収入が得られると考えられた。実用化するに当たり技術的な課題はないとされているが，経済性およびエネルギー効率性の改善のための技術開発，改良すべき点は多いと報告している。

　以上，報告書の概略について紹介したが，バイオマス利活用には，多くの課題が残る。これまで，バイオマスは廃棄物と見られる場合が多く，エネルギーやさまざまの製品の原材料としての認識が欠けていた。水産バイオマスのように放置するとすぐ腐敗して悪臭を放つことも理由のひとつであろう。また，せっかく製品化してもバージンの製品に比べて市場競争力に欠ける場合が多く，これらの製品には，法的な規格や基準がなく品質が保障されないことも弱点となっている。しかし，現状をよく理解し，問題の中身を認識することができれば，今後，実現すべき水産業のゼロエミッション化に関して多くの有益な情報を与えるものと思われる。

　国連大学が提案したゼロエミッションは単なる水産廃棄物の有効活用技術ではない。水産加工業を核として，異種の産業のネットワーク化によって，単一のプロセスではなしえない水産資源利用の効率化，ならびに環境負荷の低減を図るものである。したがって，水産廃棄物を含む水産原料全体を考え，エネルギーと物質投入量の最適化を進めることが重要になる。経済的な側面からは，水産廃棄物をフィッシュ・サイレージのような低価格の商品から，少しでも人間消費や他の付加価値商品(薬品や飼料など)に使用される割合を増加させることができれば，この産業の収益性が増加して，結果として廃棄の量も減少することになる。我われの住む社会は，持続可能な未来のために地球規模でゼロエミッション化が推進されようとしている。今後は，世界の水産業も強力なイニシアティブの元にゼロエミッション型水産業に移行していかなければならない。

[参考文献]
7-1. 環境省ホームページ. www.env.go.jp/
7-2. 安井至(編). 2002. リサイクルの百科事典. 丸善. 530 pp.
7-3. 兼弘春之. 2001. 漁業資材の廃棄, リサイクルの現状. 水産ゼロエミッションの現状と

課題. 水産学会誌, 67：315-316.
7-4. 青森県産業技術支援センター. AITEM, 21: TOPIC.
7-5. 藤井紳一郎・伊永隆史. 2000. 徳島県のワカメ未利用物の資源化モデル. 環境科学会誌, 13：586-591.
7-6. Rustad, T. 2002. Utilisation of marine by-products. EJEAFChe, pp. 458-462. Univ. of Vigo. http://ejeafche.uvigo.es/index.php?option＝com_docman&task＝doc_view&gid＝201&Itemid＝33

第8章 水産科学の新しい展開

8.1 水産養殖とゼロエミッション

　ゼロミッションが各分野で注目されるようになって，水産分野の研究者もこの問題を考える機会が増えてきた。このような背景から，日本水産学会水産環境保全委員会では，1999年度春季大会において，養殖由来の環境負荷量とその低減をめぐる内外の情勢を紹介し，さらにわが国における技術展開と，この目標にもっとも適うと考えられる循環式養殖法の最新情報について論議するためシンポジウムを開催した。

　この種のシンポジウムとしては，わが国では最初のもので，ここで得られた成果が，後に恒星社厚生閣より『水産養殖とゼロエミッション研究』[8-1]という形にまとめられ刊行された。内容は，次に示す3章11節からなるものである。

　　I. 養殖排水の現状と環境への負荷
　　　1. 養魚排水の量・濃度と環境への負荷(丸山俊朗)
　　　2. 養魚排水の環境影響低減への施策(中里　靖)
　　　3. 負荷低減研究における国際情勢(守村慎次)
　　II. 環境負荷低減への技術
　　　4. 水処理技術を応用した養魚排水の処理(工藤飛雄馬)

    5. 堆積物回収による負荷軽減(熊川真二)
    6. 循環型養殖システムによる負荷低減(菊池弘太郎)
    7. 生物特性からみた循環型養殖と感染症の防除(杉田治男)
  III. 循環型養殖の展開
    8. 生物ろ過法を用いたヒラメの高密度養殖設計(岩田仲弘・菊池弘太郎)
    9. 泡沫分離・硝化脱窒システムによるウナギの閉鎖循環式高密度飼育(鈴木祥広・丸山俊朗)
    10. ニジマス中間育成への循環システムの応用(細江　昭)
    11. 高密度養殖プラントを用いたニジマス養殖(寺尾俊郎)

この書は，刊行時期が1999年で，ゼロエミッションの概念が定着しつつある時期にまとめられたため，到達点の概念に関して不鮮明な点はあるが，ゼロエミッション型養殖業に必要な要素技術の研究事例が豊富に紹介されている。この点に関しては一定の評価が与えられるべきものである。

8.2　イカのゼロエミッション

1997年度から文部科学省科学研究費補助金による「重点領域研究」に新たな領域として「ゼロエミッションをめざした物質循環プロセスの構築」が，日本におけるこの分野の本格的な研究としてスタートした。このプロジェクトのなかで，筆者はイカの漁業と加工業をモデルとしたゼロエミッション研究を担当した。本書では，わが国のイカの物質フローと窒素収支，函館のイカの物質フローと窒素収支，人工餌料の開発，イカ墨の有効利用，新しい加工残滓処理技術の可能性の各項目について，水産ゼロエミッションの実践例として紹介する。

(1) わが国のイカの物質フローと窒素収支

イカ類の生産・輸出入に関する物質フローを図8.1に示す。年間漁獲量(1997年)[8-2]は約63.5万トンで，内訳は，ニュージーランドやペルー沖で行われる遠洋イカ釣り漁業と，日本国内の沿岸・近海イカ釣り漁業の合計で

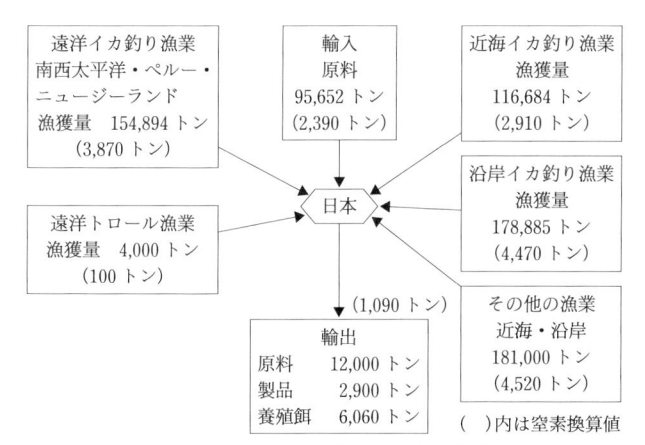

図 8.1 イカ類の物質収支と窒素換算

45.0万トンとなる。遠洋トロール漁業は，ニュージーランド・北米・南米やアフリカ沖で行われ0.4万トンであり，その他の漁法で18.1万トンが漁獲される。わが国のイカ類の年間輸入量(1997年)は約9.6万トンで主たる輸入国はタイ(2.3万トン)，中国(1.4万トン)，モロッコ(0.9万トン)，ベトナム(0.6万トン)で，その他の輸入国にはインド，アルゼンチン，アメリカ合衆国，韓国，マレーシア，ペルーが含まれる。イカ類の輸出は大蔵省の日本貿易統計(1997年)によるとイカ関連原料として1.2万トン，イカ関連製品が0.29万トンとなっている。これが動脈系製品の輸出であるが，一方，イカ類の内臓を養殖エビの餌料にする静脈系のパスも函館，八戸で行われていて，1997年でおよそ0.6万トンがフィリピンなどに輸出された。また，日本におけるイカ類の窒素収支(1997年)はインプットの合計が1.82万トンでアウトプットの合計が0.109万トンであり，1.71万トンの輸入超過となっている。ここでは計算に必要なイカの原料や関連製品の含有窒素を，「純食料100g中の栄養成分」より，含有タンパク質を求め，さらにそれらを6.25(窒素-タンパク質変換係数)で除して算出した。

　日本国内で発生する加工残滓総量は，1988年の比較的量の多い年を例に計算してみると，使用される生鮮品と冷凍品の総量84.6万トンにイカの内

臓の重量比を乗じて，みかけの加工残滓総量が22.0万トンと求まる。しかし使用される原料の一部には調整品が含まれ，事前に内臓が除かれているので，この点を考慮する必要がある。国内に何らかの形で排出するイカ加工残滓の総量は年々調整品が増えていることを考えるとこの値よりかなり低いレベルになるものと推察される。加工残滓として排出されるものには肝臓，墨汁嚢，骨，皮膚，目，その他の内臓器官などがある。これらは混合状態のままでは価値がなく廃棄物として処理される。しかし，各部位別に分離することができれば，それぞれが企業にとっては必要な原料になり大きな付加価値を生む。我われは函館で使われる加工原料イカ60匹を入手して1尾全体に対する各部位別重量の比を求めた。それを基に日本国内で発生するみかけの加工残滓各部を求めるともっとも量的に多いのは肝臓で9万8,000トン，続いて生殖器・消化器系他が6万3,000トン，皮は2万1,500トン，眼球が2万2,000トン，口球部が1万1,000トン，骨は2,500トンで墨汁嚢は2,500トンとなる。

(2)函館のイカの物質フローと窒素収支

函館市内に持ち込まれるイカ原料には，函館産地卸売市場を経由する市場流通とトラックなどで陸送される市場外流通がある。市場流通では生産者(遠洋，近海，沿岸イカ釣り漁業)，市場流通業者(卸売業，仲卸業，買出人，買受人)市場外流通業者(大手水産会社，商社)，小売業者，スーパー，加工業者，冷蔵業者などが関係する。これらについて個別にヒヤリングを実施することで，函館産地卸売市場を中心とした生産から消費のフロー(図8.2)を明らかにした。函館に入るイカ原料にはラウンド(内臓の含まれるもの)と抜き(内臓を除去したもの)がある。全体として11万トン(1997年)ほどで，函館特産食品工業組合が用いる原料はその内9万8,000トンである。函館港に水揚げされて市場を経由する量は4万2,000トンで全体の38%である。内訳は生鮮品(1万3,000トン)と冷凍品(2万9,000トン)で，残りはトラック輸送による市場外流通(冷凍品)で，およそ6万8,000トンと推定される。これらは，道東や八戸方面から陸送される。1例として，1997年のデータを使って窒素収支(図8.3)

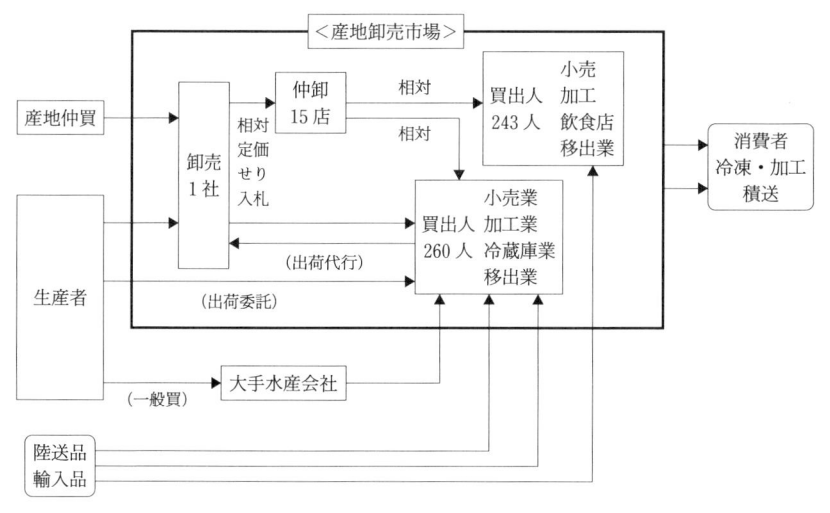

第 8 章　水産科学の新しい展開　115

図 8.2　函館におけるイカの流通経路

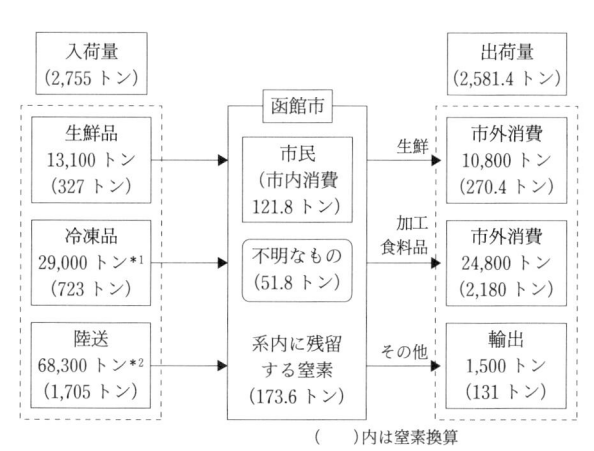

（八戸・道東方面主体）

図 8.3　函館市におけるイカ類の物質フローと窒素収支

（　）内は窒素換算

*1 内訳：ラウンド 17.4，抜き 11.6（単位は 1,000 トン）
*2 内訳：ラウンド 6.3，抜き 62.0（単位は 1,000 トン）

の面から函館をみると，全インプットは2,755トンで，内訳は生鮮品が327トン，冷凍品723トン，市場外からの陸送品が1,705トンである．全アウトプットは2,581トンで，内訳は生鮮市外消費270トン，加工食品2,180トンとエビ餌料131トンとなる．その結果174トンの窒素が系内に滞留し，人間が食べる分122トンの窒素を除くと52トン(全体の1.9%)の窒素が何らかの形で廃棄されるものと推察される．この値から，函館はイカの物流が窒素収支の面からみるとほぼ循環している地域であるといえる．しかし，問題は加工残滓が有料で処理業者に引き取られていて，本来の未利用資源の資源化ではなく逆有償になっている点である．実態は，日本化学飼料株式会社が，搬入運賃4,000円/トン，処理費用8,000円/トンの合計1万2,000円/トンで請け負っている．能力的には80トン/日の処理能力があり，現状ではバランスしているが，この金額的負担が水産加工業者の経営を圧迫し始めている．また，処理された加工残滓が，東南アジア向け養殖エビ(ブラック・タイガー)の餌として加工されるが，アジアの経済不況，為替変動による輸出の不安定さ，施設の老朽化などから問題が顕在化してきていることも事実である．2003年9月22日の北海道新聞によって，日本化学飼料株式会社のイカ加工残滓処理事業からの撤退が伝えられた．このことで現行システムに変わる新たなゼロエミッション型システムの導入が緊急の課題となった．そのためにはイカ加工業者が現行の加工残滓処理方法(有料)に変わる現実的な方法を関係者全体で早急に考え直さなければならない．

(3) 人工餌料の開発

我われの研究グループは，イカ加工残滓の逆有償による処理の現状を改善する目的から，これを釣の人工餌料として活用する技術(図8.4)を開発した．ひとつは鹿児島大学水産学部との協力で近海・沿岸漁業への応用を考えた沿岸延縄釣漁業用餌の開発である．対象はキンメダイやメヌケなどの比較的金額の高い魚種で地域の漁業者から期待が高まっている．最初の研究について鹿児島大学の不和茂のシンポジウム要旨[8-3]から概略を紹介する．

「イカの加工残滓を利用した延縄用餌料(人工餌料)はイカ類の肝臓に有機多

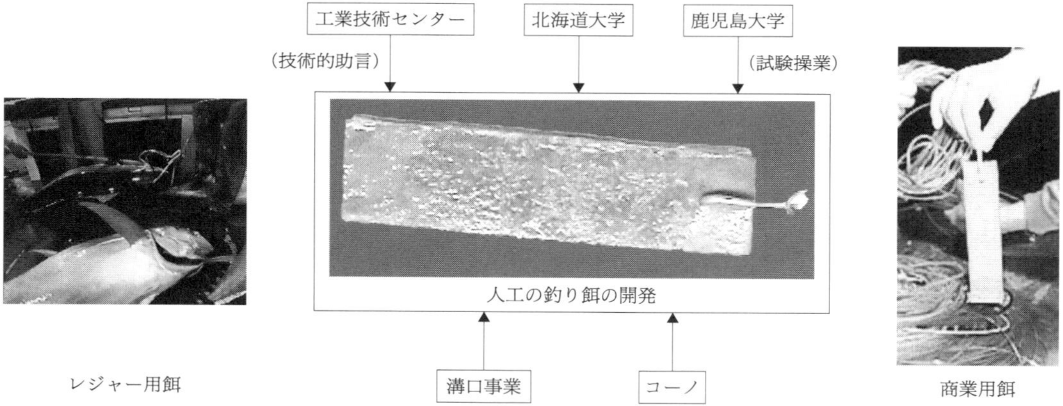

商業用餌

工業技術センター　北海道大学　鹿児島大学
（技術的助言）　　　　　　　（試験操業）

人工の釣り餌の開発

コーノ

溝口事業

図 8.4　人工釣餌の開発

レジャー用餌

糖類系ゲル化剤を約10%添加して攪拌し，木綿の不織布を芯材にして厚さ0.8cmに成型して，幅1.5cm，長さ12cmで裁断したものである。この人工餌料を使用して1997年と1999年に薩摩半島南西海域と東シナ海で，鹿児島大学水産学部練習船で釣獲試験を行った。使用した漁具は底立延縄であり，通常使用する天然餌料のサンマ切身またはジンドウイカと人工餌料を枝縄ごとに交互に装着した。

　釣獲魚は商業価値のあるもの(ユメカサゴ，キダイなど)，商業価値のないもの(ヨリトフグリなど)，サメ類(ツマリツノザメなど)に区分した。商業価値がある魚類の釣獲率はいずれの海域でも天然餌料が人工餌料よりも高かった。一方，商業価値のないサメ類の釣獲率はいずれの海域でも人工餌料が低かったが，サメ類が多く漁獲された薩南海域では釣獲率の差が有意とみなせた。人工餌料の漁獲率は天然餌料より低いが，一般的に商業価値がなく作業効率を低下させるサメ類の漁獲が非常に少ない特徴がある。人工餌料での釣獲個体数は天然餌料よりも少ないが，釣獲魚の体長範囲と分布および，平均体長は変わらず，人工餌料が魚類を誘集して漁獲する機能は天然餌料と大きな差がない。

　餌料の脱落率は比較した2種の餌料とも浸漬時間に比例して脱落率は増加したが，脱落率は天然餌料と人工餌料では変わらなかった。室内実験では引張り試験機で破断強力を測定した。浸漬直後の破断強力はサンマ切身，ジンドウイカ，人工餌料の順であり，この順序は浸漬時間が増加しても変わらなかった。天然餌料の破断強力は浸漬時間で大きく変化しないのに対して，人工餌料の破断強力は浸漬直後ではジンドウイカの値とほぼ等しいが，3時間で浸漬初期の破断強力の約70%，8時間で約40%まで低下した。人工餌料は魚を誘集して漁獲する機能は天然餌料と大差ないので，人工餌料の破断強力が浸漬することで急速に低下するために天然餌料よりも脱落しやすく，釣獲個体数の差に影響したと考えられた。」

　今ひとつは北海道大学水産学部が進めているマグロ延縄釣漁業用餌の開発である。これも北海道大学の蛇沼俊二のシンポジウム要旨[8-4]から概要を紹介する。

「近年の太平洋メバチマグロ延縄の釣獲率(針1,000本当たりの漁獲尾数)分布図を見ると好漁時で15尾前後という海域も見られるが，大洋の大部分の海域では5尾前後となっている。これらの海域では，逆算すると，メバチマグロ1尾を漁獲するために，200個の釣餌が必要となる。通常，メバチマグロ延縄には200g前後の大きさの釣餌が使われるため，メバチマグロを1尾釣るために40kgの釣餌が使われることとなる。メバチマグロ延縄では使用餌量と漁獲量が同じオーダーである。資源量が減少しているミナミマグロ，クロマグロ延縄の釣獲率はさらに小さく，メバチマグロの1/10前後と推定される。世界のマグロ延縄による正確な漁獲量を知ることは難しいが，今仮にそれを100万トンとすると，この漁獲量に相当する量，あるいはそれ以上の量の魚が釣餌として使われると推定される。北海道大学練習船北星丸において1998年から3年間，3回のイカ加工残滓人造餌とイカ天然餌の比較試験操業を行った。その結果，釣り針1,000本当たりの釣獲尾数はマグロ類がイカの餌で3.89尾，イカゴロの餌で2.76尾であった。また，サメ類ではイカの餌では11.41尾でイカゴロの餌で3.75尾となった。試験操業結果はイカ加工残滓人造餌の有効性はイカの餌には若干劣るものの，サメ類混獲低減効果においては期待できることがわかった。」

　紹介したふたつの実験結果は，おおむねイカ加工残滓から作る人工餌料が実用に耐えるものであり，サメ類の混獲防止にも効果があることを示している。マグロ延縄漁業は遠洋漁業の代表ともいえる漁業で，マグロ漁船1隻が総延長100kmにも及ぶ大型の漁具を用い，1年を通して操業を行う。水揚げ金額は1隻当たりおよそ1億2,000万円である。年間，この漁業全体で6万トンほどの天然餌料(イカ，サンマなど)が消費されている。この漁業の問題のひとつに餌に使うイカ，サンマなどの天然餌料の価格が不安定なことがある。現状では餌の単価45円程度が採算分岐点といわれている。したがって，今後は収益性を高めるためにより安価で量的確保がしやすく，それでいて価格が安定したものが供給されなければならない。このような状況のなかで天然餌料を加工残滓から作った人工餌で代替できれば，ほぼ30円台後半の安定した価格で提供することが可能になる。また，量的には北海道・道南地域

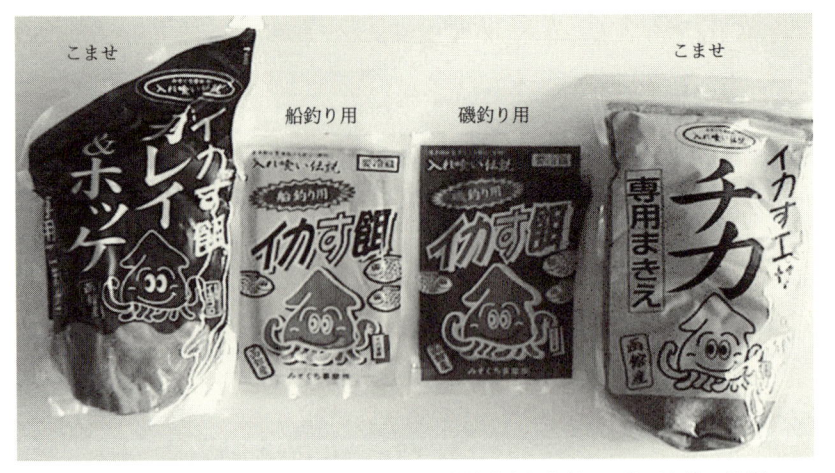

図 8.5　遊漁用人工釣餌(出所：みぞぐち事業株式会社資料より許可を得て掲載)

で年間1万8,000トンほど加工残滓が発生することから，天然餌料全体の30%ほどが代替できる計算となる。一方，遊魚の餌としての利用に関する研究も進み，図8.5に示す人工餌の販売が昨年から函館の企業により始まった。餌の種類は磯釣り，船釣り，それにともなう撒き餌などがあり，釣果の方もなかなか良いそうである。全国の遊魚人口は，およそ1,700万人で，仮に1人が年間1kg強の餌を使うとすると，これもまた道南から排出されるイカ加工残滓(年間約1万8,000トン)は，数字上，完全に資源として有効利用されることになる。

(4) イカ墨の有効利用

イカは外敵から身を守るときに吐いた墨で敵を攪乱させ，それを逃避の手段として使う。イカの墨は魚のエラに付着すると呼吸を困難にするので，魚にとって好ましくはない物質である。そのため，イカの内臓から釣餌を作る過程で墨汁嚢全体を取り除かなければならない。そこで，除かれる墨を利用する研究が始まった。それは北海道大学水産学部，道立工業技術センター，函館高等専門学校ならびに版画家の平方亮三を中心に，釣餌を作る過程で廃

棄される墨汁嚢からセピア色の色素を抽出し，これを利用して染料を開発するものである．同時に，函館高等専門学校グループの上野孝は，3/1万 mm ($0.3\,\mu$m)のイカ墨粒子の分離・精製に成功した．平方亮三によれば，セピアインクというのは中世期から，ヨーロッパ，イタリア，フランスとか地中海沿岸などで筆記用具として利用され，レオナルド・ダ・ヴィンチも愛好家で，日本では夏目漱石がイギリスに留学して帰るときに持ち帰ったという話もあるという．これまでイカの純粋な墨の抽出法やイカ墨の色素を取り出すことに成功して，1999年からはシルクスクリーン・インクの実用化も進み，Tシャツ・エプロン・袋物などの商品化(図8.6)も可能となった．これらの商品は，2000年開催されたドイツ・ハノーバーの万博会場のゼロエミッション・パビリオンに送られ展示され世界中の多くの人々の関心を呼んだ．この成功に関してグンター・パウリから我われに感謝の私信が届いている．また，その年イカ墨で染めたオーガンジー素材のドレスが，「カミシマチナミ」の

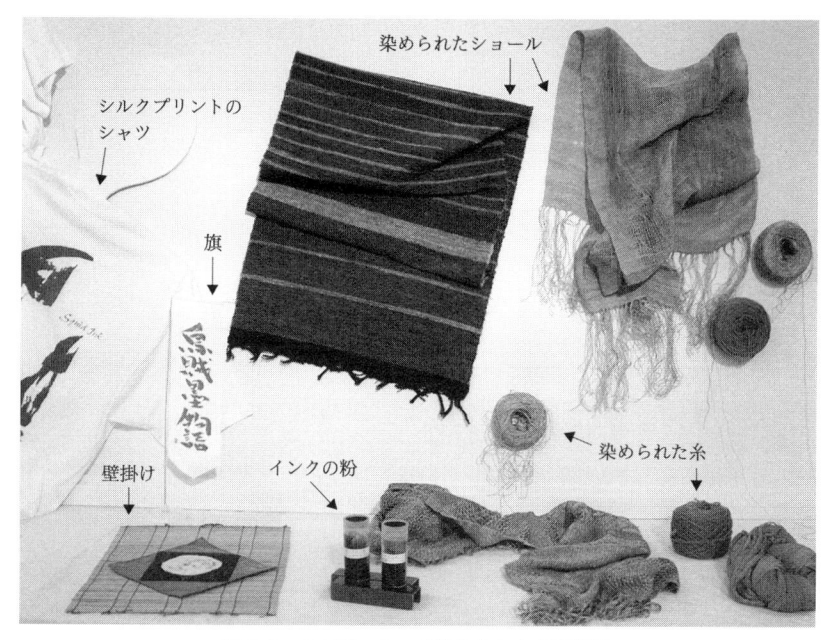

図 8.6　イカ墨によって染められた各種製品

ブランドでパリコレに出品されたこともニュースとなった。そしてイカ墨染めという商品登録も完了し函館の特産品化(アートや工芸品)を目標にした全体的な計画が進められている。この構想は，イカを単に食品として利用するのではなく文化や芸術と結びつけることで，産業の地域性を出そうとするものである。技術的には，染料の消臭・脱臭技術，染色後の色止め技術，色彩・色調の定量評価技術などの問題もあるが，現在，産官学の協力で製品化が進められている。

また，食品としてのイカ墨には，沖縄の「イカ墨汁」や富山の「塩辛の黒作り」，イタリア料理のイカ墨パスタなどが有名である。イカ墨が健康に良いことはかなり昔からわかっていたようである。イカ墨を利用した食品には，イカ墨ラーメン，アイスクリーム，パン，クッキー，煎餅など，変わったものでは中華饅頭，餃子，蒲鉾(かまぼこ)などがある。ブームのきっかけは，1990年，弘前大学医学部の佐々木甚一と青森県産業技術センターの松江一を中心とする研究グループが，「イカ墨に抗腫瘍(癌)作用のある物質が含まれる」ことを学会で発表したことに始まる。その後テレビ・新聞や週刊誌が大きく取り上げるようになった。イカ墨中に含まれる，精製すると白い粉になる「ムコ多糖-ペプチド(タンパク質)複合体」を，人為的に発癌させたマウスの腹腔内に注入したところ，癌が治ったことに大変注目が集まった。その後の研究で，イカ墨中の「ムコ多糖-ペプチド複合体」が直接癌細胞を殺すのではなく，マウスの生体の防御機構に間接的に働いて，体内の免疫に関わるさまざまな細胞・組織・器官を活性化させることがわかった。現在は，青森県産業技術センターを中心にこの研究が続けられ数多くの新しい成果が生まれている。

(5) 新しい加工残滓処理技術の可能性

函館地区では，既に述べたように日本化学飼料株式会社がイカ加工残滓処理から撤退を表明したため，早急に代替システムの構築が必要になった。現在，このような事情から道南地域イカ加工残滓処理検討委員会が設置され検討が進められている。当委員会がまとめた考えられる実用化の可能性の高い各種イカ加工残滓処理技術[8-5]について，以下に概略と特徴を紹介する。

水産系廃棄物を適正に処理する方法としては，廃棄物処理の方式全般からみるとやや限定されるが，他の地域における処理実績や調査研究報告などから，当地域においては，大きく分けて次の8つの方法が考えられる。

①乾燥処理

処理対象物に含まれる水分を乾燥処理することにより取り除き，残った有機物の有効利用を図ろうとする方法で，水分を乾燥処理するさまざまな技術が実用化されている。油温減圧式や蒸気加熱式などの方法があり，水産系廃棄物の処理の他，近年ではホテルなどの事業所から排出される生ゴミの処理においても実用化されている。生成物の有効利用の方法としては，家畜や魚の飼料，畑や花壇などへの肥料に利用されている。

②炭化処理

処理対象物に含まれている水分を乾燥や脱水処理することにより，ある程度取り除いた後，空気を遮断して低酸素の状態で蒸し焼きにし，炭化物を生成させる方法で，水産系廃棄物の処理としては既に実績がある。生成炭化物の有効利用の方法としては，燃料としての利用の他，土壌還元剤などに利用されている。

③微生物処理

微生物の働きを利用して処理対象物の発酵・分解処理をし，飼料や肥料を生成する方法で，生ゴミの処理では大小さまざまな規模で多くの実績があり，水産系廃棄物の処理においても利用されているものである。生成物の有効利用の方法としては，家畜や魚の飼料，畑や花壇などの肥料に利用されている。

④消滅化処理

微生物の働きを利用して処理対象物の発酵・分解処理をし，処理対象物中の有機物を完全に消滅させ，水と二酸化炭素に分解してしまう方法である。現在は，給食センターなどの小規模な量の生ゴミの処理に実用化されているが，中・大規模な量の処理ではまだ実用化に至っていない状況にある。

⑤液状燃料化処理

マイクロバブルで破砕，混合し，必要に応じて界面活性剤，燃料を添加して，エマルジョン化(脂分と水分が分離せずに混合した状態)することで液状燃料として有効利用を図る方法であるが，現在，試験プラントを建設中であり，まだ実用段階に至っていない状況にある。

⑥バイオガス化処理

処理対象物を嫌気性の状態で発酵させ，メタンガスを生成させる方法で，生成したメタンガスは燃料に，また，処理にともない生じる残渣は，好気性の状態で発酵させ，堆肥化することが可能である。この方法は，家畜糞尿処理において実用化されているが，水産系廃棄物の処理としては研究段階にあり，また，生ゴミの処理についても実証プラント試験が行われている状況にある。

⑦亜臨界水処理

亜臨界領域での加水分解能力を利用し，処理対象物を適正処理する方法で，現在，研究開発段階にあり，小規模な実験プラントにより魚のあらを対象に実証試験中である。

⑧焼却処理

処理対象物そのものの熱エネルギーを利用して(場合によっては灯油などの補助燃料を利用して)，850℃以上の高温で焼却処理する方法で，燃焼ガスは大気に放出，不燃物は重金属の溶出抑制処理を行った後埋め立て処分する。焼却方式は，砂を熱媒体とした流動床や乾燥焼却などがあり，いずれの方式も廃棄物処理においては多数の実績を有し，水産系廃棄物の処理においても実績がある。

これらの技術は，今後，検討が加えられ実際にプラントの設計を行うまでには，いくつかの難しい問題を克服しなければならない。函館はイカの物質フロー，それにともなう窒素循環がうまく行われている地域といえる。問題なのは再資源化のプロセスが前にも述べたように経済的原理に反して逆有償となっていることである。新しい技術が，この問題を克服できれば，当地域のイカ類の物質フローと窒素収支はより健全なものに変わりうる。しかし，日本全体では，イカに関連する産業は他の食料産業と同様に大量に原料を輸

入し，結果的に94%の窒素が国内に滞留する。この状態を改善するには日本全体の物質収支を問題にしなければならないが，産業自身の自助努力でできることは，輸出可能な商品のための新しい技術の開発である。現状のエビ養殖餌料も輸出製品のひとつであるが持続可能性において問題がある。この製品は東南アジアでブラック・タイガー養殖に使われ，養殖されたエビは再び日本に上陸することになる。エビの体内にはイカの肝臓に含まれていたカドミウムが濃縮され，たとえ健康に影響のないほどの微量であっても，含有カドミウム問題は今後改善されなくてはならない。一方，我われが開発した遠洋マグロ延縄漁業の釣餌は，含まれる窒素を世界の海に広く拡散するので窒素の世界循環に貢献することになる。このことは間接的に日本の沿岸における水圏の富栄養化防止に貢献する。また，製造プロセスの特徴として，餌に含まれるカドミウムの濃度も海洋中に生息するイカの肝臓に含まれるものと同程度であることを考えると海洋に拡散させることはあまり問題にはならないであろう。これらの有利な点を考えると，この計画を促進するためには，ただ単に，天然餌料との価格競争という業界内の経済原理に任せておくだけでは不十分である。今後は，エコ商品認定による企業サイドの支援やこれを進める大学や関係研究機関の開発支援も含めて国家的な減税措置などにみられる政策対応が必要になる。

8.3 漁業のLCA研究

水産ゼロエミッション研究の一環として，筆者がこれまで行ってきた漁業LCA(Life Cycle Assessment)について紹介する。この手法はゼロエミッション化を進める過程で達成度や有効性を評価するインデックスとして有力な方法のひとつである。

最初に，研究の背景として理解しておかなければならないいくつかの問題を提起しておく。一次産業について産業連関表を利用して環境負荷の内訳を分析してみると図8.7のように，それは各産業分野を生産者価格当たりのCO_2排出原単位(t-CO_2/100万円)で表すことができる。海面漁業は，米作，野

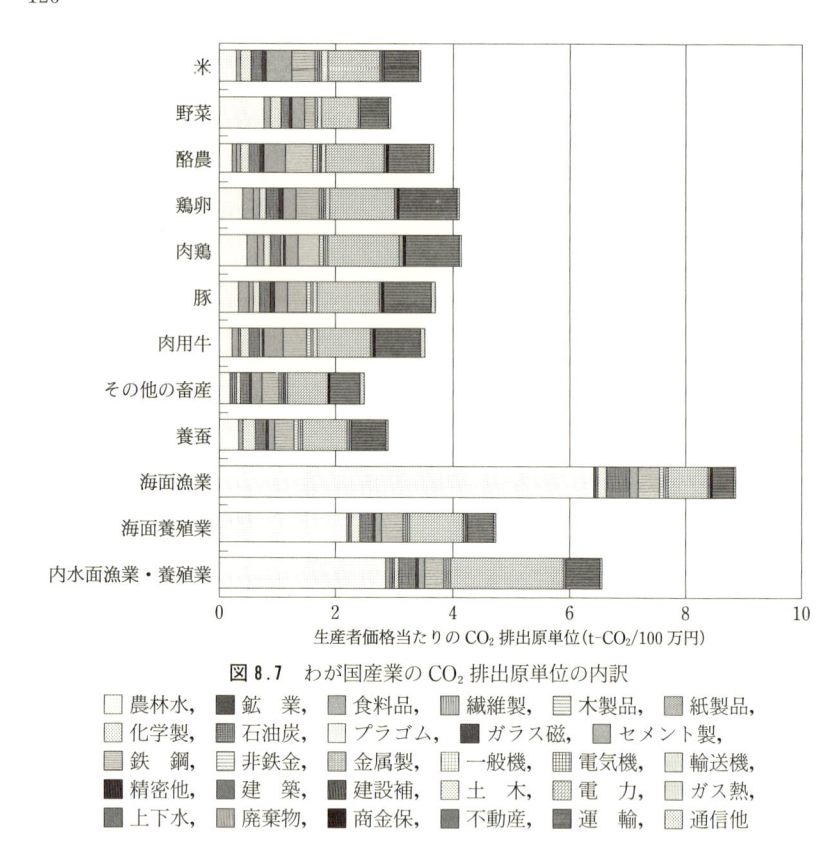

図8.7 わが国産業のCO₂排出原単位の内訳

□農林水, ■鉱 業, ■食料品, ■繊維製, ■木製品, ■紙製品,
■化学製, ■石油炭, ■プラゴム, ■ガラス磁, ■セメント製,
■鉄 鋼, ■非鉄金, ■金属製, ■一般機, ■電気機, ■輸送機,
■精密他, ■建 築, ■建設補, ■土 木, ■電 力, ■ガス熱,
■上下水, ■廃棄物, ■商金保, ■不動産, ■運 輸, ■通信他

菜栽培，酪農，畜産などに比べて，CO₂排出量において2〜3倍と大きな値となっている．なかでも，漁業自身からの直接的なCO₂排出(燃料消費にともなうCO₂排出)が70%近くを占め，米作，野菜栽培，酪農，畜産などとは著しく傾向が異なっていることがわかる．言い換えれば海面漁業が他の産業と比べて多くのエネルギーを消費していることになる．函館前浜で行われているイカ釣り漁業はどうか，サンマ棒受け網と同様，集魚灯を使うエネルギー多投型漁業の代表である．以前，漁業者の間では電力，光力の大きさが年間の水揚げを左右するとの考え方が一般的であった．そのため，当時は採算性を無視した激しい競争をやることで漁船に無理がかかり，エンジンや発電機な

どの償却期間が非常に短くなり燃油費も経営を圧迫した。集魚灯光力については次のような見解がある。「近年，イカ釣り漁船の集魚灯の光力が著しく増大した結果，かつての低光力操業時によく見られた，漁船周辺の灯光直射域にスルメイカが浮上し，群泳，滞留する現象がほとんど見られなくなったことを漁業者は観察している。したがって，必ずしも大光力光源が釣獲効率を高めることに直接的に寄与しているとはいえない」。このことは，集魚灯の大光力化が必ずしもイカ釣り漁業の合理的な発展につながっていなかったことを示している。

1997年12月に採択された気候変動枠組条約第3回締約国会議議定書（京都議定書）には，わが国は CO_2 などの温室効果ガス排出量を2008～2012年の5年間において原則1990年を基準に6%削減させるとする数値目標が盛り込まれている。政府が閣議了解した『97年度版環境白書』のなかで，諸外国の事例をもとに「炭素税」(環境税)の導入を前向きな姿勢で検討していくことが明らかにされ，産業界に大きな反響を呼んだ。炭素税はかねてから導入が噂されている税金である。炭素税はこの税金をかけることで，CO_2 の排出を規制する一方，徴収した税金をクリーンエネルギー(Clean Energy)の開発などへの補助金などとして与え，環境整備を図るのを狙いとするもので，既に，オランダの他，北欧諸国のデンマーク，フィンランド，ノルウェーが導入している。たとえば，オランダについてみると，同国では1992年にこれまでの一般環境課徴金に代えて課税ベースをエネルギー50%，炭素50%とする燃料環境税が導入されている。このような状況下で，イカ釣り漁業もまた，他の一次産業や海面漁業とのバランス上，エネルギー消費，CO_2 排出の面で許容されうるレベルに再構築されねばならない。函館の場合，この漁業は市民の朝食に新鮮な食材を提供することに加えて，函館山から見る漁り火が観光の貴重な資源となっていることも事実であるが，持続可能な漁業の条件を考えると生産システムの再構築は早急に着手されなければならない。そのための手法のひとつとして，LCAは強力に研究を推進するものであるが，具体的内容については，LCA実務入門編集委員会(1998)[8-6]からその概略を紹介する。

LCA によるアプローチ

　LCA は，製品やサービスに関する環境マネジメント支援技法であり，1997年6月に，ISO14040(環境マネジメント―ライフサイクルアセスメント―原則及び枠組み)が国際規格となり，それが和訳されて，同年11月に日本工業規格JISQ14040となった。ISO14040:1997(JISQ14040:1997)の序文によれば，LCAは，製品(およびサービス)に附随する環境側面と潜在的影響を次の事項に従って評価する技法である。

　①製品システム(およびサービスシステム)に関連する入力および出力のインベントリ(inventory)をまとめること。
　②これらの入力および出力に附随する潜在的環境影響を評価すること。
　③インベントリ分析段階および影響評価段階の結果を調査の目的に応じて解釈すること。

　LCA は，製品の原材料の採取から製造，使用および処分に至る生涯(すなわち，揺り籠から墓場まで)を通しての環境側面および潜在的影響を調査するものである。考慮すべき概括的な環境影響の領域としては，資源利用，人の健康および生態系への影響が含まれる。また，LCA は次の事項を支援できるとしている。

　製品のライフサイクル各段階における環境側面の改善余地の特定に関しては，次のようなものになる。

　①産業界，政府または非政府機関(NGO)における意思決定(たとえば，戦略立案，優先順位の設定，製品もしくは工程の設計または再設計)
　②測定技法を含む環境パフォーマンス(performance)の適切な指標の選択
　③マーケティング(たとえば，環境主張，環境ラベル制度または製品の環境宣言)

　規格では，LCA には①目的および調査範囲の設定，②インベントリ分析，③影響評価，④結果の解釈を含まなければならない。

　具体的に，筆者の研究室で行われているイカ漁業の LCA 研究の内容について紹介する。まず，研究の方法については，

　①システム境界の設定
　　本研究で検討した漁業のシステム境界を図8.8に示す。インプットが

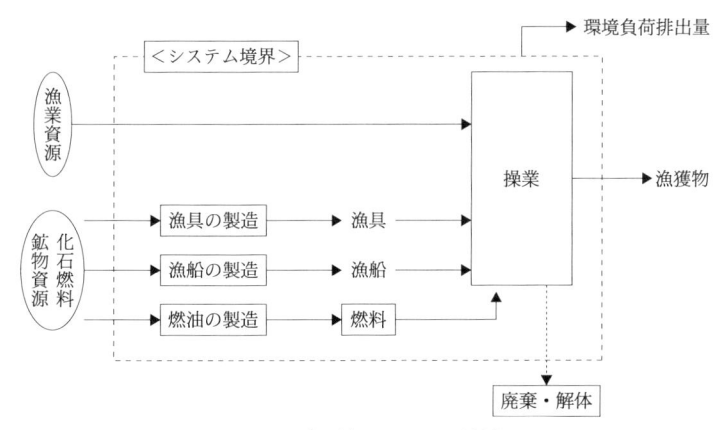

図 8.8 本研究のシステム境界

漁具，漁船，燃油の各項目であり，アウトプットが漁獲物と環境負荷物質である．本システムでは漁業の直接的な操業に加え，漁具や漁船，燃油の製造工程も考慮されている．ただし，漁労設備の廃棄段階については調査の対象外とする．

②データの収集方法

今回，調査対象とした漁業は函館前浜沖で操業しているイカ釣り漁業である．データは函館市漁業協同組合および漁具製造会社からのヒヤリングによる入手を基本とし，不足分については漁師へのアンケートおよび文献で補う．

③分析方法

環境負荷物質の指標としてCO_2を取り上げた．また，各項目のCO_2排出原単位は NIRE-LCA*ver3* を利用して算出した．さらに，システム内で項目ごとに排出されるCO_2の総和をとることで累積CO_2排出量として計上した．CO_2排出原単位への換算では漁獲量(重量)，生産高(金額)のそれぞれについて求める．

次に結果と考察については，概略以下のようなものである．

①操業実態

イカ釣り漁業は夜間集魚灯を灯すことにより光に集まってきたイカを

図 8.9　イカ釣り漁船(9.9トン級)

自動イカ釣り機で漁獲する漁法である。函館前浜沖では図8.9に示すような9.9トン級の漁船が主力であり，年間およそ180日間の操業が行われている。通常の操業パターンは，夕刻17時ごろに出港し，翌朝4時前後に帰港するものであり，1回当たりの操業時間はおよそ9時間程度である。今回モデルとした9.9トン級のイカ釣り漁船には漁業用設備として11台の自動イカ釣り機やイカ釣り機の動作を一括管理する制御装置，総光出力が120kWとなる図8.10に示すような集魚灯(メタルハライド灯)や集魚灯安定器の他，パラシュートアンカーが搭載されている。移動や操業にかかる燃料についてはA重油が使用されており，その使用量は燃料費に免税重油単価(31円/リットル)を乗じることで年間9万6,162リットルと推計された。イカ釣り漁業は魚種選択性が高く，漁獲物はほぼすべてがイカである。年間では生産量にして132トン，生産額では2,050万円分のイカが水揚げされていた。イカ釣り漁業の漁獲フ

第 8 章　水産科学の新しい展開　131

図 8.10　集魚灯(メタルハライド灯)

漁具
自動イカ釣り機：1.1 台(10 年)
集魚灯：27 個(2 年)
集中制御装置：0.1 台(10 年)
安定器：2.2 個(10 年)
パラシュートアンカー：0.1 式(10 年)

船舶
0.05 隻(20 年)

A 重油
96,162 リットル

→ イカ釣り漁業 → イカ
生産量：132 トン
生産高：2,050 万円

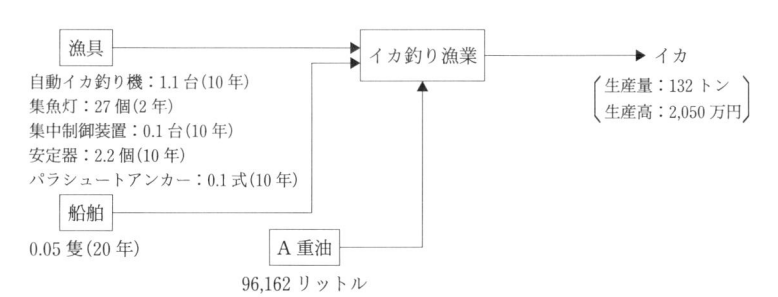

図 8.11　年間のイカ釣り漁業における漁獲フロー。(　)内は耐用年数

表 8.1 漁船・漁具・ユーティリティの要目と原単位別環境負荷物質排出量

		名称	総重量(kg)	(Unit)	(kg-CO$_2$/Unit)	(g-NO$_x$/Unit)	(g-SO$_x$/Unit)
[イカ釣り漁業]	漁具	自動イカ釣り機(11台)	1,090	台	174.3	164.6	235.0
		集魚灯(54個)	67	個	1.0	1.7	1.1
		集中制御装置(1台)	140	台	163.0	214.4	237.1
		安定器(22個)	288	個	15.3	20.1	22.2
		パラシュートアンカー(1式)	360	式	1,710.0	2,871.5	938.5
		合計	1,945				
	漁船	イカ釣り漁船(1隻)	9,900	隻	41,800	59,800	67,270
[ユーティリティ]		電力		kwh	0.45	0.37	0.56
		A重油		L	3.04	6.70	1.80
		軽油		L	2.74	2.90	1.40

ローを図 8.11 に示す。

②インベントリ分析

調査データを基に作成した漁具，漁船およびユーティリティのUNIT別 CO$_2$ 排出原単位を表 8.1 に示す。これらインベントリの精度について，漁具は組み立て前の素材構成まで追跡しており，漁具を構成する素材ごとの重量，および組み立て時に使用する電力が考慮されている。ただし，工場や漁船などへの輸送にかかる負荷は計上されていない。

この表はイカ釣り漁業の累積 CO$_2$ 排出量と CO$_2$ 排出原単位の算出結果である。イカ釣り漁業では年間 294.9 トンの CO$_2$ を排出しており，原単位への換算では漁獲 1 トン当たり 2.2 トン，生産高 100 万円当たりでは 14.4 トンの排出量であった。

次にイカ釣り漁業における CO$_2$ 排出の内訳をみてみる(図 8.12)。イカ釣り漁業では燃油消費によるものが全体の 99% と大きな割合を占めており，一方，漁船や漁具による影響は小さいことが明らかとなった。このことは，直接的な燃油消費をどのようにして削減するかが環境対策として重要であることを意味する。

ここでイカ釣り漁業の燃油消費の内訳を図 8.13 に示す。今回調査したイカ釣り漁業では，1 回の出漁につきおよそ 600 リットル前後の A 重油を使

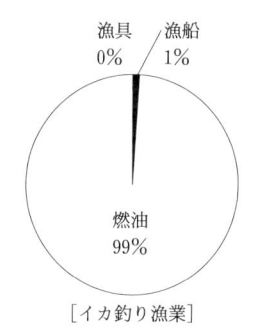

図 8.12　CO_2 排出量の内訳 [イカ釣り漁業]

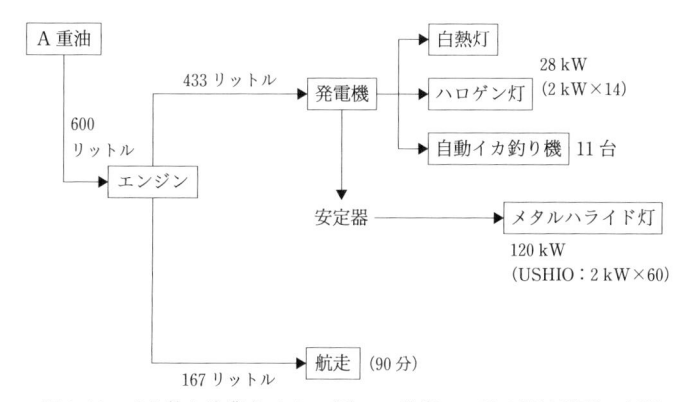

図 8.13　イカ釣り漁業(9.9トン級)の1航海における燃油消費の内訳

用しており，その内訳は操業によるものが433リットル，航走によるものが167リットルであった。一般に航走にかかる燃油消費は抑えることが困難であるが，イカ釣り漁業では操業時にかかる燃油消費が多い。このことはイカ釣り漁業には燃油消費量を削減するための余地があることを示唆している。

　本研究により漁業への LCA 適用の可能性が示された。結果として，イカ釣り漁業では漁獲量1トン当たり2.2トン，生産高100万円当たりでは14.4トンの CO_2 を排出していることが明らかとなった。また，CO_2 排出の内訳では燃油消費によるものが99%を占めており，操業時の削減努力が必要であることが示唆された。さらに漁業の分野にコスト効率やエコ効率を導

入することで重要性を明確にした。今後，水産業のゼロエミッション化のためにはさらにデータを蓄積することにより効率の良い操業パターンを提案することが必要となる。

8.4　関連するシンポジウムと研究

(1) 水産物の有効利用法開発に関する国際シンポジウム

世界的な食料資源の過度の開発や環境の悪化による食料供給に対する不安が増大するなかで，こういうときにこそ，魚介類をはじめとする既存の水産食料資源を見直す作業に早急に取りかかるべきとの立場から，資源の有効活用に加えて，未利用のまま投棄されているものにも注目し，将来における有効利用の可能性を探っていく必要があるとの考え方から，(社)日本水産学会が，創立70周年を記念して国際シンポジウムを開くのを機にサテライトシンポジウム「水産物の有効利用法開発に関する国際シンポジウム」が坂口守彦によって企画された。内容は，

1. 海洋生物の利用可能資源量
2. 未利用資源の開発と用途：魚類，甲殻類，軟体類，藻類，その他
3. 漁獲物の有効利用：原料処理工程，製造プロセスなど
4. 廃棄物の利用：食用原料，工業原料，飼料など
5. 新規な利用用途の開発と新技術：すり身，調味料機能性食品，フィッシュミール，医薬品・試薬，工業製品の製造，魚体処理，加工・保蔵，鮮度測定など

である。

その後，シンポジウム・プロシーディングは若干手が加えられ，坂口守彦の編集の下で，Elsevierから2004年に刊行された。英名タイトルは"More efficient utilization of fish and fisheries products"である[8-7]。本書は，水産物の利用においてゼロエミッションの問題に言及した英文の最初の文献であると思われる。水産ゼロエミッションに関する若干の記述に加えて，資源利用の実態や未利用資源に関する考察もあり，水産物利用全般にわたる内容

がわかりやすく解説されている。

その後，2005年には，本書の内容に最近の豊富な知見が加えられ『水産資源の先進的有効利用法——ゼロエミッションをめざして』というタイトルで和文書籍が株式会社エヌ・ティー・エスから刊行された[8-8]。本書のなかで，水産分野の書籍としては初めて，ZEFが定義したゼロエミッションの解説が筆者によって行われた。また，同年出版の谷内透編『魚の科学事典』[8-9]においても同様の解説が行われている。

(2) 水産ゼロエミッション研究会

水産ゼロエミッションに関する研究活動は，2000年度日本水産学会で「水産ゼロエミッションの現状と課題」(福井市)が開催されて，2001年日本水産学会創立70周年記念サテライトシンポジウムとして上述の「水産物の有効利用法開発に関する国際シンポジウム」(京都市)の開催によって今後進むべき道のひとつが提示された。このような経過から，2002年に「水産ゼロエミッション研究会」が発足し，講演会(2002年および2004年)ならびに見学会(2003年)が行われ，さらに2007年の第6回の水産ゼロエミッション研究会では，筆者による「水産業における持続可能性とは」と題する基調講演が実施された。

[引用・参考文献]
8-1. 日野明徳・黒倉寿・丸山俊朗(編). 1999. 水産養殖とゼロエミッション研究(水産学シリーズ). 恒星社厚生閣. 140 pp.
8-2. 水産年鑑編集委員会. 1999. 水産年鑑1999年版 第45集. 水産社. 462 pp.
8-3. 不和茂. 2001. イカゴロの沿岸近海延縄餌料への応用. 水産ゼロエミッションの現状と課題. 水産学会誌, 67：311-312.
8-4. 蛇沼俊二. 2001. イカゴロの遠洋マグロ延縄餌料への応用. 水産ゼロエミッションの現状と課題. 水産学会誌, 67：313-314.
8-5. 社会要請対応円滑化支援事業調査研究報告. 2001. 道南地域水産加工業から排出されるイカ加工残滓(イカゴロ)の処理システムの構築. 函館特産食品工業組合. 180 pp.
8-6. LCA実務入門編集委員会(編). 1998. LCA実務入門. 社団法人産業環境管理協会. 194 pp.
8-7. Sakaguchi, M. 2004. More efficient utilization of fish and fisheries products. Elsevier. 464 pp.

8-8. 坂口守彦・平田孝(編). 2005. 水産資源の先進的有効利用法—ゼロエミッションをめざして. エヌ・ティー・エス. 468 pp.
8-9. 谷内透(編). 2005. 魚の科学事典. 朝倉書店. 612 pp.

第9章 持続可能性とその教育

9.1 水産業の持続可能性とは

　ここでは、ゼロエミッション型水産業というものが実現するのであれば、それは限りなく持続可能な水産業に近いものであろうとの仮説を置いて、このような観点から、新しい水産学を便宜的に、筆者の私見として「持続可能性水産科学」という造語で呼ぶことにする。

　しかし、水産業の持続的発展や持続可能性という言葉は、一般的に良く使われるが、実際には、日本における持続可能な水産業のビジョンについて具体的に語られた例は見当たらない。我われは、その形をこれまで描けていないのである。現状で行われているのは、個別の問題に対する解決策(部分最適化)のレベルで、いわゆる個別施策に終始している。したがって、全体としての姿(トータル最適化)を考えたものではないので、わが国の水産業の全体像を定量的に俯瞰できない状態に置かれ、我われが今持続可能な水産業に対して、前年より1歩進んだのか、また、後退したのか、その判断さえできない状態にある。

(1)持続可能性の意味
　水産業の持続可能性についていえば、誰が、何を、どのように持続させる

べきかが具体的に問われなければならない．従来から行われてきた漁港漁場整備計画に代表される官主導の計画の方法だけでは行き詰まりを禁じえない．たとえば，漁村の持続的発展についていえば，それは，もはや国や地方自治体の縦割り行政をそのまま受け入れる方法では限界がある．与えられたものをただ受け入れるだけでは漁村の発展は望めない．漁業の行われる地域では，構成員である住民が，そこに住むことに幸せを感じ，そこが住むに値する地域であることを育てる要素がなくてはならない．従来からの漁村の発展イメージは，漁師の伝統的な技や職業漁師としての姿に対するよりも，漁港を整備し，人工的な漁場整備のようなコンクリートをベースとした実態の見えるもの中心の整備事業であった．そして，整備の対象が漁村の人々，コミュニティ，生産の喜びといったものではなく，いわゆるハコモノに向けられていて，別の言い方をすれば，整備の関心が物(object)中心で事(event)や関係性(relatedness)においては希薄であったともいえる．中村尚司は著書『地域自立の経済学』[9-1]のなかで農村経営の再編にふれ，「農村社会が右肩上がりに発展する姿を標榜するより，地域が疲弊し衰退していこうとする現実を分析して，地域社会システムの再考を含め，地域が持続可能な状態にあるための最低必要条件を見出すことにある」と述べている．漁村社会も基本はこの考え方に立脚すべきである．山尾政博は自著『グローバル化のなかの漁村振興』[9-2]で，空洞化をしつつある地域漁業について，漁業のあり方は「責任ある漁業」論の枠組みには収まりきる問題ではなく，「多面的機能」という別の枠組みのなかで，地域社会との関係性を重視した形でそのあり方が再考されるべきであると述べている．

　一方，図9.1に示すように，水産基本法は多面的機能として，具体的に，①自然環境・生態系の保全，②国民の安全確保，③良好な景観の維持・形成，④国民の余暇活動に関する場の提供，⑤伝統・文化の継承，⑥地域経済・社会の維持，⑦食料の安全保障，の7つを挙げている．このような文脈から，水産業の持続的発展のための要因は，漁村であれば，そこに住む人々の，また水産加工業であれば，それに従事する人々の，それぞれの内面性に置かれるべきことがもっとも重要であると考える．そして彼らが持続可能性の意味

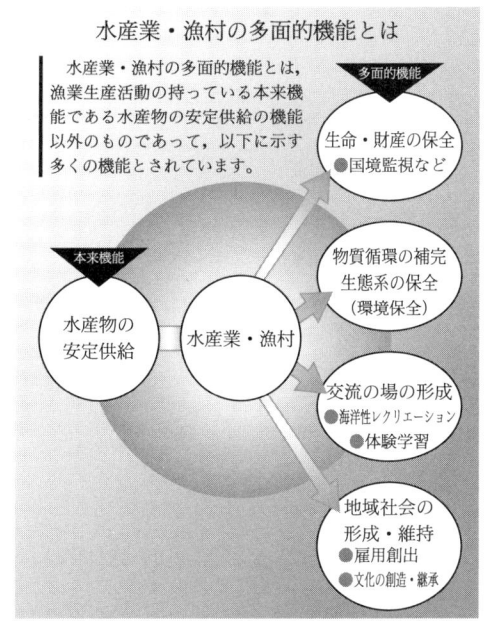

図 9.1　水産基本法にある水産業・漁業の多面的機能の意味（出所：水産庁ホームページより）(9-3)

を深く理解して漁村や水産加工業の発展を目指すことが肝要である。

(2) 持続可能性のロジック

持続可能性についてはさまざまな考え方があるが，JFS(Japan for Sustainability)は図 9.2 に示すように，以下の 5 つの基本概念から構成されるものとしている。これらは，1987 年のブルントラント委員会による先駆的定義をはじめ世界各国の持続可能性概念をベンチマークし，比較検討した上で，JFS が独自に定義づけしたものである。

①資源・容量

　　有限な地球の資源・容量のなかで社会的経済的な人間の営みが行われること。ありがたい，もったいないという概念。

②時間的公平性

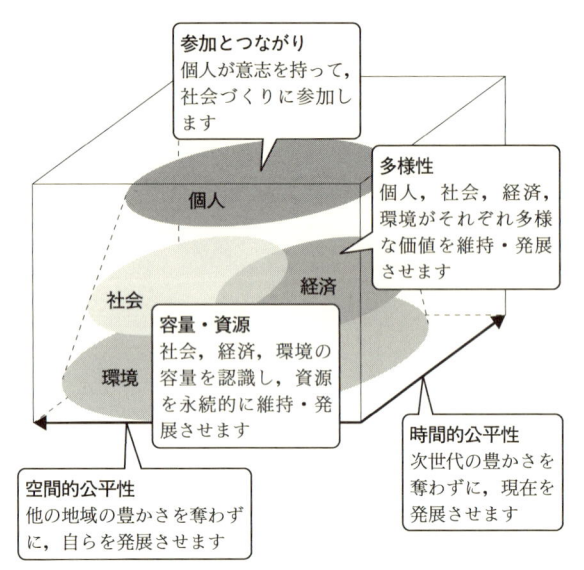

図 9.2 JFS が考える持続可能な社会のフレームワーク(出所：JFS 資料より許可を得て掲載)

現行世代が過去の世代の遺産を正当に継承しつつ，将来世代に対してそれを受け渡していくこと。
③空間的公平性
　国際間，地域間で富や財，資源の分配が公平に行われ，搾取の構造が，そこにないこと。
④多様性
　人間以外の他の生命も含め，個や種，文化的な多様性を価値として尊重すること。
⑤意志とのつながり
　より良い社会を築こうとする個人の意志と，他者との対話を通したつながり，柔軟で開かれた相互対話と社会への参加。

JFS ではこれらを元に，持続可能性とは「人類が他の生命をも含めた多様性を尊重しながら，地球環境の容量のなかで，いのち，自然，暮らし，文

化を次の世代に受け渡し，よりよい社会の建設に意志を持ってつながり，地域間・世代間をまたがる最大多数の最大幸福を希求すること」と定義している。より包括的に持続可能性を捉えるために，GRI(Global Reporting Initiative)などで提唱されるトリプルボトムラインの概念を参照しつつ，スウェーデンの環境コンサルタント，アラン・アトキソン氏のサスティナビリティ・コンパスのフレームワークを援用し，以下に示す4つの分野，

①環境(Nature)

地球環境，自然環境，地域環境を幅広く包含し，資源容量や生物多様性の概念を内包するもの。持続可能性の包括的概念。

②経済(Economy)

物やサービスを提供することにより，人々の暮らしや生活を豊かにし，ゆとりをもたらすもの。人間の経済活動全般。

③社会(Society)

人間の社会活動，政府，学校，コミュニティなど，人間生活の集合体。

④個人(Wellbeing)

個人の自己実現，幸福の追求，社会参加，生活の質向上など。

を基軸として説明している。

水産業の場合もこの基本的枠組みで考えると，水産経済・水産社会・水産業の行われる環境・水産従事者を4つの基軸として，バランスよく向上させることで水産業の持続可能性の向上を図らなければならない。

9.2 エコラベル認証制度・税制・環境規制

持続可能性を推進するツールとしてエコラベル認証制度がある。

一般に，エコラベル認証制度とは，環境保全に役立つ商品にマークをつけて国民に推奨する制度のことをいう。現在OECDなどでの議論を通じて，世界各国に拡大しつつある。1978年に始められた旧西ドイツのブルーエンジェルというラベリング認証制度の他，カナダの環境チョイスプログラム(1988)，日本のエコマーク(1989)，EUのエコラベル認証制度(1992)などが知

図9.3 左：MSC(Marine Stewardship Council)マーク(MSC 提供)，
右：MEL ジャパンのマーク(大日本水産会が設立。大日本水産会提供)

られている。ISO 規格では，ISO14020 台が環境ラベルに関するものとなっている。

ところで，水産分野の現状はどうか，現在，エコラベル認証制度は，図9.3 に示すような先行する MSC(Marine Stewardship Council)が提唱する MSC マークと，2007 年に大日本水産会が設立したマリン・エコラベル・ジャパン(MEL ジャパン)のエコラベルがある。

まず，MSC については，WWF ジャパンのホームページから，エコラベルの概略と認証のガイドラインについて紹介する[9-4]。

(1)エコラベル認証制度
① MSC

MSC では，漁業，資源保護，政府および専門家からなる国際的な委員会と協議し，第三者の独立認証機関による管理の優れた漁業を評価する環境規格を設けている。この規格は，2005 年に FAO が採用した「水産物エコラベルのガイドライン」に則っており，海の環境を保全しつつ天然の海産物の持続的な利用を実現するためのものである。この規格を満たした漁業から得られた水産製品には青く魚をかたどったロゴの使用を認めることにより，持続可能な水産物の消費者への浸透を図っていく取り組みを行っている。その原則は，
ⓐ過剰な漁獲を行わず，資源を枯渇させないこと，

ⓑ資源が枯渇している場合は，回復できる場合のみ漁業を行うこと，
　　ⓒ漁場となる海の生態系やその多様性，生産力を維持できる形で漁業を
　　　行うこと，
　　ⓓ国際的，または国内，地域的なルールに則した漁業を行うこと，
　　ⓔ持続的な資源利用ができる制度や社会的な体制を作ること，
などである。
　また，大日本水産会のホームページ[9-5]から，MEL ジャパンの目的，名称，制度の概略を紹介すると，以下のようなものである。
② MEL ジャパン
　　目的および名称
　水産資源の持続的利用や生態系の保全を図るための資源管理活動を積極的に行っている漁業者を支援しかつ，消費者をはじめとする関係者の水産資源の持続的利用や海洋生態系保全活動への積極的参加を促進することを目的として，新しいエコラベル制度を設ける。この制度の運営のため，マリン・エコラベル・ジャパンを設置し，その英語名称は Marine Eco-Label Japan とする（略称：MEL ジャパン。以下「MEL ジャパン」という）。本制度は，FAO が 2005 年 3 月ローマで採択したエコラベルのガイドラインの考え方にそった制度にすることにより，広く国際社会に受け入れられるように配慮する。また，漁業生産および漁業資源管理活動に独自の長い歴史を有する日本の漁業の実情を踏まえ，漁業者および関係事業者のラベル取得にかかる経済的負担をできる限り抑制しつつ，わが国の資源管理の特徴や優れた点を十分に反映した，合理的な制度とする。
　　制度の概略
制度の運営　　制度の運営は，当面，大日本水産会内に設置する「MEL ジャパン」が行うこととし，事務局は，大日本水産会事業部が行うこととする。
制度の仕組み　　「MEL ジャパン」には，運営全般を統括し，審査機関の認定，業種別団体の登録，各種基準などの決定・改定を行う「協議

会」を設置し，公正かつ客観性を確保する。その下に各種基準などの整備，運用を検討する「技術専門部会」と制度を国内外に広く周知する「広報普及専門部会」を設け，審査機関の要件，業務運営を監査する「監査委員会」を別途設置する。さらに「MELジャパン」の目的が広く合意形成されたものにするために，各分野の有識者および学識経験者を中心に構成される「評議会」を設置し，「MELジャパン」の基本的運営事項を審査し助言する。

審査機関

審査機関は，申請者とは独立した公平で中立的な判定と精度の高い審査を実施するために，認証の種類(生産段階認証と流通加工段階認証)ごとに一定の技術的知識および経験を有する役職員を有する法人であり，「MELジャパン」の趣旨に整合すると判断される機関であることを検討の上，協議会で決定する。

(2)税制・環境規制

持続可能性をさらに高めるためには，このような認証制度に加えて，税制面での工夫も必要であろう。具体的には，「グッド減税，バッド課税」という考え方が，最近，話題となってきた。これは良いものには減税を，好ましくないものには増税をするというものである。このような制度は，水産業の発展を考えた場合，既に，具体的に提案してもよい段階にきているように思われる。

一方，アメリカのハーバード大学の経営学者，マイケル・ポーターは，「適正に設計された環境規制は，企業の国際競争力を強化させる」という趣旨の論文[9-6]を書いている。この考え方は，最近，話題になり，一般に「ポーター仮説」といわれるものである。地球温暖化問題では，最近，炭素税の導入やキャップ・アンド・トレード方式によるCO_2の排出量取引の制度化などが検討され始めている。このような新しい制度が，ポーター教授のいうように，適切に設計された環境規制であれば，企業のイノベーションを誘発し，国際競争力を強化させることになるのである。

具体的な例を挙げると，1970年にアメリカ合衆国の上院議員，エドムンド・マスキーの提案したマスキー法は，当時，大変厳しい大気浄化法であった。アメリカ自動車産業のビック3は，これに猛反対したが，ホンダは，シビック車のエンジンをCVCC化することで，この法律をクリアーした。このことを境に，日本の自動車産業は，アメリカ合衆国での市場を拡大し始めていく。

上で述べた「グッド減税，バッド課税」も適切に設計さえすれば，持続可能性の向上を具合良く推進できるのである。

9.3 持続型水産業のための教育・研究

21世紀の最重要課題である「持続可能な開発」は水産業の場合にもあてはまる。これを具体的に持続型水産業の実現と考えると，水産分野の教育・研究においても，これまでとは違った，それに対応したものが必要となる。このように，パラダイム(Paradigm)が大きく変わる場合には，水産科学も基本原理・原則にたち帰って捉え直す必要が生まれる。これまでの水産科学は，生産現場が水中にあり直接目に見えないハンデキャップから，ともすれば特殊な学問分野と考えられがちであった。また，研究者も一部それに甘んじ，この状況を打破することができなかった。これから水産科学が普遍的な学問に脱皮するためには，21世紀のグローバルな理念を取り込んでいかなければならない。また，他の産業分野にも通ずる普遍的なロジック(Logic)が展開されて初めて社会全般からの理解も得られるであろう。さらに，そのような訓練を水産研究者自身がすることで，結果的に，他分野の学問を今以上により深く理解できるようになるのである。

(1)**水産科学の新しいロジック**

ここで，そのための新しいロジックを提案する。水産科学が漁業学・増養殖学・マリンバイオ学から構成されるものと仮定すれば，それぞれの特徴は，表9.1に示したように，構造空間において，漁業学(混沌，適応，自己保存)は，

表 9.1 水産科学の論理空間

		漁業学	増養殖学	マリンバイオ学
構造空間	客観	混沌	パターン	変換
	主観	適応	オペレーション	方略
	実践	自己保存	最適化	学習
機能的空間	認知	帰納	演繹	発想
	評価	信頼性	効率	柔軟性
	指令	管理	コントロール	創造
		管理空間	制御空間	創造空間

対象生物の生態がよくわからない(混沌)のでその特性に合わせて(適応)漁獲を行い，生計を立てる(自己保存)ことを追求する学問と規定できる。また，増養殖学(パターン，オペレーション，最適化)は，対象生物の特性(パターン)をよく理解し，その運用(オペレーション)のもっとも効率の高い方法(最適化)を見つける学問となる。さらに，マリンバイオ学(変換，方略，学習)は，既存の生物の有効性を増強(変換)するために，新技術の開発(方略)を目的に対象生物の新知見を深める(学習)学問と表される。また，機能的空間では，漁業学(帰納，信頼性，管理)は，多くの部分が伝統的技術(帰納)で営まれ(管理)，漁獲方法が洗練(信頼性)される学問，増養殖学(演繹，効率，コントロール)は，科学的手法(演繹)で対象生物を理解し，生産性の高い方法(効率)を見つけ，それを的確に制御(コントロール)する学問，マリンバイオ学(発想，柔軟性，創造)は，新しい科学的手法(発想)で，フレキシビリティー(柔軟性)のある考え方により，新技術の開発(創造)を行う学問となる。

ここで示した基本原則から逸脱した生産活動は，エネルギー収支，物質収支や環境影響といった面で破綻する。漁業や増養殖やマリンバイオが，ここで述べた論理空間のなかで行われることは，持続可能な水産業実現の前提であることを強調しておく。

(2)水産科学の基本理念

　これからは水産資源をどのように生産し，これを持続的に利用していくかをグローバルな視野で考えていかなければならない。水産業は環境に依存した産業である。したがって環境破壊のない生産システムでなければならない。また，食の安全から水産食品の健全性も注目されるようになる。これまでの水産教育・研究は国内の産業界あるいは発展途上国の要求を満たす生産技術が中心であった。大きな理由のひとつは前述の有限性または持続可能性の概念が欠落していたからと思われる。水産業が持続するためには我われの教育・研究も変わらなければならない。このような状況で，我われの学部にくる水産科学を学ぶ留学生には，単なる技術教育ではない水産業に対するグローバルな視点と持続型水産業の実践のための哲学を教育することが重要となる。

　たとえば，エビ貿易のように，利潤追求の結果生じた発展途上国における環境破壊などの深刻な問題はどうして起こったのか，改めて考えてみたい。戦後60年を経た今，わが国の歴史を振り返ってみると，日本人に起こった大きな社会・経済環境の変化に気づく。1955年ごろから，1970年代中ごろまでの約20年間に日本は経済大国を目指して驚異的発展をした。しかし，この高度経済成長を支えた日本人を世界の人々は，賞賛ではなく「エコノミック・アニマル」と呼び蔑んだ。1980年代後半から始まるバブル景気のなかで，バブルで浮かれた日本人は，本来持っていた精錬・潔白な精神を見失い，無節操で傲慢さが目立つようになった。バブル崩壊後は，その反動で精神的支柱を喪失するとともに目標を見失ってしまったのである。

　本来，日本人の精神性はこんなものではなかったはずである。水産学の理念を考えるに当たって，この背後にある問題を問い直してみたい。北海道大学の前身である札幌農学校の2期生には，「漁業も亦学問の一つ也」の卒業演説を行った内村鑑三の他に国際連盟の事務次長をした新渡戸稲造がいる。ここでは漁業と関係の深い内村鑑三ではなく，「武士道」の著述で有名な新渡戸稲造が考える日本人の精神性について考えてみよう。日本人の道徳律は儒教に負うところが大であるが，孔子は，それを「五常の徳」として表して

いる。五常の徳とは,「仁・義・礼・智・信」のことであり,簡単にいえば,「仁」とは思いやり,「義」とは正義の心,「礼」とは礼儀・礼節,「智」とは叡智・工夫,「信」とは信用・信頼のことである。しかし,武士道では,多くの徳目のなかで「義」がトップの支柱に置かれている。その理由は,人としての正しい道である「義」が,他に比べて,もっとも難しく,封建時代の世を治めるためには重要だったからである。この価値はいつの世であっても変わりのないものであろう。今の時代に生きる我われは,改めてこの意味を深く問い直してみるべきである。これから展開するすべての教育・研究活動,社会・経済活動の基盤に,「義」がなくてはならない。このような精神的支柱のあるなしによって,これから述べる個々の問題解決の行方も,異なるものとなるはずである。

具体的には,図9.4に示すように,輸出国においては,日本人の食の安全を考えた輸出のあり方,輸出国の環境破壊のない生産システム,地球全体の資源維持を図りながら輸出国の資源活用をどう持続させるかが考えられなければならない。そしてこれらが輸出国の人々の暮らしを改善し,希望を与えるものでなければならない。また,輸入国であるわが国は,沿岸資源の地産地消,貿易による窒素収支の正常化,全体的には,物質エネルギーの消費削

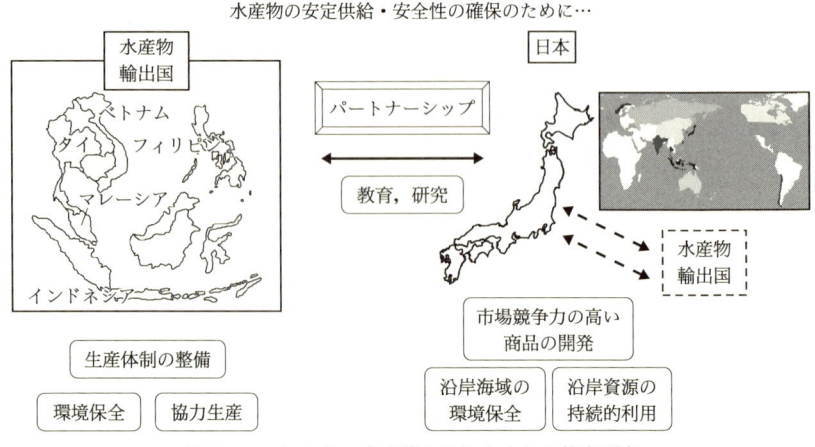

図9.4 これからの水産業とそれを支える教育研究

減が鍵となる。これらは，国連の標語であるグローバル・シンキング，アクト・ローカリーの実践といえる。そして発展途上国の若者を教育することは，およそ4割の輸入水産物を享受する日本国民のためでもあることを忘れてはならない。

ところで，最近，水産科学の基本理念を考える上で重要なヒントがあった。2005年度日本学術会議地域振興・北海道地区フォーラム「海がひらく地域振興」が函館で開催された。当時，日本学術会議会長であった黒川清は，講演「日本のチャレンジ」のなかで，グローバル・イシューとしてもっとも重要なものに，人口増加(アフリカ問題)，南北格差，環境問題(地球温暖化)を挙げた。そして，これから30年，日本が進むべきキーワードについて，「地球の持続可能性をすべての科学，技術の価値観に入れ込むこと」と述べている。

一方，IPCC第3次評価報告書は，深刻な温暖化影響を回避するには産業革命以後の温度上昇を2℃以内に抑える必要があるとし，そのためには2050年の温室効果ガス排出量を世界全体で1990年レベルの50％以下に削減する必要があると提言している。わが国でも，既に「脱温暖化2050プロジェクト」が進められ，水産業を含むあらゆる産業分野でこのハードルをクリアーするための挑戦が始まっている。

このような状況下では，我々水産科学に携わる教育・研究者も，地球規模の視点に立ち，未来社会に対して責任ある「水産科学」を作り上げることが強く求められることになる。すなわち，「人類の食料生産を支える学問」としての「水産科学」が重要であることは今後とも変わらないが，これに加えて「地球の持続可能性維持に貢献する」という視点を持つことが，21世紀の「水産科学」には求められているのである。この視点を取り入れた新しい水産科学を，我々は，改めて「持続可能性水産科学」と呼ぶことにする。まさに，この視点が問われていて，水産科学という領域から地球の持続可能性に貢献するという文脈が，21世紀の水産科学にはなくてはならない基本理念となるはずである。

北海道大学大学院水産科学研究院は2007年度に自己点検評価を行った。これを機に当組織の目指す次の5年間とさらにそれに続く新しい水産科学研

究の旗印として「持続可能性水産科学の構築」を提案した。我われは，今，この新しい「水産科学」の学問体系を形づくるためのスタート点に立っている。そして，到達点の 2050 年(IPCC 評価報告書より)からバックキャスティングして，現状の学問的矛盾を洗い出し，現状と未来の姿の間にあるギャップを埋めるための具体的な課題や行動プランを示さなければならないときにきている。

(3) 水産科学の課題

水産業が持続するためには我われの教育・研究も変わらなければならない。ここで IHDP (International Human Dimensions Programme on Global Environmental Change) の考え方に基づき，この分野の課題を具体的に以下のように提起しておく。

①水産業において，増大する需要を満すことと環境インパクトの低減を図ることが同時に可能か？
②生産システムを考える場合，地域的な差異として何が重要か？　また，各生産システムの地域に対する貢献は何か？
③水産食料に関する全地球的な傾向とは何か？　また，それに対する解決策を描くことができるか？
④水産業の持続可能性における進歩の度合いを測るための評価手法は開発可能か？
⑤水産業が地球環境に与える変化は地域政策にどのような影響を与えるか，また，それに対する生産システムの設計変更は可能なものか？

持続可能な水産科学の課題は上記 5 項目に対する答えを見つけることであり，水産研究を専門とする者は，これらの課題に対して，まさに，それを求められていることに気づくべきであろう。これまでのようなできるところからやるといった方法から決別し，バックキャスティングという新しい発想法に基づく確かな研究を進めていかなければならない。

達成目標の実現に当たっては，まず，それが何なのかをはっきりさせる必要がある。言い換えればビジョンの設定である。これが確定したら，カー

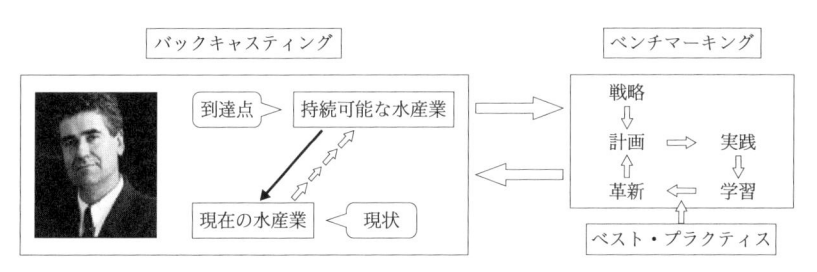

図 9.5 実践のための基本的な考え方。人物はカール・ヘンリク・ロベール氏（国際 NGO ナチュラル・ステップ・ジャパンのホームページより許可を得て掲載）[9-8]

ル・ヘンリク・ロベールのいうバックキャスティングで問題の定式化を行い，具体的な行動計画を明らかにする．次に，図 9.5 に示すように，ベンチマーキング（Bench Marking）[9-7] によりベスト・プラクティス（経営や業務において，もっとも優れた実践方法）を積み上げていくことで，目標を現実に近づけていく．ベンチマーキングというのは，ひとことでいえば「ベストに学ぶ」ということである．ベスト・プラクティスを探し出して，自社のやり方とのギャップを分析してそのギャップを埋めていくためにプロセス変革を進める，という経営管理手法である．この考え方をそのまま水産業における実践活動に適用することができる．そして，そのためには，まず，組織に属する人が自信を持つことも重要である．バックグラウンドとして水産業の重要性を理解することも大切である．水産業は基幹的産業で，漁業は水産物を通して人間の健康を守るとともに，環境モニタリングの役割を果たす．たとえば，健全な漁業が行われる海は健全である．この場合，海に囲まれた陸地も健全でなければ前者は成立しない．結果的に我われの住環境が守られていることに気がつく．水産業は生命と環境を支える基幹的な産業であり，ここに社会全体がこの産業を支える根拠がある．したがって，漁業が持続することは，人類社会にとって非常に重要な意味があるとの認識が重要となる．

現在，北海道大学大学院水産科学院では，図 9.6 に示すような，教育・研究のビジョン策定に関する準備が始まった．具体的に検討中のプランは，以下のようなものである．

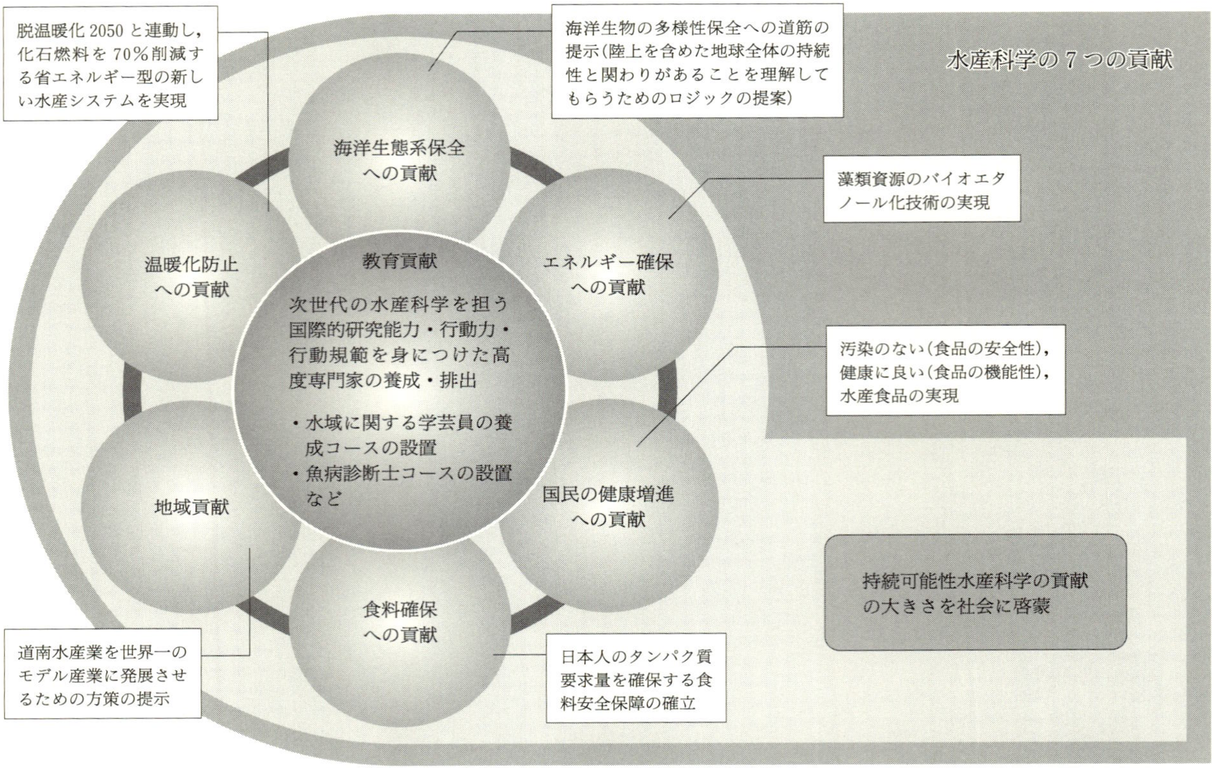

図 9.6 北海道大学大学院水産科学研究院が考える水産科学の 7 つの貢献

(1)教育貢献
　①函館に，国際的水産科学教育プログラムを誘致しよう。
　②水産学部に水域に関連する学芸員の養成コースを作ろう。
(2)地域貢献
　①道南漁業(サケ・ホタテ・スケソ・コンブなど)を世界一のモデル漁業に発展させよう。
(3)国民の健康増進への貢献
　①汚染のない(食品の安全性)，健康に良い(食品の機能性)，水産食品を実現しよう。
　②水産学部に魚病診断士のコースを作ろう。
(4)海洋生態系保全への貢献
　①海洋生物の多様性保全への道筋を示そう。それが陸上を含めた，地球全体の持続性と大きな関わりがあることを，地球市民に理解できるようなロジックを示そう。
　②持続可能性水産科学の社会的貢献の大きさを社会に知らしめるために，グローバル企業による寄附講座を実現しよう。
(5)わが国の食料確保への貢献
　①日本人のタンパク質要求量を確保する食料安全保障を確立しよう。
(6)エネルギー確保への貢献
　①食用に適さない藻類資源などのバイオエタノール化への筋道を確立しよう。
(7)温暖化防止への貢献
　①脱温暖化2050と連動して，化石燃料消費を70%削減する省エネルギー型の新しい水産システムを実現しよう。

［引用・参考文献］
9-1. 中村尚司. 1993. 地域自立の経済学. 日本評論社. 209 pp.
9-2. 山尾正博. 2004. グローバル化のなかの漁村振興. 地域漁業研究：55-74.
9-3. 水産庁ホームページ. 水産業・漁村の多面的機能〜知っていますか？　いろいろな役割. http://www.jfa.maff.go.jp/tamenteki/pamphlet/pdf/3_tamenteki.pdf

9-4. WWFジャパンホームページ. www.wwf.or.jp/
9-5. 大日本水産会ホームページ. www.suisankai.or.jp/
9-6. 三橋規宏. 2008. よい環境規制は企業を強くする. 海象社. 125 pp.
9-7. 高梨智. 2006. ベンチマーキング入門. 生産性出版. 209 pp.
9-8. ナチュラル・ステップ・ジャパンホームページ. www.tnsij.org./

第10章 教育・研究システムの成立条件

10.1 学部機能

　第9章では持続可能性水産科学のビジョンが明らかになった。しかし，それを実践するためには，支えるシステムが必要となる。この章では，まず，いかなる教育・研究分野にも共通する視点として，一般的に，学部を対象に持つべき機能[10-1,10-2]について考えてみよう。学部機能を図10.1に示すような「学部理念」，「学部文化」，「学部倫理」，「学部ガバナンス」，「学部戦略」の5つの機能からなるものとすれば，持続可能な教育・研究システムは，これらを高いレベルで維持しなければならない。

　具体的にそれらを説明しよう。なお，北海道大学は，学生の教育に関わる「それぞれの学部」と，大学院生の教育に関わる「大学院の各学院」，そして研究者として所属する「大学院の各研究院」からなっている。

　ここでは我われの組織を「水産学部」と単純に表記する。

　まず，「学部の理念」とは，学部の目的，利害関係者(ステークホルダー)，倫理的指針，ガバナンス，戦略(ストラテジー)などに関する基本的方針である。また，「学部の文化」とは，学部理念に基づき形成され，全構成員に共有され，実践され，継承された伝統と行動，を意味することになる。さらに，「学部の倫理」とは，教育・研究活動が社会的に望ましく，正しいとされ，

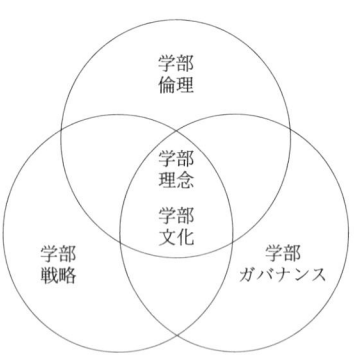

図 10.1 学部機能の相互関係

かつ普遍的な妥当性を有するか否かを判断する基準となる。そして，「学部のガバナンス」とは，利害関係者の特定と，教育・研究活動に対する学部教授会が行う管理と実績の評価，を意味する。最後の，「学部の戦略」は，大学および社会環境への学部の教育・研究面での適応性を意味するものと定義することができそうである。

次に，学部の理念について，現在進行中の北海道大学水産学部の場合を例に筆者の私見を述べるので，読者のみなさんに，ご批判いただきたい。既に，最初の学部の目的については，前章で説明済みである。ここでは，次の学部の利害関係者の説明から始めたい。

(1)学部の利害関係者

これは，学部の運命と一体化し，その存続と繁栄に不可欠な集団と組織である。直接関係の深い，一次的利害関係者として，学生，教職員，父兄，高校，他の水産系大学，文部科学省などを挙げることができる。また，水産業や水産科学が，以前に比べて広範な知識と関連することから，これまで関係性が比較的，薄く考えられてきた分野にも大きな関心が払われるようになってきた。今日では，二次的利害関係者といえる人たち，具体的には漁民，水産会社，水産団体，水産行政，報道機関，地域社会，国際社会などもまた重要になりつつある。

(2) 倫理的指針

　高度の倫理・行動規範を持つ学部は，高い社会的尊敬が払われる。それは学部の教育・研究成果に直接的，短期的には影響しないかもしれないが，長い目で見れば社会の信頼感を高め，優れた人材を引きつける。それにより学部は発展するのである。また教育・研究活動においてはリスクをゼロにすることは不可能であろう。細心の注意を払ったとしても，教育・研究面で何らかの不具合，事故，不正行為は避け難いものである。社会に迷惑や損害を与え，学部の評判を傷つけることが生じても，高度の倫理・行動規範を持つ学部は普段の高い評価により，社会の非難はいくぶんかは和らぐかもしれない。また，そうした学部はそれにふさわしい誠実で迅速な対応をするはずである。

(3) 学部ガバナンス

　学部機能の5要素のなかで学部長の選任と解任は，学部の成果を左右する重要な要素である。学部機能の実効性は最終的には学部長の実践しようとする決意と能力にかかっている。したがって学部ガバナンスは他のすべての学部機能の成果を決定する。学部長はこれら学部機能を受け継ぎ，さらに発展させる人物でなければならない。そのような人物を特定し，評価し，最終的に決定して教授会へ提案する方法は構成員による選挙である。日本中に多くの教育・研究組織があるが，うまく運営されてない場合は，このガバナンスが機能不全を起こしている場合が多いようである。

(4) 学部戦略

　これは上で定義したように，大学および社会環境への学部の教育・研究面での適応性を意味するもので，ここでは筆者が考える具体的なイメージを紹介する。

　水産学部は，教員数80名強の教育組織である。いたずらに規模の拡大を求めるのではなく，あくまで内容の充実，実質的な活動に重点を置き，無意味な売名行為は慎むべきである。少数精鋭の利点を教育・研究の進路と活動に活かすことが良いと考える。

もっぱら教育・研究内容の向上に努め，水産・海洋の未踏領域における困難性はむしろこれを歓迎し，さらに，それらの量から質への転換も図らなければならない。また，これまでのような，単に個別の学問やその形式的分類を避け，基礎・応用科学の総合化を考えた持続可能性水産科学の構築を目指すことが肝要である。そして水産業界に多くのネットワークと高い信頼を有する水産学部の特長を最高度に活用し，これにより農業に代表される他の一次産業にも十分匹敵する高度の教育・研究活動を行い，学生の就職機会の開拓や人材などの獲得についても，産・官・学の協力のもとに強力に推進させなければならない。また，大学から何をしてもらうかではなく，大学に，何を貢献できるかを考える自主独立的学部への転換を図り，規模の拡大ではない中身の発展強化を目指すことが必要である。そのためには組織を個人の実力，人格主義に選抜の根拠を置いた厳選された人物によって構成し，形式的な職階制を避け，各人の能力が最大限に発揮できる組織にしなければならない。さらに，学部の教育・研究成果を全構成員の共有資産と考えることも重要で，加えて，構成員の生活安定の道も実質的面より十分考慮し援助しなければならない。こうしたことにより，学部の仕事を全うすることが，各自の自己実現に通じることを認識するようになるのである。

10.2 構成員の持つべき精神性

構成員が持つべき精神性について，筆者の見解を述べることにする。今日ほど，一人ひとりの意識が重要な時代もなかったと思う。個々の人間が，明確な考え方を持って生活することが，未来を良い方向に変えていく力になるに違いない。世の中の一人ひとりの個人はみな自分が「幸福」に暮らしたいと思うはずである。これには高度に「共働(Synergy)」した社会が実現されなければならない。そして，人間の幸福にとってもっとも基盤的なものは，「健康」である。健康というのは，身体的にも，精神的にも社会的にも良い状態である「ウェルビーイング(Wellbeing)」の状態を意味する。そして，この状態はいくつかの条件から成り立つが，一番大切なものは，「食べ物」と

郵便はがき

0 6 0 - 8 7 8 8

料金受取人払郵便

札幌支店
承　認

1024

差出有効期間
H22年8月10日
まで

札幌市北区北九条西八丁目
北海道大学構内

北海道大学出版会 行

ご氏名 (ふりがな)		年齢 　　歳	男・女
ご住所	〒		
ご職業	①会社員　②公務員　③教職員　④農林漁業 ⑤自営業　⑥自由業　⑦学生　⑧主婦　⑨無職 ⑩学校・団体・図書館施設　⑪その他（　　　　　）		
お買上書店名	市・町		書店
ご購読 新聞・雑誌名			

書　名

本書についてのご感想・ご意見

今後の企画についてのご意見

ご購入の動機
　1 書店でみて　　　2 新刊案内をみて　　　3 友人知人の紹介
　4 書評を読んで　　5 新聞広告をみて　　　6 DMをみて
　7 ホームページをみて　　8 その他 (　　　　　　　　　　)

値段・装幀について
　A　値　段 (安　い　　　普　通　　　高　　い)
　B　装　幀 (良　い　　　普　通　　　良くない)

```
        人間・健康・食料・環境系
  ┌→ 人はみな幸福に暮らしたいと思う。………（高シナジー社会）
  │         ↓
  │  健康は幸福の基礎である。……………（Wellbeing）
  │         ↓
  │  健康を支えるものは食べ物である。………（健康増進医学）
  │         ↓
  │  食べ物は健全な環境によって育まれる。…（環境修復）
  │         ↓
  │  健全な環境は生物によって作られる。……（生物多様性）
  │         ↓
  └─ 人間もまた生物の一員である。…………（ディープ・エコロジー）
```

図 10.2 エコロジカルな人間の生き方を支えるシステム

いわれている。「健康増進医学(第三の医学)」は食べ物を中心に置いた医学である。そして，このように重要な食べ物は，「健全な環境」によってのみ育まれる。したがって，良質の食糧生産には「環境修復」が，とても重要なテーマとなる。このよい環境を作り出すのは，他ならぬ，そこに棲息する「生物」である。そして，「生物の多様性」によって豊かな環境が生み出される。このような豊かな環境に人間もまた育まれる。「人間もひとつの生物種」として，環境に積極的に貢献しなければならない。これまでのような環境から食べ物を搾取するのではなく環境と共生する「ディープ・エコロジー」の思想が今こそ必要になってくる。このような思想は，人間を幸福にし，心を豊かにするに違いない。我われは，図 10.2 に示す「人間・健康・食糧・環境の連関したシステム」のなかで生かされていることに気づくべきである。

[引用・参考文献]
10-1. 吉森賢. 2007. 企業統治と企業倫理. 放送大学教育教材. 222 pp.
10-2. 吉森賢. 2005. 経営システムⅡ. 放送大学教育教材. 249 pp.

おわりに

　筆者の住む道南圏の特徴は豊かな自然環境とそれによって成立する一次産業に恵まれていることであろう。人口も都市と比べて比較的少なく，エコロジカル・フットプリント的にも余裕があり，歴史的な資産や文化的な豊かさにも恵まれている。このことが筆者の精神性にも大きく関係しているのであろう。

　持続可能な社会を目指す日本の将来のためのパラダイムシフトを考えれば，このような状況は地域にとって，とても好都合な条件といえそうである。大都市のようなエネルギーや物質の多投型の市民生活を指向しすぎないように，それを注意しながら，地方の自然豊かで，フローに偏らないストック中心の地域経済を目指すことで，個性的なライフスタイルを享受することも可能となる。それには，住民一人ひとりの心の持ち方が重要である。

　ところで，豊かな地域社会を支えるには，勤勉な労働力と高度で独創的な技術が重要となる。前者は，日本人の一般的な美徳であろう。後者は，化石燃料に頼りすぎないエネルギーの多様化と食料自給率の回復である。たとえば，東京のような大都会においては，ビルの空調や交通システムなど大量のエネルギーに支えられなければ，そこでの生活が成立しない。一方，地方では，インフラの維持に必要な基本的なエネルギー消費量が少なくて済む。しかも地域の自然資源をうまく活かすことで化石燃料に依存しすぎないライフスタイルも可能となる。また，食料も地産地消を心がけるのであれば，いたずらにフードマイレージの大きな輸入品の購入は少なくできる。

　このような文脈から水産物を考えると，これは，地域にとってとても魅力的な食料であるばかりでなく，量的にも自給可能な食べ物であることを強調したい。

　これまでのような一元的な価値観ではなく，ローカルの独自性と個性に加えて，少しだけ消費生活を見直すことで，我われのライフスタイルが健全な

ものになり，結果として，地域社会の持続可能性は高まるように思う。

　この点で，この地域に存在する大学は，すべからく，上記問題に対して，何を貢献することができるかが問われているのである。

　我われ組織が行おうとしている，循環的で持続的な社会へのシフトを念頭に置いた持続可能性水産科学は，まさにこの問題に対する基本的な視点を示したものである。そして，それに貢献することが我われ水産科学を志す者の社会的使命である。

　　　2008 年 10 月 30 日

　　　　　　　　　　　　　　　　　　　　　　　　　　　三浦　汀介

謝　辞

　本書を世に出すに当たり，大変多くの方々にお世話になった。本書が北海道大学大学院水産科学研究院の創基100周年を記念した教科書出版の最初の1冊であることは既に述べたが，まずはこの企画を決断された本学水産科学研究院長の原　彰彦先生に，心より感謝の言葉を述べたい。また，これまで，挫折しそうな筆者を幾度となく励ましてくださった本学教授の嵯峨直恆先生に心より感謝したい。

　それから，ゼロエミッション研究に着手するきっかけを与えてくださった，中央環境審議会長の鈴木基之先生に心より御礼申し上げる。また，本書の執筆に当たり，多くの助言や写真を含む有益な資料を提供してくださったゼロエミッションの提唱者で元国連大学総長顧問のグンター・パウリ氏に深く感謝したい。

　加えて，本文中の挿絵の採用には，関係各位のご理解・ご協力によるところが大であったことを報告し，この場を借りて深く感謝する。特に，エコロジカル・フットプリントの挿絵に関する電子ファイルを提供してくださったUBCのウィリアム・リース教授，その利用に便宜を図ってくださった同志社大学の和田喜彦先生ならびに合同出版編集部の坂上美樹氏，また，学会誌ならびにホームページなどに掲載された図表に関して，その使用を快く許してくださった多くの行政機関，教育・研究機関ならびに企業の方々にも心より感謝したい。そして，北海道大学出版会の成田和男・杉浦具子氏には，本書の編集に当たり，多くの助言をいただいた。

　以上の方々のご協力なしには本書の刊行はできなかった。ここで改めて謝意を表したい。

　最後に，いつも変わることなく筆者を支えてくれた妻・三浦恵子がいなければ，本書の執筆は不可能であった。これまでの38年間に及ぶ苦労に報いるために感謝の気持ちを込めて本書を捧げたい。

　　2008年10月30日

　　　　　　　　　　　　　　　　　　　　　　　　　　　三浦　汀介

索　引

【あ行】
亜酸化窒素　9
アジェンダ21　17
アスナス発電所　68
アブラソコムツ　88
アフリカ問題　149
アーリン・ペダーセン　68
亜臨界水処理　124
アルネ・ネス　16
安価な石油　74
イカ墨　120
イカ墨汁　122
イカ釣り漁業　129
イカのゼロエミッション　112
石井迪男　52
意志とのつながり　140
一般廃棄物　84
伊東俊太郎　17
インダストリアル・シンビオシス　68
インベントリ分析　128, 132
ウィリアム・リース　35
ウィーン条約　13
ウェルビーイング　158
打ち上げ海藻　87
運搬　89
液状燃料化処理　123
液体肥料　71
エクセルギー　31
エコ・リストラクチャリング　22
エコノミック・アニマル　147
エコラベル認証制度　141
エコリュックサック　40

エコロジカル・フットプリント　31, 35
エネルギー確保　153
エネルギー革命　28
エリアユニット　36
オイルショック　74
岡本信男　73
オゾン層破壊　12
温室効果ガス　10

【か行】
貝殻　86
海産付着物　94
海洋生態系保全への貢献　153
学術研究ゼロエミッション　55
学部機能　155
学部戦略　155
学部ガバナンス　155
学部文化　155
学部理念　155
学部倫理　155
加工残滓　114
カスケード熱利用　44
ガバナンス　155
カール・ヘンリク・ロベール　32
カルヌール宣言　38
カロンボー工業団地　67
環境革命　17
環境規制　141
環境コスト　28
環境修復　159
環境と開発に関するリオ宣言　21
環境と持続可能な開発　22

環境パフォーマンス　　128
環境問題　　149
関係性　　138
乾燥処理　　123
機能的空間　　146
キノコの栽培　　65
ギブロック　　68
キャップ・アンド・トレード方式　　144
キャリング・キャパシティー　　18
教育貢献　　153
共生進化　　16
共働　　158
漁業経営　　76
漁業系廃棄物　　84
漁業地域　　77
漁業のLCA　　125
漁業も赤学問の一つ也　　147
極夜渦　　12
魚醤油　　104
魚腸骨　　100
魚箱　　101
漁網　　91
魚類煮汁　　95
空間的公平性　　140
駆除ヒトデ　　87
グッド減税　　145
グローバル化　　2
グンター・パウリ　　23
鶏糞ボイラー　　49
健康増進医学　　159
健全な環境　　159
抗腫瘍(癌)作用　　122
構造空間　　145
高邁なる野心　　i
国際食糧政策研究所　　5
国際的視野　　80
国際連合食糧農業機関　　6
国母工業団地　　52

国民の健康増進への貢献　　153
国連環境計画　　7
国連大学　　21
国連大学ゼロエミッション研究構想　　23
五常の徳　　147
事　　138
混獲魚　　86

【さ行】
最終処分　　90
最大原理　　44
サイレージ　　103
サケ加工残滓　　96
サービス数 S　　41
産業共生　　68
産業クラスター革命　　28
産業廃棄物　　84
残滓の資源化技術　　81
産地卸売市場　　114
塩辛の黒作り　　122
時間的公平性　　139
自給率　　37
資源　　139
資源作物　　106
資源造成　　79
市場外流通　　114
市場流通　　114
システム境界　　128
持続可能性水産科学　　149
持続可能性の意味　　137
持続可能な開発委員会　　4
自動イカ釣り機　　130
社会的貢献　　153
集魚灯　　130
収集　　89
重点領域研究　　55
住民参加の原則　　29
焼却処理　　124

消費者ニーズ　　79
消滅化処理　　123
食料確保　　153
食糧確保緊急措置　　73
食料問題　　5
ジョージ・チャン　　65
飼料化　　49
シルクスクリーン・インク　　121
人工餌料　　116
人口増加　　149
人工皮膚　　96
森林原則声明　　21
森林破壊　　15
水域生態系　　79
水圏生物　　79
水産科学の論理空間　　146
水産加工残滓　　85
水産研究・技術開発戦略　　75
水産資源　　76, 78
水産脂質　　105
水産ゼロエミッション　　135
水産廃棄物の法的分類　　83
水産物加工　　77
水産物供給　　79
水産物の有効利用法開発　　105
水産物流通　　77
水産養殖とゼロエミッション研究　　111
水蒸気と熱　　70
鈴木基之　　24
スタットオイル精油所　　68
ストック　　161
税制　　141
税制革命　　29
製品設計革命　　28
生物多様性　　15
生物の多様性　　159
世界気象機関　　7
世界銀行　　3

世界自然保護基金　　34
世界食糧サミット　　5
世界水発展報告書　　3
赤外放射　　8
責任ある漁業　　138
石膏　　70
セピアインク　　121
ゼロエミッション　　17
ゼロエミッション・パビリヨン　　62
ゼロエミッション国際会議　　18
ゼロエミッションフォーラム　　10
戦略　　155
創基100周年　　i

【た行】
第三の医学　　159
ダイジェスタ　　65
代替可能なエネルギー　　26
たい肥化　　49
脱温暖化2050　　153
種の絶滅　　14, 15
多面的機能　　79, 138
多様性　　140
炭化　　49
炭化処理　　123
炭素税　　127
地域貢献　　153
地域循環の原則　　29
地域ゼロエミッション　　50
地域文化の保存と新しい付加価値の創造の原則　　29
地球温暖化　　7, 149
地球温暖化防止京都会議　　11
地球カウンセル　　36
地球サミット　　21
地球システムの脆弱性　　2
地球の環境収容力　　36
地上ストック資源　　27

168　索　引

窒素収支　112
中間処理　89
直接燃焼　49
ディープ・エコロジー　159
ディープエコロジー　16
投棄魚　86
東京大学生産技術研究所　67
統合的生物システム　64
泥　71

【な行】
中西重康　43
ナチュラル・ステップ　31
菜の花エコプロジェクト　57
南北格差　149
二酸化炭素　9
日本漁業通史　73
日本のチャレンジ　149
熱力学第二法則　43
ノボノルディスク社　68

【は行】
バイオガス　65
バイオガス化処理　124
バイオディーゼル燃料製造　50
バイオマス　71
バイオマス・ニッポン総合戦略　47, 106
バイオマスタウン構想　50
廃棄系バイオマス　106
廃棄藻類　86
排出原単位　129
排他的経済水域　80
函館特産食品工業組合　114
ハダカイワシ　87
バックキャスティング　32
発電　49
バッド課税　145
発熱　49

発熱利用　49
発泡スチロール　101
ハノーバー万国博覧会　61
ハノーバー万博　121
パラシュートアンカー　130
パルプモールド　55
微生物処理　123
ビール糟　65
広い海　74
ファクター10　31
ファーマン　12
フィジー統合型ゼロエミッション　64
フィッシュ・サイレージ　104
フィッシュミール原料　86
フォアキャスティング　32
藤井絢子　57
武士道　147
物質集約度　40
物質フロー　112
ブッパータール研究所　41
フードマイレージ　161
フライアッシュ　71
フロー　161
フロン　9
分別　88
斃死魚介類　95
ベスト・プラクティス　151
ペレット燃料製造　50
ベンチマーキング　151
保管　89
ポーター仮説　144
ホタテ貝殻　97

【ま行】
マグロ延縄漁業　119
マティース・ワケナゲル　36
マルソウダ　98
右肩上がりの魚価　74

水　70
水アセスメント計画　3
水危機　4
水不足　3
水をめぐる国際紛争　3
未利用バイオマス　106
民間ゼロエミッション　57
無効エネルギー　43
メタン　9, 65
メタン発酵　49
免疫賦活物質　99
木質-プラスチック複合素材　49
物　138
モリナ　12
モントリオール議定書　13
モンフォート・ボーイズ・タウン　64

【や行】

屋久島モデル　50
有限性　2
有効エネルギー　43
養殖エビ　116
養殖技術　79
容量　139
余剰ガス　70
ヨハネスブルグ宣言　17

【ら行】

ライフサイクル　128
ライフスタイル　18
ライフスタイル革命　29
利害関係者　155
リサイクル　24
リサイクルの百科事典　91
リデュース　24
リユーティライゼーション　24
漁場環境　76, 79
倫理的指針　155

レインボープラン　48
レスター・ブラウン　4
ローランド　12

【わ行】

ワカメ　99
和田喜彦　36

【数字・アルファベット】

200海里元年　74
3 R　24
6つの行動原則　26
BDF　57
CFC_s　9
CH_4　9
Cleaner Production　24
CO_2　9
CO_2吸収地　37
COP3　11
CP　24
EEZ　80
end-of-pipe　24
event　138
FAO　102
FRP漁船　92
$HCFC_s$　9
IHDP　150
IPCC　8
ISO14001　51
ISO14001認証取得　53
IWATE・UNU・NTT環境ネットワーク共同プロジェクト　51
JFS　139
LCA　40
Material Input Per Unit of Service　31
MELジャパン　142
MIPS　31

MSC　142
N$_2$O　9
nature 誌　12
NIRE-LCA *ver3*　129
object　138
OECD 諸国　38
RDF　54
relatedness　138
Synergy　158

UNEP　7
WSSD　17
WWF　34
Z. ラント　43
ZEF　10
ZEF ジャパン　24
ZERI 教育プログラム　63
ZERI 講座　62
ZERI 財団　61, 62

三浦汀介（みうら　ていすけ）
- 1945年　静岡県三島市に生まれる
- 1970年　北海道大学水産学部漁業学科卒業
- 1971年　北海道大学水産学部漁業学科漁具漁法学講座助手
- 1989年　北海道大学水産学部漁業学科漁具漁法学講座助教授
- 1994年　北海道大学水産学部漁業学科漁具漁法学講座教授
- 1999年　北海道大学大学院水産科学研究科資源環境生物学専攻教授
- 2005年　北海道大学大学院水産科学研究院海洋生物資源科学部門教授
- 現　在　北海道大学水産科学研究院海洋生物資源科学部門教授・副研究院長　水産学博士（北海道大学）

ゼロエミッションと新しい水産科学

2009年3月10日　第1刷発行

著　者　三　浦　汀　介
発行者　吉　田　克　己

発行所　北海道大学出版会
札幌市北区北9条西8丁目 北海道大学構内（〒060-0809）
Tel. 011(747)2308・Fax. 011(736)8605・http://www.hup.gr.jp/

㈱アイワード　　　　　　　　　　　　　　© 2009　三浦汀介

ISBN978-4-8329-8187-4

魚 の 自 然 史 ―水中の進化学―	松浦啓一 宮 正樹 編著	A5・248頁 価格3000円
稚 魚 の 自 然 史 ―千変万化の魚類学―	千田哲資 南 卓志 編著 木下 泉	A5・318頁 価格3000円
トゲウオの自然史 ―多様性の謎とその保全―	後藤 晃 森 誠一 編著	A5・294頁 価格3000円
日本サケ・マス増殖史	小林哲夫 編	A5・324頁 価格7000円
オゾン層破壊の科学	北海道大学大学院 環境科学院 編	A5・420頁 価格3800円
環境修復の科学と技術	北海道大学大学院 環境科学院 編	A5・270頁 価格3000円
地球温暖化の科学	北海道大学大学院 環境科学院 編	A5・262頁 価格3000円
持続可能な低炭素社会	吉田文和 池田元美 編著	A5・260頁 価格3000円
エネルギー・3つの鍵 ―経済・技術・環境と2030年への展望―	荒川 泓 著	四六・472頁 価格3800円
総合エネルギー論入門 ―ヒトはどこまで生き永らえるか―	大野陽朗 著	四六・146頁 価格1300円
新版 氷 の 科 学	前野紀一 著	四六・260頁 価格1800円
極 地 の 科 学 ―地球環境センサーからの警告―	福田正己 香内 晃 編著 高橋修平	四六・200頁 価格1800円
フィーニー先生南極へ行く ―Professor on the Ice―	R.フィーニー 著 片桐千仭 片桐洋子 訳	四六・230頁 価格1500円
日 本 海 草 図 譜	大場達之 宮田昌彦 著	A3・128頁 価格24000円

〈価格は消費税を含まず〉

― 北海道大学出版会 ―

エネルギー・3つの鍵 —経済・技術・環境と 2030年への展望—	荒 川　　泓著	四六・472頁 価格3800円
メンデレーエフの周期律発見	梶　雅 範著	A 5・422頁 価格7000円
鈴木章 ノーベル化学賞への道	北海道大学 　CoSTEP　著	四六・90頁 価格477円
男 装 の 科 学 者 た ち —ヒュパティアから マリー・キュリーへ—	M.アーリク著 上 平 初 穂 上 平　　恒訳 荒 川　　泓	四六・328頁 価格2400円
雪と氷の科学者・中谷宇吉郎	東　　　晃著	四六・272頁 価格2800円
北 の 科 学 者 群 像 —[理学モノグラフ] 1947-1950—	杉 山 滋 郎著	四六・240頁 価格1800円
4　　 ℃　 の　　 謎 —水の本質を探る—	荒 川　　泓著	四六・256頁 価格2400円
[新版] 氷　　 の　　 科　　 学	前 野 紀 一著	四六・260頁 価格1800円
19 世 紀 に お け る 高 圧 蒸 気 原 動 機 の 発 展 に 関 す る 研 究	小 林　　学著	A5・320頁 価格10000円
熱輻射実験と量子概念の誕生	小長谷　大介著	A5・364頁 価格12000円
移　 動　 層　 工　 学 —実際と基礎—	篠原　邦夫 高橋　洋志編著 中村　正秋	B5・224頁 価格6000円
Organoboranes in Organic Syntheses	鈴 木　　章著	B 5変・238頁 価格2800円

―――――北海道大学出版会―――――

価格は税別

田中時昭(たなか　ときあき)
　1921年　札幌市に生まれる
　1945年　北海道大学工学部生産冶金工学科卒業
　1962年　北海道大学工学部教授　工学博士
　1985年　北海道大学名誉教授
　主　著　水素エネルギーシステムの開発(分担執筆，1974，FIC)
　　　　　非鉄金属製錬(分担執筆，1980，日本金属学会)
　主論文　資源・素材学会，水素エネルギー協会，日本金属学会
　　　　　日本鉄鋼協会，AIMME，GDMB

明日の冶金に挑む──水素からたどる冶金の未来
2013年9月25日　第1刷発行

著　　者　田中時昭
発　行　者　櫻井義秀

発行所　北海道大学出版会
札幌市北区北9条西8丁目 北海道大学構内(〒060-0809)
Tel. 011(747)2308・Fax. 011(736)8605・http://www.hup.gr.jp/

㈱アイワード　　　　　　　　　　　　　　　　　Ⓒ 2013　田中時昭

ISBN978-4-8329-8212-3

欧 文 索 引

【A・B】
Aman 法　96
APT　115
Bornite　124

【C・F】
Chalcopyrite　72
Chemical-looping Combustion　82
Cymet 法　126
Fischer-Tropsch 法　14
Fayalite　15, 31
Fayalite 系 Slags　15

【I・K】
IWPP　41
IPP　141
Kirschsteinite　25

【L・M】
Lost City　13
Metal Dusting　92
Midrex 法　103
Molybdenite　111
Monticellite　34
MoO_3 の二段水素還元法　112

【N・O】
Nano-Technology　84
Olivine　31
Ophiolite　11

【P・R】
PSA 法　89
PRMS 法　94
Rainbow　13
Redox 反応　85

【S・T】
Schikorr 反応　86
Sherritt 法　105
Steam-Iron 法　79
Surtsey 火山　13
Sulphamate　107
SX-EW 法　123
Thiosulphate　107
Thionate　107

【W】
Wolframite　113

熔融鉛-H_2S 系反応　　46

【ラ行】
硫化水素の熱力学　　40

硫化鉄-$H_2O(g)$系反応　　67
硫化鉄-CaO-$H_2O(g)$系反応　　69
硫酸問題　　39
リン酸肥料　　39

和 文 索 引

【ア行】

アンモニアのクラッキング　134
塩化第一鉄の高温加水分解　58
黄銅鉱　72, 123
黄銅鉱の部分脱硫　123

【カ行】

環境調和型製鉄　98
含水 Wustite　85
銀-H_2S 系反応　42
金属硫酸塩の水素還元　121
ゲルマニウム　131
原子力製鉄　103
コークス炉ガス　86
高炉ガス　90
合成 Bornite　124

【サ行】

サワーガス　41
蛇紋石中の自然金属　27
磁鉄鉱の塩酸溶解　64
水素の自然湧出　11
水素の供給ポテンシャル　87
製鉄ガス総合利用委員会　97
粗銅の精製とアンモニア　133

【タ行】

対称型正則溶液　31
炭酸ガスのメタン化　22
たたら吹き　139

ダ行

ダンかんらん岩　27
炭化鉄　91
タングステン製錬　113
直接還元鉄　103, 104
中央海嶺　11
鉄硫化物による H_2S の分解　50
転炉ガス　89
電気炉製鋼法　104
電子材料製造用水素　126
トタンの亜鉛鍍金　134
トリクロロシラン　127

【ナ行】

ナノ Fe_3O_4 粒子　84
ニッケル硫化物による H_2S の分解　51

【ハ行】

白珪石　127
ひ素　130
複合型産業　142
ホイスカー状結晶　116

【マ行】

メタノール経済　5
モノシラン法　129
モリブデン製錬　111

【ヤ行】

熔銅-H_2S 系反応　46

明日の冶金に挑む
水素からたどる冶金の未来

田中時昭［著］

北海道大学出版会

Ag$_2$S を 500°C で箂漂元したときに生じた繊維状金属鎔

まえがき

定年退職したのが 1985 年ですから早くも 25 年経ってしまいました。

私の専攻分野は冶金ですが，退官当時を振り返りますと金属製錬工業はわが国冶金史上例のない拡大成長を見せた激動の時代でした。しかも，その結果引き起こされた多くの歪みも重なり，長年続いた製錬の枠を越えて将来への新しい対応を真剣に考えなければならない状況にありました。

一方，教育面においても金属製錬産業の高度成長に付随して起こった各種環境汚染は，その防止技術の目覚しい進歩にも関わらず，かえって学生の関心を製錬から遠ざけてしまいました。

このような諸情勢を踏まえ，製錬への明るい希望を学生に与え，しかも 21 世紀への道筋を何に求めるかを示すことは金属製錬の教育，研究に携わる者にとって極めて切実な問題として受け止められました。

工業化社会の発展の段階を見ますと，第一次産業革命が石炭，第二次が石油と，革命の原動力はすべてエネルギー源でした。現在進行中の第三次革命では電子，情報化が先行していますが，いずれは新しいエネルギー経済社会へと移行し，両者あいまって 21 世紀文明は本格的に始動するものと私は見ています。

金属の製錬工業はエネルギーの多消費産業であるため，一次エネルギー源に変化が起こると既存の冶金プロセスは直接大きな影響を受け，新しい冶金法出現のきっかけとなった例が過去に幾つかあります。

従来の冶金法に画期的変化をもたらすと見られたエネルギー源に核エネルギーと水素がありました。

2011 年 3 月 11 日の大震災により引き起こされた福島第一原子力発電所事故は冶金技術の将来を考えるうえだけでなく，そのベースとなる工業技術社会の性格そのものに対しても多くの疑問を呼び起こす結果になりました。

ii

　世界で唯一の原爆被爆国である日本は，欧米先進国によりもたらされた核エネルギー依存の世界的潮流に乗り，その平和利用として原発への道を選びました。

　エネルギー消費の大きな冶金分野でも環境汚染や化石燃料価格の高騰も絡み，21世紀の新しい製錬技術として高温ガス炉を熱源とした原子力製鉄計画も進められていました。

　振り返りますと，今まで日本が懸命に走り続けてきたのは，エネルギーと金属の指数関数的成長を根源的性格として持った工業技術文明という道でした。原子力製鉄もその延長線上での技術革新と捉えることができます。

　福島第一原子力発電所事故はこのような技術文明の弱点を鮮やかに映し出し，文明そのものの本質が問われる事態にまで発展しています。

　化石燃料および原子力に依存する今までの経済成長は本質的に大きな欠陥とリスクを内蔵していました。

　世界で年間240億トン以上にのぼるCO_2を排出し，これにともなう石油資源の枯渇，地球温暖化，さらには核廃棄物の処理など膨大な負の社会的資本を考えるとき，現在の豊かな生活はその〝つけ〟と責任とを次の世代に転嫁したやり方といわれても仕方がないと思います。

　エネルギー，CO_2に加え，資源ナショナリズムというやっかいな難題が最近起きています。製錬原料のほとんど全部を海外からの輸入にあおいでいる日本の冶金工業は，これから低品位鉱石や難処理鉱石への原料転換を強いられることになり，その影響は現行の製錬法の大きな改変に及ぶことが懸念されます。

　一方，前述の膨大な社会資本の赤字対策の一つとして水からの水素生産が考えられました。水素経済社会での金属製錬は，水素による新しい冶金プロセスに変わります。実現の鍵は水からの大量かつ安価な水素製造法の開発にかかっています。

　実用化の可能性が高い製造法として，水の熱化学分解が50年ほど前に提案されました。この方法では水の分解媒体物として金属酸化物と硫化物が取り上げられました。このことは金属製錬プロセスが水素の製造と結び付き得

ることを示しています。また水の熱化学分解法では，水素と酸素の両方を同時生産するクローズドシステム（closed system）をとっており，技術開発に際してもユニット技術の組み合わせ方式が基本になっています。提案されてから半世紀経過しましたが実用化は実現せず，これからの見通しも難しいと見られています。

　新しい技術を開発する手法として，もう一つ冶金という既存の確立した工業的プロセスに合わせて水素製造技術の性格を決める横からのアプローチもあってよいのではと思います。このような行き方をとることにより，エネルギー問題への寄与だけでなく，水素を中心とした新しい冶金技術の開発に対しても，わが国は先導的な役割を果たすことができると思います。

　製鉄工業では経営多角化の一環として，金属主動型から副生ガスに含まれる水素や CO を化学工業用原料として活用することが過去に計画されました。最近は水素自動車や燃料電池用水素の供給源として注目されています。

　水の分解と金属製錬との間には，原理的に互いに結びついて効果を発揮する大きな可能性があります。水からの水素製造技術の開発の現状は，イノベーションによるブレークスルーに期待が寄せられています。世界経済の下振れと低迷からの脱出策としても先進各国は技術イノベーションを国家戦略に格上げしてその実現に努力しています。

　ブレークスルーの実現には高度経済成長期に築かれた縦型の産業構造下では難しいと思います。時代の流れはエネルギーと資源を軸に大きく回転しようとしています。地球温暖化，脱石油，脱原発と一企業では対応できないグローバルな問題だけに視点の取り方で解釈，対応も大きく変わってきます。イノベーションによる行き詰まりの打開には，新たなパラダイムとグランドデザインが不可欠です。私は，それが水素を中心に据えた経済技術社会の構築ではないかと考えています。

　したがって，水からの水素製造についても冶金分野で長年にわたり蓄積した知識と技術を駆使して，現存するプロセスに密着した独自のアプローチを進めることがエネルギー問題の解決だけでなく，新しい冶金技術の開発にもつながる道だと思います。

iv

　最もありふれた，そして単純な分子構造を持った水の分解が冶金反応と密接に関連し，しかもこれが CO_2 による環境汚染の克服だけでなく，石油から水素経済社会への転換という巨大な世界的経済変革につながっていることは冶金への大きな夢をかき立てます。

　遥かな思いを込めて水素と冶金の融合に夢を託したいと思います。

　　　2013 年 6 月 25 日

　　　　　　　　　　　　　　　　　　　　　　　　　　　田中　時昭

謝　辞

　武蔵大学経済学部教授・安達智彦氏には本書の内容につき貴重なご意見を頂きました。深く感謝の意を表します。また，本書の出版に際しましては，北海道大学出版会の成田和男氏と添田之美氏に多大のご援助と温かいご支援を頂きました。有難うございました。さらに，校正，図表の作成，印刷，製本などでお世話いただいた多くの方々に厚く謝意を表します。

　私は金属製錬過程での水素の同時生産方法と水素冶金技術の確立を目指し研究を続けてきましたが，長い間の強い念願も遂に実現できませんでした。本書は私の人生最後の締めくくりとしてまとめました。何時の日か誰かがこの夢をかなえてくれることを心から願っています。

　最後にこの本が明日への新しい冶金を考えるうえで少しでもお役に立つことを期待するとともに，研究内容につき忌憚のないご批判，ご意見をうかがうことができれば望外の喜びです。

　　2013 年 6 月 25 日

田中　時昭

vii

目　次

まえがき　i

謝　辞　v

第1章　金属製錬工業をめぐるエネルギー・資源・環境問題と 水素社会へのアプローチ …………………………………… 1

1. はじめに　3
2. 資源の制約問題　3
3. 環境問題　4
4. 水素エネルギーシステムとメタノール経済　5

引用文献　7

第2章　水素源としての Fayalite と Fayalite 系スラグ ……… 9

1. はじめに　11
2. 水素の自然湧出　11

   Ophiolite 地帯　11 / 中央海嶺　11 / 国内　14

3. 金属製錬と Fayalite 系スラグ　15
4. Fayalite による水の分解反応についての熱力学的検討　17

   Fayalite-$H_2O(g)$系反応と水素　17 / Fayalite-CaO-$H_2O(g)$系反応　18 / Fayalite による炭酸ガスのメタン化　22

5. Kirschsteinite($CaFeSiO_4$)による水の分解　25

   $CaFeSiO_4$-$H_2O(g)$系反応と水素　25 / $CaFeSiO_4$ による炭酸ガスのメタン化　26

6. Fayalite-$Mg(OH)_2$ 系反応と蛇紋石中の自然金属　27

viii

7. Olivine による水の分解　　31

Olivine　31 / Olivine-H₂O(g)系反応と水素　　33 / Olivine-CaO-H₂O(g)系反応と水素　34

8. まとめ　35

引用文献　35

第3章　硫化鉱製錬での水素製造 ………………………………… 37

1. はじめに　39

2. 硫化水素　40

硫化水素の熱力学　40 / 硫化水素資源　41

3. 硫化水素からの水素の製造　41

金属による H₂S の分解　42 / 非化学量論組成の金属硫化物による H₂S の熱化学分解　50 / FeCl₂-H₂O(g)-H₂S(g)系反応による H₂S の分解　57

4. 金属硫化物-H₂O(g)系反応と水素　67

硫化鉄-H₂O(g)系反応と水素　67 / 硫化鉄-CaO-H₂O(g)系反応と水素　69 / 硫化鉄-CaO-H₂O(g)系反応による炭酸ガスのメタン化　71 / 黄銅鉱(CuFeS₂)-H₂O(g)系反応と水素　72

5. まとめ　76

引用文献　76

第4章　鉄製錬での水素製造…………………………………… 77

1. はじめに　79

2. Steam-Iron 法　79

金属鉄による水の分解　79 / 流動炉による Steam-Iron 法　80 / Chemical-looping Combustion(CLC)と Steam-Iron 法　82 / Nano-Technology と Steam-Iron 法　84 / 含水 Wustite と水素　85

目　次　ix

3. 製鉄副生ガスと水素　86

コークス炉ガス（COG）　86 / 転炉ガス（LDG）　89 / 高炉ガス（BFG）　90

4. 炭化鉄と水素　91

炭化鉄　91 / 炭化鉄からの水素製造　93

5. 塩化鉄と水素　94

PRMS 法　94 / 熱延鋼鈑の酸洗い排液からの塩酸回収　96

6. 水素および副生ガスと製鉄技術の将来　97

引用文献　99

第5章　金属製錬工業での水素とアンモニアの利用 …………… 101

1. 製鉄工業　103

鉄鉱石の水素による直接還元　103

2. 非鉄製錬工業　104

水素とアンモニアの併用製錬　104 / Sherritt 法　105 / モリブデンとタングステンの製錬　110 / 硫化鉱石の水素による直接還元と還元金属の形態　115 / 金属硫酸塩の水素還元　121 / 黄銅鉱の酸浸出の活性化と水素　123 / Cymet 法　126

3. 電子材料の製造と水素　126

電子材料製造用水素　126 / 高純度多結晶シリコンの製造　127 / 半導体用高純度ひ素　130 / 半導体用高純度ゲルマニウム　131

4. 水素貯蔵・輸送媒体としてのアンモニアの利用　132

粗銅の精製とアンモニア　133 / アンモニア分解水素の利用　134

5. まとめ　134

引用文献　135

第6章　明日の冶金に挑む ……………………………………… 137

1. 金属およびエネルギーと文明の興亡　139

x

2. 冶金工業と水素製造　140

3. 鉄鋼製錬と水素製造　141

4. 非鉄製錬と水素製造　142

5. まとめ　144

引用文献　145

索　引　147

第1章
金属製錬工業をめぐる
エネルギー・資源・環境問題と
水素社会へのアプローチ

1. はじめに
2. 資源の制約問題
3. 環境問題
4. 水素エネルギーシステムとメタノール経済

100μ

Co₄S₃を800℃で水素還元してえられた繊維状変質コバルト

第1章　金属製錬工業をめぐるエネルギー・資源・環境問題と水素社会へのアプローチ　3

1. はじめに

　わが国はエネルギー問題に関連して二つの大きな難問を抱えている。一つは一次エネルギーの安定供給であり，これは日本の安全保障に不可欠なだけでなく，国民生活にも直結している。

　もう一つは CO_2 による地球の温暖化で，人類の存亡にもつながり兼ねないことから世界的重要課題となった。

　水素エネルギーが注目されるようになった背景にはこれら二つの大きな問題がある。

2. 資源の制約問題

　エネルギー，金属，食料などの資源の将来における消費と生産を決める要因の一つに世界の人口問題がある。地球の人口は前世紀初頭の16億人から現在70億人に増加しており，2050年には90億人を突破するものと見られている。世界総人口の約6割を占めるアジア諸国では，その巨大市場と安い労働力をもとに，先進国並みの工業国へ向け急速に進み始めた。中国，インドなどでの生活レベルの向上は，石油の需要の大幅な増大に繋がり，価格の上昇のほか絶対的な供給不足という点でも世界経済に与える影響は今後大きくなるものと予測される。

　石油とともに現在の工業技術社会を支えている金属についても同様のことがいえる。

　化石燃料に比べ，金属資源の枯渇への危機感は今まで薄かった。その原因は金属はスクラップとしてリサイクルが可能なためである。しかしながら，金属資源についても中国，インドの急速な経済成長から将来の供給が心配され始めている。

　2007年の統計値をもとに消費量と人口を変数として試算した将来の銅の消費動向は次のようになる。

日本の2007年の銅の年間消費量は125.2万トンであった。総人口を1.3億人とすると，1人当りの消費量は約9.6 kgである。中国，インドの人口は合わせて約24億人で，日本並みの生活レベルまで成長すると，この両国だけで年間約2,300万トンの銅が必要になる。2007年の世界の総生産量は1,544万トンであるから，中国，インドのみで約750万トンの銅地金に相当する鉱石をあらたに確保しなければならない。このような大きな銅鉱石の追加供給が果して可能なのか疑問である。

一方，現実問題として採掘粗鉱品位も年々減少しつつある。世界最大の銅の製錬会社CODELCO（チリ）のリポートによれば，銅の粗鉱品位は1990年の1.25%から2008年には0.78%に低下した[1]。品位0.5%として試算すると電気銅トン当たり約200トンの鉱石が必要になる。

さらに最近の資源ナショナリズムの世界的強まりも重視される。中国経済の急速な拡大成長にともない，金属素材への需要が大幅に増大したため，中国は資源の保全に向け輸出の管理強化のほか海外での利権の確保にも乗り出している。また，資源国では国有化の動きも見られ，資源の獲得競争が世界的に激化している。

高品位原料の海外からの輸入に依存してきた日本の製錬産業にとり，低品位鉱石や難処理鉱石の増加は製錬方法の改変だけでなく，製錬所の海外山元への移転など現在の製錬環境に大きな変化をもたらしかねない。

鉱石品位の低下にともない金属生産時に消費されるエネルギーも増加する。Pageなどの計算によれば[2]，粗鉱品位が1%のとき，銅地金トン当たり約1万2,000 kWhの電力量が必要になるが，0.5%まで下がると1万8,000 kWh，さらに0.2%では3万kWhに達する。鉱石の低品位化にともない採掘の深度化，環境対策などでエネルギーの消費量は今後益々増加するから，生産コストの上昇は避けられない。

3. 環境問題

化石燃料に依存する現代社会の欠陥として燃焼生成物による気候変動があ

り，地球温暖化の原因として世界各国が重視している。

今から35年程前，ハワイのマウナロアでの観測結果から，ローマクラブは空気中のCO_2濃度が2,000年には380 ppmになり，化石燃料の大量消費が地球規模での悪影響を引起こしかねないと警告した[3]。当時この警告に対する先進各国の認識は低かったが，現在予測は現実化しており，多くのデータから，事実としての裏打ちがそろいつつある。

IPCCの最近の報告によれば，全地球の平均地上気温は1906〜2005年の100年間で0.74℃上昇したが，CO_2の増加がこのまま続くと2100年には1.8〜4.0℃の予測幅で高くなり，生活環境へはもちろん生態系への影響も深刻化すると報告している[4]。

金属製錬工業はエネルギーの多消費産業のため，CO_2の排出も多い。製鉄工程からのCO_2の発生は国内発生量の約15％を占め，特に高炉からの排出が多くなっている。

鉄製錬でのCO_2削減策は最終的には鉄鉱石の水素還元に帰結する。

4. 水素エネルギーシステムとメタノール経済

将来のエネルギーシステムとして水素経済社会の構築が提案され，その実現に向けての動きが始まったのは1960年代の半ばである。燃料としての水素は，燃焼後に有害な生成物の蓄積や増大を起こさず自然の循環系を乱さないこと，資源の枯渇の恐れがないこと，原料の再生が可能なこと，また水素は単位重量当たりのエネルギー密度が高いため，発生パワーも強大になるといった重要な特質を備えている。さらに水素は電気と相補的性質を持つことから，水素経済下でのエネルギーシステムとして，一次エネルギーは化石燃料に代わり太陽，風，水力，地熱などの非枯渇自然エネルギーを，また二次エネルギーとして電力と水素を併用し，両者の相互変換を水の電解，燃料電池，水素燃焼ガスタービンなどでつなぎ，最終的に熱，動力，照明，情報，通信などの利用部門に結び付けるシステム構築が有力視されている。

水からの水素製造法として，大量かつ安価な水素の製造を目指した最初の

取り組みは水の熱化学分解法であった。G.M. 社の J. E. Funk らがその熱力学的背景について発表したのが 1964 年である[5]。続いて 1972〜74 年にはヨーロッパ原子力共同体の Ispra 研究所の C. Marchetti らにより実験検証が行われている[6]。

この新しい分解法は当時水素エネルギーシステムへの移行に大きな手掛かりを与えるものとの期待から，わが国でも 1974 年にスタートしたナショナルプロジェクトのサンシャイン計画にいち早く取り入れられ，研究はムーンライト (1978)，WE-NET (1993) へと継承された。

しかしながら，半世紀にわたる経過を振り返ると，水からの熱化学分解による水素製造法にはほとんど進展が見られず，実用化の目途も立っていない。むしろ，この方法が持つ負の側面が浮き彫りになり，研究への関心も著しく薄れ，加えて国の水素政策も，2003 年には燃料電池の普及，利用および水素エネルギーシステムでのインフラ整備へと大きく転換した[7]。

将来のクリーンエネルギーシステムで使用される燃料として水素が多くの優れた性質を備えていることについては既に述べた。しかしながら，水素は貯蔵，輸送の対象物という点では石油に比べ著しく劣る。

水素は高圧ボンベ中に圧縮充填し貯蔵輸送する方法が普及しているが，高圧のため取り扱いには危険をともなう。最近水素吸蔵合金による貯蔵技術が進んでいるが，合金の値段が高いこと，水素貯蔵量が少ないこと，水素の吸収，放出に大きな圧力差があり，デバイスの作動特性，効率の低下を引き起こすこと，合金が微粉化しやすいなどの理由から本格的実用化に向けていっそうの研究が望まれている。

液化も行われているが，沸点が−253℃と極端に低くなり，水素の持つエネルギーの 30〜40% を液化に消費することに加え，揮発しやすく爆発の危険性も高いため厳しい安全対策が要求される。さらに自動車の燃料としても，水素ステーションなどのインフラ整備に莫大な投資が必要になるなどの欠点が目立つ。このように見てくると，現在日常で広く使用されている石油系燃料のように便利かつ安全性の高い状態で水素を使用することは現実的に難しい。こうした水素の輸送，貯蔵上の欠点を補うため，今世紀初頭からメタ

ノールを主体燃料とした経済社会への移行が提案され研究が始まっている[8]。

　もう一つ水素の大きな弱点として，二次エネルギーのため，その製造に必要な熱源を何に求めるかが重要な課題となる。

　水の熱化学分解では高温ガス炉が予定されていた。エネルギー多消費産業である製鉄工業でも21世紀に向けた新技術開発として高温ガス炉が取り上げられ，水の熱化学分解との組み合わせ製鉄も検討されていた。しかし，金属製錬への原子力の利用については以前から安全性への危惧が強く，特に福島第一原発事故以後は国民の間に拒否反応が高まっており，実用化は行き詰まりの状態にある。

　CO_2による環境問題および経済成長路線をも見据え日本のエネルギー政策は現在大幅な見直しを迫られている。エネルギー多消費産業である冶金分野でもこれを機会に将来の在り方について，もう一度じっくり検討するよいチャンスと思う。

　原発事故を契機に自然エネルギーが次なる目標として掲げられているが，この道も極めて厳しい道になることが予想される。最終目標へ到達するための過渡的手段としてどのような方法がよいのか緊急の課題となるが，冶金分野からは金属製造プロセスでの水素の同時製造と排出CO_2のメタノール燃料化の組み合わせが考えられ，冶金と化学工業との複合化が再度浮上するように思われる。

[引用文献]
[1] 大野克久：CUR 8th World Copper Conference 参加報告　金属資源情報センターカレントトピックス　2007年25号.
[2] 佐藤壮郎：地質ニュース(1992), 449, 10-16.
[3] 茅陽一：限界を超えて(1992), 107, ダイヤモンド社.
[4] IPCC第4次評価報告書総合報告書概要(公式版)：2007年12月17日.
[5] J. E. Funk, R. E. Reinstrom: AEC R & D Report TID20441 (1964), 2(Suppl. A).
[6] C. Merchetti, G. DeBeni: Progress Report, No. 1 EUR 4776e (1972); No. 2 EUR 4955e (1973); No. 3 EUR 5059e (1974).
[7] 我国エネルギー政策の変遷：エネルギー白書(2004年版). 経済産業省エネルギー庁.
[8] G. A. Olah, A. Goeppert, G. K. S. Prakash(小林四郎, 斉藤彰久, 西村晃尚　訳)：メタノールエコノミー(2010), 化学同人.

第 2 章
水素源としての Fayalite と
Fayalite 系スラグ

1. はじめに
2. 水素の自然湧出
3. 金属製錬と Fayalite 系スラグ
4. Fayalite による水の分解反応についての熱力学的検討
5. Kirschsteinite($CaFeSiO_4$)による水の分解
6. Fayalite-$Mg(OH)_2$ 系反応と蛇紋石中の自然金属
7. Olivine による水の分解
8. まとめ

Ag_2S を 500℃で水素還元したときに生じた金属銀。
根元周辺部分で表面銀濃度の減少が見られる。

1. はじめに

水素社会実現に向けての過渡的水素製造法の一つのオプションとして冶金工業での金属と水素の同時生産がある。本章では冶金スラグ中に含まれている Fayalite の水蒸気酸化により水素を製造する方法について熱力学的検討を行い，その可能性を探った。

2. 水素の自然湧出

生物起源とされる天然ガスのような大量発生井はないが，非生物起源とされる小規模の水素湧出が世界各地で発見されている。かんらん岩に含まれる Fe^{2+} は水により酸化され Fe_3O_4 に変わる際，水素を発生することは以前から知られており，硫化水素とともに自然界での重要な潜在水素源となっている。

水素の自然湧出は，主として Ophiolite 地帯および中央海嶺で見られる。

2.1 Ophiolite 地帯

Ophiolite については，オマーン北部 Semail で水素 69〜81％を含むガスが，またフィリピンの Luson でも水素濃度 41〜46％のガスが佐野らおよび Abrajano などにより発見されている（表2.1）。

このほか発生タイプのはっきりしない高濃度水素の湧出が米国カンザス州中央大陸リフトに近い Humboldt 断層の西側にあり，メタンと CO_2 の含有量が非常に少ないことから非生物起源の水素とされている（表2.1）。

2.2 中央海嶺

太平洋，大西洋，インド洋など地球の全表面にわたり巨大山脈が深海底に連なっている（図2.1）。

山脈頂上部には海嶺と呼ばれる地球の〝裂け目〟があり，新しい海洋プ

表 2.1 非生物起源と見られる各種含水素自然湧出ガス

タイプ	Ophiolite		中央海嶺		火山ガス	深海熱水噴出孔	
所在位置	Ain Al-Waddah Oman	Zambales Philippines	Scott Well Kansas U.S.A	Webster Iowa U.S.A	Surtsey Iceland	Rainbow 中央海嶺	Lost City
Temp(°C)					1125	865	10～91
pH(25°C)						2.8	<91 10～11
H_2S mol%					0.89	1 mmol/kg	<0.064 mmol/kg
H_2 mol%	81	42.3	34.7	96.3	2.80	13 mmol/kg	<1～15 mmol/kg
CO_2 mol%	<0.1	<0.01	0.2		9.29	na	bdl
CH_4 mol%	2.2	55.3	0.03	0.1		0.19～2.2 mmol/kg	1～2 mmol/kg
SO_2 mol%					4.12	0	1～4 mmol/kg
N_2 mol%	16	1.5	61.0	3.5			
O_2 mol%	0.54	0.09	4.6				
H_2O mol%					81.13		
文献	(1)	(2)	(3)	(3)	(4)	(5)	(5)

(1) Y. Sano et. al.: Applied Geochem. 8 (1993) 1, 8; (2) N. C. Abrajano et. al.: Chem Geology 71 (1988), 211-222; (3) M. Raymond et. al.: Amer. Assoc. Petroleum Geolo. Bull. 71 (1987) 1, 39-48; (4) Symons, Rose, Bluth, and Gerlach: Gas Compositions and Tectonic Setting (1994); (5) M. K. Tivey: Oceanography, 20 (2007), 1, p. 55.

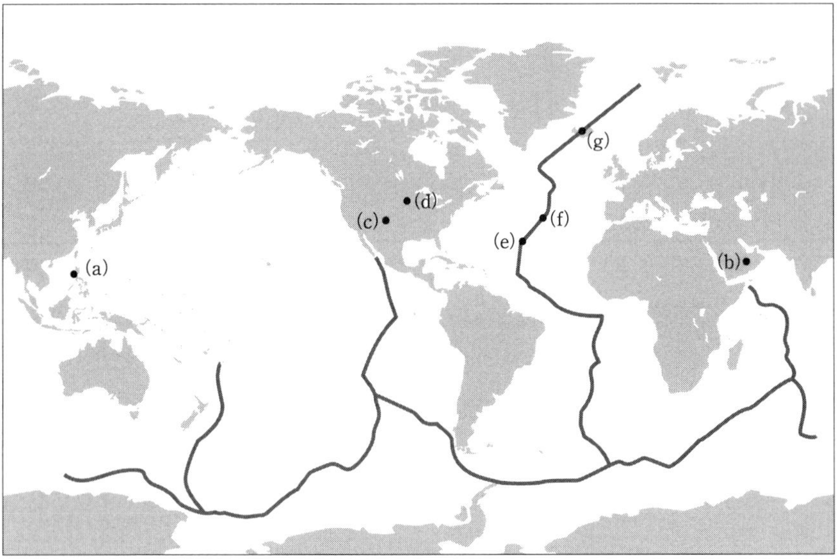

図2.1 非生物起源と見られる水素ガスの自然湧出場所
(a) Zambales, (b) Ain Al-Waddah, (c) Scott Well, (d) Webster,
(e) Lost City, (f) Rainbow, (g) Surtsey

レートの発散場所と見られている。中央海嶺では割れ目からしみ込んだ海水がマグマに熱せられ，熱水噴出孔から噴出している。

表2.1に大西洋中央海嶺の〝Rainbow〟および〝Lost City〟からの熱水噴出流体の水素濃度を示した[1]。

〝Lost City〟の特徴は熱水最高温度が90℃で，pHが10〜11と高く，H_2S，硫化物が少ないことである。Chimneyは白色で，活動中の噴出孔は主としてBruciteとAragoniteからなり，活動していないものはAragoniteがCalciteに変わり，Bruciteは溶出してMg分が少なくなっている。これに対して〝Rainbow〟からの流体の温度は365℃と高く，pHは2.8と低い。また，H_2S濃度が高く，金属硫化物粒子からなるblacksmokerの発生が見られる。

アイスランドは海嶺が海面上に現れた所として知られており，裂け目に沿い多くの火山がある。この地帯のSurtsey火山からのガス中の水素濃度を

14

表 2.1 に記したが，Gudmundur 等は 1965 年に 34〜35％の高い水素濃度を観測している[2]。

上述の諸報告から非生物起源の水素には冶金副生物のスラグに当たる FeO 含有珪酸塩から生じた水素のほか，硫化鉱石の乾式製錬でスラグから分離したマット（鉄，銅，ニッケルなどの硫化物の均一融体）に相当する硫化物が水と反応してできたものと見られる二種類の水素があることが推定される。

石油の人工合成法に〝Fischer-Tropsch 法〟がある。Co，Fe 系触媒を使用し，〜300 bar，180〜300℃で CO-H_2 間の反応により人造石油を製造する方法で，南アフリカで日産 15 万バーレルに相当する燃料油を製造する工場が稼動している[3]。

熱水噴出孔での圧力，最高温度はそれぞれ 200〜300 bar，200〜300℃で上記〝F-T 法〟での反応条件に近い。炭素源としては海水中の溶解 CO_2 があり，また熱水中には触媒作用を持つ各種金属も溶け出しているから，熱水噴出孔を取り巻く化学的環境は炭化水素を生じるに充分なポテンシャルの高い状況下にあると見てよい。

2.3 国 内

国内での水素湧出については脇田らが 1973 年から始めた兵庫県での断層調査で数 ppm〜3％の水素が観測されており，断層運動による岩石破壊と地下水との反応で水素が生じるとの説を発表した。

その後，秋田大学の北も男鹿半島中央部の断層地帯で最高濃度 2,180 ppm の水素を検出しており，さらにボーミルによる岩石破砕時に水素が発生することから脇田らの説を支持している[4]。

断層での水素の発生現象は地震予知の一方法として注目されており，活断層地帯の地質学的な相違と発生水素濃度，発生量との関連研究も進められている。

水素の自然湧出井は規模も小さく商業的価値は現在あまりない。また，地球内部の水素発生源もマントル付近になるから，水素の回収も難しい。しか

しながら，冶金分野では Fayalite を多量に含むスラグが大量に発生し，その処理が問題になっている。したがって，これらスラグを活用し，金属と水素を同時に生産できればエネルギー源としても有用と考えられることから，その可能性について検討した。

3. 金属製錬と Fayalite 系スラグ

天然には Fayalite 組成のもの($*2FeO*SiO_2$)は少なく，大部分が Forsterite (Mg_2SiO_4)との固溶体である Olivine として産出する。純 Fayalite の SiO_2 含有量は 29.6％，FeO 70.5％，Fe 54.81％，融点は 1,217℃で金属珪酸塩としては低く，比重は 4.4 と重い。工業的には，銅の乾式製錬で Fayalite 系 slags として大量に副生する。

製鉄工業では高炉への装入物として低スラグ比焼結鉱が望ましいことから Fayalite 系焼結鉱が使用されている。また，Fayalite は融点が低いことから粉鉄鉱の焼結でバインダーとしての作用もある。

鉄製錬での Fayalite は鉄鉱石としての見方が強く，したがってその被還元性が重視されており，水の分解剤としての研究はない。さらに，鉄のロスを少なくするため，スラグへの鉄分の移行をできるだけ低く抑えており，水素源としての利用価値はない。

Fayalite は非鉄製錬，特に銅鉱石の乾式製錬スラグと関係が深い。硫化銅鉱からの銅の回収では鉱石中に多量に含まれる不純物の鉄の除去法として，転炉でのマット処理時に SiO_2 をフラックスとして加え Fayalite 系のスラグとして除去している。

転炉スラグは銅の含有量が高いため，マット熔錬に繰り返すか，脱銅処理をしている。スラグの脱銅クリーニング法としては，徐冷して Fayalite 結晶を晶出成長させた後，浮遊選鉱にかけて〝からみ精鉱〟(主として銅の硫化物)と〝鉄精鉱〟(主成分は Fayalite)に分けている(表2.2)。鉄精鉱の国内生産量は年間約 35 万トンで，鉄分が多いことからセメント原料としての利用量が多い。

表2.2　鉄精鉱の化学組成の一例[5]

	Cu(%)	S(%)	Fe(%)	SiO$_2$(%)
銅転炉スラグ	10.4	1.98	45.6	18.5
鉄精鉱	0.46	0.04	52.7	20.3

表2.3　銅マット製造工程からのスラグの化学組成[6]

	SiO$_2$(%)	T.Fe(%)	CaO(%)	Al$_2$O$_3$(%)	MgO(%)
自熔炉スラグ	34.9	38.6	1.40	5.61	4.82
反射炉スラグ	32.0	37.7	2.76	4.40	1.70

Fayalite含有スラグにはもう一つマット製造工程から出るものがある。化学組成の一例を表2.3に示した。

銅の精鉱品位は鉄鉱石の半分以下になるため，マット熔錬工程での金属トン当たりのスラグの生成量も多くなり，また含有鉄分も転炉スラグより少ない。国内発生量は年間約230万トンで[7]，主な用途は路盤材が50%。造滓材が28%，土木建材用が15%となっている。

スラグを構成する鉱物および各種金属の分布状態については森永[8]，千田ら[9]の研究がある。

森永によればマット熔錬スラグの急冷水砕試料をWustiteの安定雰囲気で熱処理するとFayaliteのみの晶出が認められ，冷却速度を下げるとその成長が起こる。また，MgOはFayalite相に，CaOとAl$_2$O$_3$はマトリックスのガラス質相に濃縮する。大気中での熱処理では，500℃付近からFayaliteの晶出が始まり，700℃付近で量的に最大となり，これ以上の温度ではferrousの酸化によりFe$_3$O$_4$とFe$_2$O$_3$相を生じ，Fayaliteは次第に消失する。

千田らはスラグ中での各種金属の分布状態について調べている。亜鉛の分布についてMagnetiteに2%，Fayaliteに3%程度含まれているが，特にガラス質部分に多くなる。SiO$_2$が25%以下のスラグにはFeO 88%，SiO$_2$が9%，ZnO 3%を含む針状の結晶が見られた。

Co の分布については，造かん期では Fayalite 相に 1.6〜2.3%，Magnetite に 1.3〜1.5%，また上記針状結晶には 2%含まれるに対して，製銅期では主として Magnetite に濃縮し，4.4%を示した。ガラス質部分では 0.1〜0.6%と少ない。

4. Fayalite による水の分解反応についての熱力学的検討

本書での熱力学計算および化学種の表示については〝HSC〟ソフトに拠った[10]。

4.1 Fayalite-H₂O(g)系反応と水素

（1） Fayalite による水の高温分解

次の反応につき 300〜1,000°Cでの平衡 $\log P_{H_2} / P_{H_2O}$ 値を求め図 2.2 の曲線(1)を得た。

$$1.5*2FeO*SiO_2 + H_2O(g) = Fe_3O_4 + H_2(g) + SiO_2 \qquad (2.1)$$

常圧での計算結果によれば，平衡水素濃度は 1.47〜1.68 mol%と低く，水素製造反応としては実用性に乏しい。

（2） 含水鉄珪酸塩の生成と水素

下記水素発生反応の ΔH^0 は 0〜300°Cで −163〜−136 kJ と発熱になる。

$$8*2FeO*SiO_2 + 4H_2O(g) = 3Fe_3O_4 + 3H_2(g) +$$
$$Fe_7Si_8O_{22}(OH)_2 \qquad (2.2)$$

さらに平衡定数 Kp 値は 0〜100°Cで6.529・10⁹〜38 になるが，150°Cでは0.1 と水素濃度は減少する。

18

4.2 Fayalite-CaO-H₂O(g)系反応

（1） 無水 Ca 珪酸塩の生成と水素

上述のように Fayalite 単独での水蒸気酸化では水素回収の可能性は低い
ため，各種添加剤による水素発生の促進について平衡計算を行った結果，
CaO が有効なことがわかった(図2.2)。

無水 Ca 珪酸塩の生成をともなう場合の反応として次の諸反応がある。な
お，式中の ΔH^0 は 300～1,000°C間の値である。

$$1.5*2FeO*SiO_2＋1.5CaO＋H_2O(g)＝Fe_3O_4＋H_2(g)＋$$
$$1.5CaSiO_3 \qquad (2.3)$$

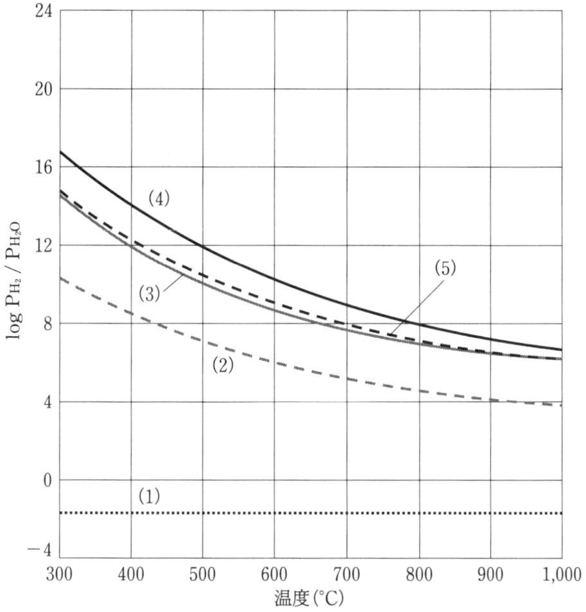

図2.2　Fayalite-CaO-H₂O(g)系各種反応における平衡 P_{H_2} / P_{H_2O} 値の比較
(1)　$1.5*2FeO*SiO_2＋H_2O(g)＝Fe_3O_4＋H_2(g)＋1.5SiO_2$
(2)　$1.5*2FeO*SiO_2＋1.5CaO＋H_2O(g)＝Fe_3O_4＋H_2(g)＋1.5CaSiO_3$
(3)　$2*2FeO*SiO_2＋3CaO＋4/3H_2O(g)＝4/3Fe_3O_4＋4/3H_2(g)＋*3CaO*2SiO_2$
(4)　$1.5*2FeO*SiO_2＋3CaO＋H_2O(g)＝Fe_3O_4＋H_2(g)＋1.5*2CaO*SiO_2$
(5)　$1.5*2FeO*SiO_2＋4.5CaO＋H_2O(g)＝Fe_3O_4＋H_2(g)＋1.5*3CaO*SiO_2$

$\Delta H^0 = -147.654 \sim -121.263$ kJ

$2*2FeO*SiO_2 + 3CaO + (4/3)H_2O(g) = (4/3)Fe_3O_4 + (4/3)H_2(g) + *3CaO*2SiO_2$ (2.4)

$\Delta H^0 = -253.128 \sim -212.885$ kJ

$1.5*2FeO*SiO_2 + 3CaO + H_2O(g) = Fe_3O_4 + H_2(g) + 1.5*2CaO*SiO_2$ (2.5)

$\Delta H^0 = -216.143 \sim -161.797$ kJ

$1.5*2FeO*SiO_2 + 4.5CaO + H_2O(g) = Fe_3O_4 + H_2(g) + 1.5*3CaO*SiO_2$ (2.6)

$\Delta H^0 = -183.196 \sim -143.730$ kJ

さらに図 2.2 に示すように P_{H_2}/P_{H_2O} はいずれも大きな値を取り，$H_2O(g)$の水素への転換率は 100%に近くなる。したがって，CaO の添加により水素の発生を大きく促進できる。

CaO の添加量については，Fayalite 1 mol に対して CaO 2 mol，になる(2.4)の反応が最も高い水素濃度を与えた。反応熱については，(2.1)の反応が約 550℃で発熱から吸熱に変わるのに対して，CaO の添加ではすべて大きな発熱反応になる。なお，$Ca(OH)_2$ は $Mg(OH)_2$ に比べ熱分解しづらく，常圧では 500℃付近まで安定なため(図 2.3)，Fayalite-CaO-

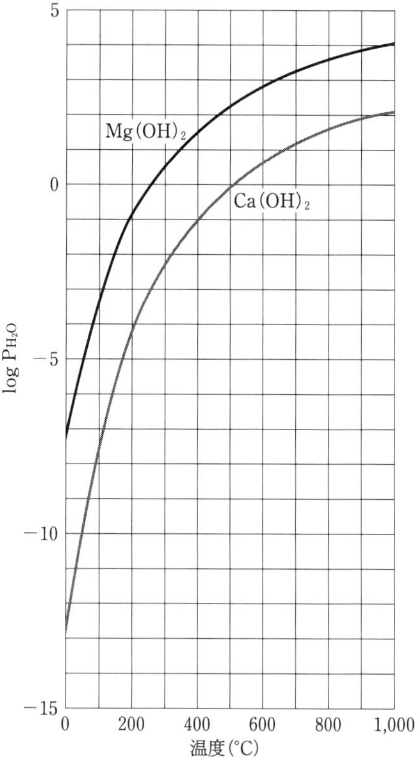

図 2.3 $Ca(OH)_2$ および $Mg(OH)_2$ の熱分解における平衡 $\log P_{H_2O}$ 値とその温度変化

$H_2O(g)$系反応による水素発生では$Ca(OH)_2$をスチームの供給源として利用できる可能性がある。

（2） Fayalite-CaO-H₂O(g)系における含水 Ca 珪酸塩の生成と水素

CaO を加えた Fayalite の蛇紋化反応において，生成含水カルシウム珪酸塩 1 mol 当たりの ΔH^0 および ΔG^0 は下記のようになる。

$$2*2FeO*SiO_2+3CaO+(13/3)H_2O(g)=(4/3)Fe_3O_4+$$
$$(4/3)H_2(g)+*3CaO*2SiO_2*3H_2O \qquad (2.7)$$
$$\Delta H^0=-339.839 \text{ kJ}, \text{ Kp}=1.876\cdot10^4 \qquad (300°C)$$
$$6*2FeO*SiO_2+6CaO+5H_2O(g)=4Fe_3O_4+4H_2(g)+$$
$$*6CaO*6SiO_2*H_2O \qquad (2.8)$$
$$\Delta H^0=-569.452 \text{ kJ}, \text{ Kp}=3.716\cdot10^{30} \qquad (300°C)$$
$$6*2FeO*SiO_2+5CaO+7H_2O(g)=4Fe_3O_4+4H_2(g)+$$
$$*5CaO*6SiO_2*3H_2O \qquad (2.9)$$
$$\Delta H^0=-621.540 \text{ kJ}, \text{ Kp}=1.212\cdot10^{19} \qquad (300°C)$$
$$2*2FeO*SiO_2+CaO+(13/3)H_2O(g)=(4/3)Fe_3O_4+$$
$$(4/3)H_2(g)+CaO*2SiO_2*2H_2O \qquad (2.10)$$
$$\Delta H^0=-225.032 \text{ kJ}, \text{ Kp}=1.692\cdot10^{-2} \qquad (300°C)$$

上記反応の常圧，300°Cでの平衡水素濃度は(2.10)を除き 90〜100 mol%になり特に $*6CaO*6SiO_2*H_2O$ と $*5CaO*6SiO_2*3H_2O$ の生成反応が高くなる。反応熱については，すべて大きな発熱になる。

中間生成物として $Fe(OH)_2$ を想定すると，上述の(2.7)〜(2.10)の反応は，次の $Fe(OH)_2$ の生成反応と Schikorr 反応の組み合わせ反応と見ることができる。

Fe(OH)₂ の生成反応

$$2*2FeO*SiO_2+3CaO+7H_2O(g)=4Fe(OH)_2+$$
$$*3CaO*2SiO_2*3H_2O \qquad (2.11)$$

$$6*2FeO*SiO_2+6CaO+13H_2O(g)=12Fe(OH)_2+$$
$$*6CaO*6SiO_2*H_2O \tag{2.12}$$
$$6*2FeO*SiO_2+5CaO+15H_2O(g)=12Fe(OH)_2+$$
$$*5CaO*6SiO_2*3H_2O \tag{2.13}$$
$$2*2FeO*SiO_2+CaO+6H_2O(g)=4Fe(OH)_2+$$
$$CaO*2SiO_2*2H_2O \tag{2.14}$$

Schikorr 反応

$$3Fe(OH)_2=Fe_3O_4+2H_2O(g)+H_2(g) \tag{2.15}$$

表 2.4　Fayalite-CaO-H_2O(g)系による Fe(OH)$_2$ の生成反応
(150°C)

反応	ΔG^0(kJ) [H_2O(g)]	ΔG^0(kJ) [H_2O(l)]	ΔG^0(kJ)
(11)	−50.258	−87.588	
(12)	−172.596	−241.924	
(13)	−94.102	−174.095	
(14)	30.274	−1.723	
$3Fe(OH)_2=Fe_3O_4+H_2(g)+2H_2O(g)$			−56.570

　表 2.4 から (2.11)〜(2.14) の反応の ΔG^0 は (2.14) 以外はすべてマイナスになり，特に (2.12) と (2.13) の反応による Fe(OH)$_2$ の生成が起こりやすい。
　次の (2.16) と (2.17)〜(2.20) の各式との組み合わせ反応により水素が発生する可能性も考えられる。

Ca(OH)$_2$ の生成反応

$$CaO+H_2O(g)=Ca(OH)_2 \tag{2.16}$$

Fayalite-Ca(OH)$_2$ 系反応

$$2*2FeO*SiO_2+3Ca(OH)_2+(4/3)H_2O(g)=$$
$$(4/3)Fe_3O_4+(4/3)H_2(g)+*3CaO*2SiO_2*3H_2O \tag{2.17}$$

$$6*2FeO*SiO_2+6Ca(OH)_2=4Fe_3O_4+4H_2(g)+$$
$$H_2O(g)+*6CaO*6SiO_2*H_2O \tag{2.18}$$
$$6*2FeO*SiO_2+5Ca(OH)_2+2H_2O(g)=4Fe_3O_4+$$
$$4H_2(g)+*5CaO*6SiO_2*3H_2O \tag{2.19}$$
$$2*2FeO*SiO_2+Ca(OH)_2+(7/3)H_2O(g)=(4/3)Fe_3O_4+$$
$$(4/3)H_2(g)+CaO*2SiO_2*2H_2O \tag{2.20}$$

計算結果を表 2.5 に示したが，前掲の表 2.4 との比較から，水素発生機構として $Fe(OH)_2$ が中間生成物となる可能性が強い。

Schikorr 反応については第 4 章の第 3 節で詳述するが，この反応は常圧，$150℃$でも Fe_3O_4 の生成と水素発生が起こる。実用的には現在磁性粉体の製造に利用されているが，水素の回収反応としての利用は未だない。

表 2.5 Fayalite-Ca(OH)$_2$ 系による水素の発生反応(150℃)

反応	ΔG^0(kJ)	ΔG^0(kJ)
(17)	20.775	
(18)	-106.568	
(19)	-76.791	
(20)	3.871	
$CaO+H_2O(g)=Ca(OH)_2$		-48.718

4.3 Fayalite による炭酸ガスのメタン化

CO_2 による環境汚染への対応策として，CO_2 を炭化水素に変えて利用する新しい炭素循環システムの構築が計画されている[14]。CO_2 の資源化の一つとして水素によるメタン化があるが，この方法には次のような問題点がある。

① 化石燃料から水素を製造してメタン化に使用することは，そもそも水素を石油に代わり利用する水素経済の基本理念に矛盾する。

② 化石燃料燃焼時の CO_2 の生成速度が非常に速いため，メタン化もこれと同程度の速度が要求される。

③ 水素によるメタン化は発熱反応になるため低温が望ましく，触媒を用いる接触水素化技術の開発が必要となる。

（1）　Fayalite-$H_2O(g)$系による炭酸ガスのメタン化

Fayalite-$H_2O(g)$系による常圧水素生成反応は $300\sim1{,}000^\circ C$で平衡水素濃度が $1.5\sim1.7$ mol%になり，実用性に乏しいことを第4節で述べた。この系に CO_2 を導入すると下記の ΔG^0 は $250^\circ C$以上ではプラスになる。

$$6*2FeO*SiO_2+CO_2(g)+2H_2O(g)=4Fe_3O_4+CH_4(g)+$$
$$6SiO_2 \qquad\qquad (2.21)$$
$$\Delta H^0=-231.933 \text{ kJ}, \ Kp=0.01884 \qquad (300^\circ C)$$

（2）　Fayalite-CaO-$H_2O(g)$系による無水 Ca 珪酸塩の生成と炭酸ガスのメタン化

Fayalite-CaO-$H_2O(g)$系による CO_2 のメタン化には次の諸反応がある。

$$6*2FeO*SiO_2+6CaO+CO_2(g)+2H_2O(g)=4Fe_3O_4+$$
$$CH_4(g)+6CaSiO_3 \qquad\qquad (2.22)$$
$$\Delta H^0=-730.6 \text{ kJ}, \ Kp=8.983\cdot10^{29} \qquad (500^\circ C)$$
$$6*2FeO*SiO_2+12CaO+CO_2(g)+2H_2O(g)=4Fe_3O_4+$$
$$CH_4(g)+6*2CaO*SiO_2 \qquad\qquad (2.23)$$
$$\Delta H^0=-1002.6 \text{ kJ}, \ Kp=3.193\cdot10^{48} \qquad (500^\circ C)$$
$$6*2FeO*SiO_2+18CaO+CO_2(g)+2H_2O(g)=4Fe_3O_4+$$
$$CH_4(g)+6*3CaO*SiO_2 \qquad\qquad (2.24)$$
$$\Delta H^0=-864.2 \text{ kJ}, \ Kp=2.707\cdot10^{43} \qquad (500^\circ C)$$
$$6*2FeO*SiO_2+9CaO+CO_2(g)+2H_2O(g)=4Fe_3O_4+$$
$$CH_4(g)3*3CaO*2SiO_2$$
$$\Delta H^0=-899.2 \text{ kJ}, \ Kp=4.872\cdot10^{42} \qquad (500^\circ C)$$

副反応による影響も考慮し，上記(2.23)の反応につき，$0\sim500^\circ C$，$1\sim300$ bar での多成分系での平衡メタン濃度較を求め，図 2.4 の結果を得た。

この反応による CO_2 のメタン化では，加圧の効果が大きく，特に 100 bar

24

までの影響が大きい。

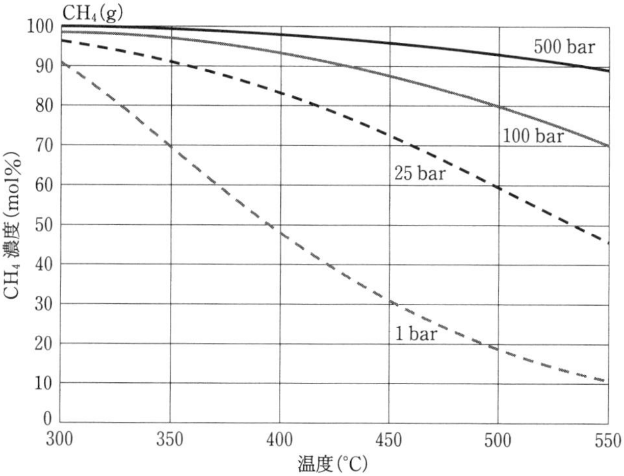

図2.4　下記反応における多成分系平衡メタン濃度の温度および圧依存性
$6*2FeO*SiO_2+12CaO+CO_2(g)+2H_2O(g)=4Fe_3O_4+CH_4(g)+6*2CaO*SiO_2$
化学種：$CH_4(g)$, $CO(g)$, $CO_2(g)$, $H_2(g)$, $H_2O(g)$, $CaCO_3$
　　　　$(CaFe)0.5SiO_3$, $CaFe(SiO_3)_2$, CaO, $Ca(OH)_2$, $*2FeO*SiO_2$
　　　　$*3CaO*SiO_2$, $*3CaO*2SiO_2$, $CaSiO_3$, Fe, $FeCO_3$, Fe_3O_4, $Fe(OH)_2$,
　　　　$*2FeO*SiO_2$, $Fe_7Si_8O_{22}(OH)_2$, SiO_2
入　力：$*2FeO*SiO_2$ 6 kmol, CaO 12 kmol, $CO_2(g)$ 1 kmol, $H_2O(g)$ 2 kmol
温　度：300〜550℃, 圧：1〜500 bar

（3）　Fayaliteからの含水カルシュウム珪酸塩の生成と炭酸ガスのメタン化

Fayalite-CaO-$H_2O(g)$-$CO_2(g)$系反応として次の反応につき50〜300℃での反応熱および平衡定数 Kp を計算し表 2.6 を得た。

$$6*2FeO*SiO_2+6CaO+CO_2(g)+3H_2O(g)=4Fe_3O_4+$$
$$CH_4(g)+*6CaO*6SiO_2*H_2O \tag{2.26}$$

$$6*2FeO*SiO_2+5CaO+CO_2(g)+5H_2O(g)=4Fe_3O_4+$$
$$CH_4(g)+*5CaO*6SiO_2*3H_2O \tag{2.27}$$

$$6*2FeO*SiO_2+3CaO+CO_2(g)+8H_2O(g)=4Fe_3O_4+$$
$$CH_4(g)+3\ CaO*2SiO_2*2H_2O \tag{2.28}$$

第2章　水素源としての Fayalite と Fayalite 系スラグ　25

$$6*2FeO*SiO_2 + 9CaO + CO_2 + 11H_2O(g) = 4Fe_3O_4 +$$
$$CH_4(g) + 3*3CaO*2SiO_2*3H_2O \tag{2.29}$$

表 2.6 に明らかなように，反応はすべて発熱になる。また平衡定数もいずれも著しく高く，平衡論的にはこの系による CO_2 のメタン化は可能であるといえる。

表 2.6　Fayalite-CaO-H₂O(g)—含水 Ca 珪酸塩系による CO_2 のメタン化反応の ΔH^0 および平衡定数 Kp の温度変化

温度 (°C)	反応(2.26)		反応(2.27)		反応(2.28)		反応(2.29)	
	$\Delta H(kJ)$	Kp	$\Delta H(kJ)$	Kp	$\Delta H(kJ)$	Kp	$\Delta H(kJ)$	Kp
50	−757.973	2.182 E+89	−819.507	8.831 E+81	−847.679	2.433 E+60	−1239.383	7.866 E+104
100	−756.615	8.575 E+72	−816.653	1.669 E+64	−850.431	9.853 E+41	−1234.173	1.257 E+ 78
150	−754.840	2.698 E+60	−813.124	5.504 E+50	−852.150	8.150 E+27	−1227.202	5.456 E+ 57
200	−752.774	3.946 E+50	−809.120	1.437 E+40	−853.250	6.118 E+16	−1218.860	5.997 E+ 41
250	−750.194	4.627 E+42	−804.465	4.390 E+31	−853.684	6.027 E+07	−1209.086	9.222 E+ 28
300	−746.677	1.394 E+36	−798.766	4.548 E+24	−853.146	2.213	−1197.568	3.018 E+ 18

5. Kirschsteinite(CaFeSiO₄)による水の分解

5.1　CaFeSiO₄-H₂O(g)系反応と水素

高炉装入用原料として酸化鉄 -SiO₂ 系熔融体をバインダーとした低スラグ比焼結鉱が最近注目されている。FeO-CaO-SiO₂ 系スラグでは，既述の Fayalite のほか CaFeSiO₄ が Ferrous を含む主要構成鉱物となる。この珪酸塩については，CO や水素に対する被還元性が調べられているが，Fe^{2+} の水蒸気酸化による水素発生挙動に関しては報告がない。

高炉ガスからの CO_2 の削減法として，水素の一部使用も考えられており，また CaFeSiO₄ 系のスラグが銅精錬と関連することから，Kirschsteinite-H₂O(g)系反応における水素発生挙動について調べた。CaFeSiO₄ による水の分解反応としては，図 2.5 に記載の 4 つの反応がある。平衡定数の温度変化を同じく図 2.5 に示したが，図 2.2 との比較から明らかなように反応温度に対する依存性は Fayalite とは逆になり，高温ほど水素濃度は高くなる。ま

26

た，生成カルシュウム珪酸塩と水素濃度との関係については *2CaO*SiO₂ の生成反応が最も高くなり，*3CaO*2SiO₂ と *3CaO*SiO₂ では略同じで，CaSiO₃ が一番低い値をとることがわかった。

反応熱については，図 2.5 の(4)の反応が 400℃以下で発熱になるに対して，(2)および(3)がそれぞれ 300℃，200℃以上，また(1)では 100℃以上で吸熱になる。

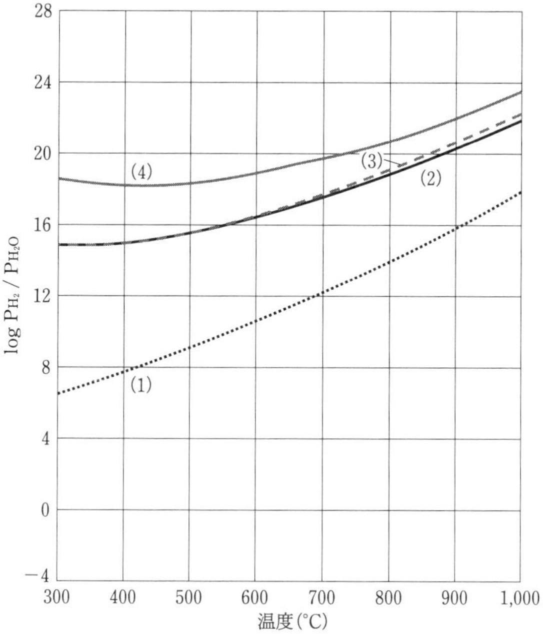

図 2.5　CaFeSiO₄–CaO–H₂O(g)系における平衡定数の温度変化
(1)　$3CaFeSiO_4 + H_2O(g) = Fe_3O_4 + H_2(g) + 3CaSiO_3$
(2)　$3CaFeSiO_4 + H_2O(g) + 1.5CaO = Fe_3O_4 + H_2(g) + 1.5*3CaO*2SiO_2$
(3)　$3CaOFeSiO_4 + H_2O(g) + 6CaO = Fe_3O_4 + H_2(g) + 3*3CaO*SiO_2$
(4)　$3CaFeSiO_4 + H_2O(g) + 3CaO = Fe_3O_4 + H_2(g) + 3*2CaO*SiO_2$

5.2　CaFeSiO₄ による炭酸ガスのメタン化

Kirschsteinite による CO₂ のメタン化の可能性を知るため，下記の反応の 500〜1,000℃間での ΔH⁰ および log Kp 値を求めた。

第2章　水素源としての Fayalite と Fayalite 系スラグ　27

$$12\,CaFeSiO_4 + CO_2(g) + 2\,H_2O(g) = 4\,Fe_3O_4 + CH_4(g) + \\ 12\,CaSiO_3 \tag{2.30}$$

$$\Delta H^0 = +572.3 \sim 1718.4\,kJ\ \ \log\,Kp = 36.822 \sim 64.924$$

$$12\,CaFeSiO_4 + CO_2(g) + 2\,H_2O(g) + 6\,CaO = 4\,Fe_3O_4 + \\ CH_4(g) + 6*3\,CaO*2\,SiO_2 \tag{2.31}$$

$$\Delta H^0 = +235.03 \sim 1409.8\,kJ\ \ \ \log\,Kp = 62.290 \sim 81.686$$

$$12\,CaFeSiO_4 + CO_2(g) + 2\,H_2O(g) = 4\,Fe_3O_4 + CH_4(g) + \\ 12*2\,CaO*SiO_2 \tag{2.32}$$

$$\Delta H^0 = +28.32 \sim 1394.1\,kJ\ \ \ \ \log\,Kp = 73.923 \sim 88.998$$

$$12\,CaFeSiO_4 + CO_2(g) + 2\,H_2O(g) + 24\,CaO = 4\,Fe_3O_4 + \\ CH_4(g) + 12*3\,CaO*SiO_2 \tag{2.33}$$

$$\Delta H^0 = +305.14 \sim 1538.6\,kJ\ \ \ \log\,Kp = 63.780 \sim 85.636$$

　log Kp が大きな値をとることから，平衡状態では上記反応はいずれもほぼ完全に右側に進行すると見てよい。

　反応熱については，反応(2.30)では 200℃以下，(2.31)および(2.33)反応では 300℃以下，(2.32)反応では 400℃以下で発熱反応になる。

6. Fayalite-Mg(OH)$_2$ 系反応と蛇紋石中の自然金属

　蛇紋石には Fe-Ni 系合金や金属鉄をともなうものがある。Fe-Ni 二元系状態図によれば，この合金は固溶体型であるが，端成分の Fe 側では 900℃以下で α 相(Kamacite, Ni 4～7%)と γ 相(Toenite, Ni 25～45%)の二相に分離する。また 500℃以下では Ni 約 75%付近で規則-不規則変態により Ni$_3$Fe 相(Awaruite)を生じる。

　金属鉄については，岡本らは長野県大河原の一部蛇紋化したダンかんらん岩中に自然鉄が含まれていることを発見した[11]。

　産出状態はダンかんらん岩中に生じた幅 20～100μ の脈状の chrysotile や Brucite 内に見られる。大きさは 10～数十μ で，Ni を 0.54～2.93%，Co を

0.26～2.78％含み[12]，脈壁に直角の方向に伸びた磁鉄鉱に囲まれた状態で共生していた。ダンかんらん岩に含まれる Olivine の Forsterite 含有量は 87～92％で，組成的に端成分の Mg_2SiO_4 に近い。また Ni 含有量は NiO として 0.3～0.4％である[12]。

さらにダンかんらん岩の蛇紋石化は三期に区分でき，自然鉄の形成されるのは二期の段階で，Chrysotile のほか Brucite をともなうのが大きな特徴で，国外で発見された自然鉄にも同様の生成環境が見られると述べている。なお，蛇紋石中に自然鉄が発見されるのは極めて稀で，当時国内では 2 例しかなく，その内の一つは熔岩中のもので，樹木が焼かれ，炭素により還元されてできたもので成因が異なり，また国外でもカナダとポルトガルの 2 例にすぎなかった[11]。

珪酸塩からの自然金属の成因として炭素または水素による還元が考えられるが，Olivine には炭素はほとんど含まれておらず水素が主因となる。水素発生機構には二つある。

脇田等は断層に沿い摩擦により起こる岩石破砕時に，破断面に生じた Free radical が水と反応して水素の発生を引き起こすとしている。もう一つは岩石に含まれる 2 価の鉄が水により酸化される際に生ずる水素がある。以下，金属鉄の成因と水素との関係について，反応条件を深海底での熱水噴出孔および Fischer-Tropsch 反応による石油の人工合成条件に近い，＜300℃，＜300 bar に限定した場合について調べた。

0～300℃での次の反応の平衡定数は下記のようになり反応は大きく右に偏る。

$$0.5*2NiO*SiO_2 + H_2(g) = Ni + 0.5SiO_2 + H_2O(g) \qquad (2.34)$$
$$Kp = 7.782 \cdot 10^3 \sim 2.956 \cdot 10^4 \qquad (0\sim300℃)$$

これに対して Fe_3O_4，Fayalite および $Fe_7Si_8O_{22}(OH)_2$ の水素還元では次式に示すように Kp 値は(2.34)に比べ小さくなるから，*2NiO*SiO₂ からの水素還元による金属ニッケルの生成は金属鉄に比べはるかに容易になる。

$$0.25Fe_3O_4 + H_2(g) = 0.75Fe + H_2O(g) \tag{2.35}$$
$$Kp = 1.288 \cdot 10^{-5} \sim 4.579 \cdot 10^{-2} \quad (0 \sim 300℃)$$

$$0.5*2FeO*SiO_2 + H_2(g) = Fe + 0.5SiO_2 + H_2O(g) \tag{2.36}$$
$$Kp = 3.23 \cdot 10^{-7} \sim 4.036 \cdot 10^{-3} \quad (0 \sim 300℃)$$

$$Fe_7Si_8O_{22}(OH)_2 + 7H_2(g) = 7Fe + 8SiO_2 + 8H_2O(g) \tag{2.37}$$
$$Kp = 1.029 \cdot 10^{-55} \sim 2.802 \cdot 10^{-17} \quad (0 \sim 300℃)$$

　既述の岡本等の論文から，蛇紋石中に見られる金属鉄の成因として Brucite および Chrysotile が関与していることが推定される。

　Forsterite の蛇紋化で，Brucite と Chrysotile が同時に生成する反応として次の反応がある。

$$2Mg_2SiO_4 + 3H_2O(g) = Mg(OH)_2 +$$
$$*3MgO*2SiO_2*2H_2O \tag{2.38}$$

　この反応の ΔG^0 値は 180℃以下でマイナスになる。

　$Mg(OH)_2$ は熱分解しやすく，常圧では約 300℃で分解するが，300 bar, の加圧下では 500℃まで安定で，分解を阻止できる。Fayalite-Brucite 系の水素発生反応には生成物が Chrysotile，Talc および Anthophyllite 生成型の三種の反応があるが，金属鉄を生じうるのは下記の二つの反応である。

$$8*2FeO*SiO_2 + 12Mg(OH)_2 =$$
$$4*3MgO*2SiO_2*2H_2O + 5Fe_3O_4 + Fe + 4H_2(g) \tag{2.39}$$
$$\Delta H^0 = -103.421 \text{ kJ}, \ \Delta G^0 = -228.018 \text{ kJ} \quad (300℃)$$

$$8*2FeO*SiO_2 + 6Mg(OH)_2 =$$
$$2*3MgO*4SiO_2*H_2O + 5Fe_3O_4 + Fe + 4H2(g) \tag{2.40}$$
$$\Delta H^0 = -32.848 \text{ kJ}, \ \Delta G^0 = -167.928 \text{ kJ} \quad (300℃)$$

　いずれも発熱反応になり，特に(2.39)の発熱が大きい。

300 bar における多成分系平衡について，反応(2.39)の平衡水素濃度を求め図 2.6 の結果を得た。図に明らかなように，300 bar での加圧下では200℃以下で金属鉄の生成が可能な強還元雰囲気を生じる(図 2.6 および図 2.7)。

上述の平衡計算からすると，Forsterite 分の高い Olivine では金属鉄ができやすいことになるが，既述のように蛇紋石内に自然鉄が見つかるのは極めて稀である。理由については，純鉄に近い組成の鉄は酸化されやすく，高濃度水素雰囲気でも安定な Magnetite に二次的に変わりやすいのに対して，鉄中の Ni 含有量が増すにつれ酸化速度が低下するから[13]，Fe-Ni 合金ではその出現頻度が自然鉄に比べ高くなるものと見られる。

一方，無水 Mg 珪酸塩の安定な高圧高温下での Fayalite と Brucite 間の反応では次の反応が起こりやすくなる。

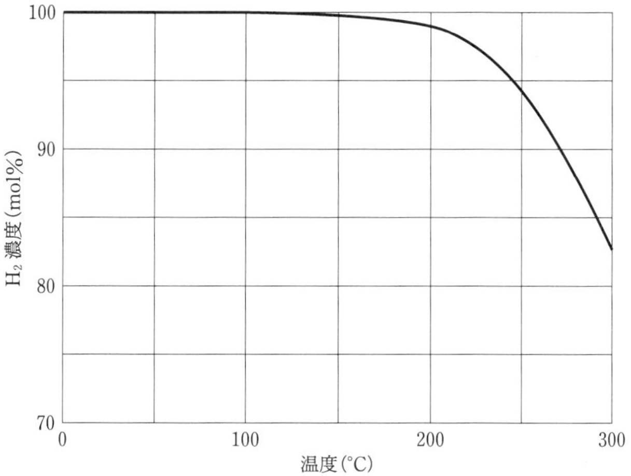

図 2.6　下記反応の多成分系平衡時の水素濃度
$8*2FeO*SiO_2 + 12Mg(OH)_2 = 4*3MgO*2SiO_2*2H_2O + 5Fe_3O_4 + Fe + 4H_2(g)$
［反応条件］
化学種：$H_2(g)$, $H_2O(g)$, Fe_3O_4, $Fe(OH)_2$, $FeO*SiO_2$, $*2FeO*SiO_2$, MgO, $Mg(OH)_2$, $*3MgO*2SiO_2*2H_2O$, $*3MgO*4SiO_2*H_2O$, $*7MgO*8SiO_2*H_2O$, $MgSIO_3$, SiO_2, Mg_2SiO_4, Fe
入　力：$*2FeO*SiO_2$ 8 kmol，$Mg(OH)_2$ 12 kmol
温　度：0～300℃，圧：300 bar

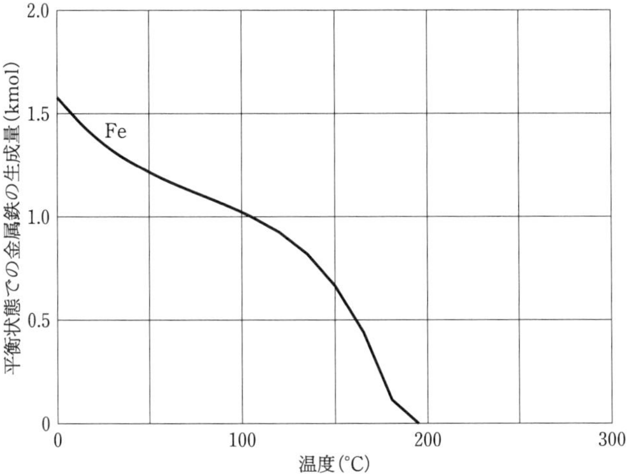

第 2 章 水素源としての Fayalite と Fayalite 系スラグ 31

図 2.7 下記反応の多成分系平衡時の生成金属鉄量

$8*2FeO*SiO_2 + 12Mg(OH)_2 = 5Fe_3O_4 + 4H_2(g) + Fe + 4*3MgO*2SiO_2*2H_2O$

反応条件は図 2.6 と同じ。

$$1.5*2FeO*SiO_2 + 3Mg(OH)_2 = Fe_3O_4 + H_2(g) +$$

$$2H_2O(g) + 1.5Mg_2SiO_4 \qquad (2.41)$$

$$\Delta H^0 = +125.634 \text{ kJ}, \ Kp = 4.857 \cdot 10^{10} \qquad (500℃)$$

7. Olivine による水の分解

7.1 Olivine

Olivine は Fayalite($*2FeO*SiO_2$) と Forsterite(Mg_2SiO_4) の固溶体で，端成分の Fayalite は自然界には少ない。図 2.8 の状態図によれば[15]，両端成分の融点はそれぞれ 1,217℃，1,880℃で全率固溶体を形成する。

今までに報告されている多数の研究から Olivine に対しては次式の対称型正則溶液モデルの適用が可能なことが知られている。

$$\mu^{ex} = RT\ln \quad \gamma = W_0(1-X)^2 \qquad (2.42)$$

32

μ^{ex} は Olivine 中の $FeSi_{0.5}O_2$ の化学ポテンシャルの理想溶液からのずれ，γ および X はそれぞれ $FeSi_{0.5}O_2$ の活量係数とモル分率である。H. St. C. O'Neil et al.[16]，P. M. Devidson et al.[17]，T. Kawasaki et al.[18] は定数項 W_0 値としてそれぞれ 4.1，3.5，6.9 kJ/mol を与えている。これら値の平均値 4.8 kJ/mol を用い，500℃における活量を計算し図 2.9 を得た。

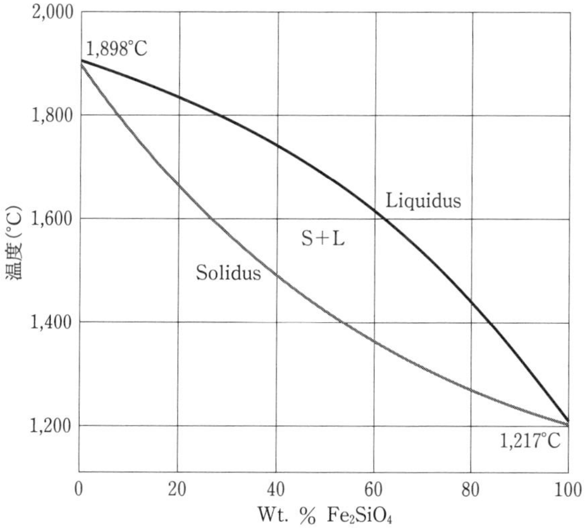

図 2.8　Fayalite-Forsterite 系平衡状態図[10]

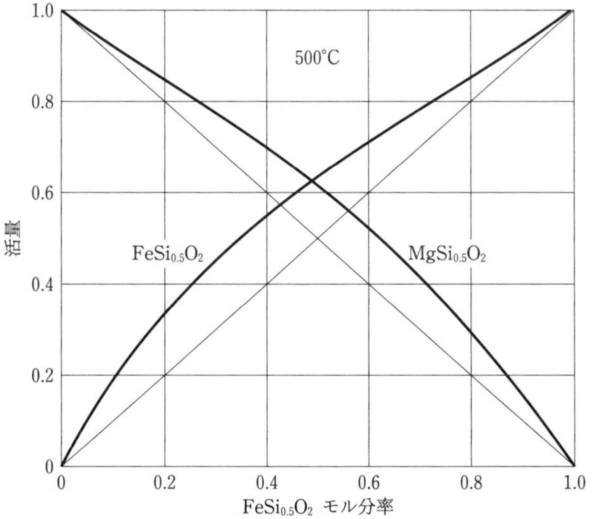

第 2 章　水素源としての Fayalite と Fayalite 系スラグ　　33

図 2.9　Olivine 中の $FeSi_{0.5}O_2$ と $MgSi_{0.5}O_2$ の活量

7.2　Olivine-H_2O(g)系反応と水素

Olivine 中の Fayalite の高温水蒸気による酸化反応は次式になる。

$$1.5 * 2FeO * SiO_2(\text{in olivine}) + H_2O(g) = Fe_3O_4 +$$
$$1.5SiO_2 + H_2(g) \tag{2.43}$$

一方，Forsterite は高温水蒸気に比較的不活性であるが，SiO_2 があると次の反応により $MgSiO_3$ に変わる。

$$1.5Mg_2SiO_4 + SiO_2 = 3MgSiO_3 \tag{2.44}$$

この反応の 500℃における ΔG^0 は $-24.19\,kJ$ で，高温ほど反応は起こりやすく，Olivine では次式が成立する。

$$1.5Mg_2SiO_4(\text{in olivine})+1.5SiO_2=3MgSiO_3 \qquad (2.45)$$

(2.43)～(2.45)の反応を組合わせると(2.46)の Olivine の水蒸気酸化式が得られる。

$$1.5*2FeO*SiO_2(\text{in Olivine})+1.5Mg_2SiO_4(\text{in Olivine})+$$
$$H_2O(g)=Fe_3O_4+3MgSiO_3+H_2(g) \qquad (2.46)$$
$$Kp=P_{H_2}/[P_{H_2O}\cdot a_{fa}{}^{1.5}\cdot a_{fo}{}^{1.5}]$$

Fayalite および Forsterite の活量がともに 1 の場合上記 Kp の値は 500℃で 0.388 になる。

Fayalite 50％を含む Olivine 中の $FeSi_{0.5}O_2$ と $MgSi_{0.5}O_2$ の活量 a_{fa} と a_{fo} を(2.42)を用いて計算し，反応(2.46)の平衡水素濃度を計算した結果 1.82 mol％を得た。

7.3　Olivine-CaO-H₂O(g)系反応と水素

$CaO-MgO-SiO_2$ 系珪酸塩として $CaO*MgO*SiO_2$，$CaO*MgO*2SiO_2$，$*2CaO*MgO*2SiO_2$，および $*3CaO*MgO*2SiO_2$ がある[19]。Olivine-H₂O(g)反応では Fe_3O_4 のほか $MgSiO_3$ が主固体生成物になることを前節で述べた。

下記反応の ΔG^0 は 500℃で -240.162 kJ となる。

$$3MgSiO_3+3CaO=3[CaO*MgO*SiO_2] \qquad (2.47)$$

このため $MgSiO_3$ は CaO があると $CaO*MgO*SiO_2$(Monticellite)に変わる，また，この珪酸塩は Mg_2SiO_4 とは非対称型固溶体を形成するが，低温領域では Forsterite と Monticellite の二相に分解することが知られている[20]。このような反応過程での変化から，Olivine-CaO-H₂O(g)系では次式の反応が進行すると見られる。

$$1.5*2FeO*SiO_2(\text{in olivine})+1.5Mg_2SiO_4(\text{in olivine})+$$
$$3CaO+H_2O(g)=Fe_3O_4+3[CaO*MgO:SiO_2]+$$
$$H_2(g) \tag{2.48}$$
$$Kp=P_{H_2}/[P_{H_2O}\cdot a_{fa}{}^{1.5}\cdot a_{for}{}^{1.5}]$$

Fayalite と Forsterite の活量が 1 のとき，上記(2.48)の Kp は 800°C で 1.282・10^{11} になる。$FeSi_{0.5}O_2$ のモル分率を 0.5 と仮定し，(2.42)と上式 (2.23)の Kp 値から 800°C での平衡 $P_{H_2}/P_{H_2O}(g)$ を求めた結果 4.487・10^9 を得た。したがって，Olivine-$H_2O(g)$系への CaO の添加は Olivine 中の Fe^{2+} の酸化による水素発生を著しく促進する。

8. ま と め

水素経済社会実現への過渡的な水素製造法として，冶金工程での金属と水素の同時生産がある。本研究では冶金スラグに含まれる Fayalite と $H_2O(g)$ 間の反応により水素を回収する方法につき熱力学的検討を行い，その可能性を探った。

Fayalite-$H_2O(g)$系への CaO の添加は，水素の発生を著しく促進するほか，大きな発熱をともない熱的にも有利となる。Forsterite の蛇紋化により生成する Brucite は Fayalite と反応すると低温度，高圧下で自然鉄を生じる強力な還元雰囲気を引き起こす。Fayalite-$H_2O(g)$系による発生水素を利用する CO_2 のメタン化に対しても CaO の添加は大きな促進効果をもたらす。

[引用文献]
 [1] M. K. Tivey: Oceanography (2001), 20(1), 50-65.
 [2] E. Gudmundur, Sigvaldason, E. Gunnlaugur: Geochimica et Cosmochimica (1968), 32(8), 797-805.
 [3] 吉田豊：エネルギーレビュー(2005), 2, 16-19.
 [4] I. Kita: Rep. Research Inst. Underground Resources Mining Colleg Akita Univ. (1984), 49, 23-32.
 [5] 山際雅幸：Jour. MMIJ(2007), 123, 620-625.

［6］ 河原正泰：文部省科学研究費 一般研究報告(1991).

［7］ 棚橋満, 月橋史孝, 山下智司, 山口勉功, 御手洗毅, 酒井哲郎, 岡部進：資源と素材 (2003), 119(10-11), 687-692.

［8］ 森永健次：日本鉱業振興会報告(1991), 106.

［9］ 千田晃・田中時明：北海道大学工学部研究報告(1966), 1-18.

[10] HSC Chemistry Ver. 7 Chemical Reaction Software (2009).

[11] K. Okamoto, Y. Inoue, Y. Kuroda: Geolo. Soc. Japan (1981), 87, 597-599.

[12] R. Sakai, Y. Kuroda: J. Japan Asocc. Min. Petro. Econ. Geol. (1983), 78, 467-478.

[13] I. A. Menzies, W. J. Tomlinson: J. Iron Steel Inst. (1966), 204, 1239.

[14] 環境触媒ハンドブック(2001), 686-701. 紀伊国屋書店.

[15] N. L. Bowen, J. F. Schairer: Amer. J. Sci. (1935), 29, 151-217.

[16] H. St. C. O'Neil, Wood Bj. Contrib: Mineral Petrol. (1979), 70, 59-70.

[17] P. M. Devidson, D. K. Mukhopadhay: Contrib Mineral Petrol. (1984), 86, 256-263.

[18] T. Kawasaki, Y. Matsui: Geochim. Cosmochim. Acta (1983), 47, 1661-1679.

[19] P. Hundon, I. Yung, D. R. Baker: Jour. Petrology (2006), 46(9), 1859-1880.

[20] K. Kawasaki: Jour. Mineral Petrol. Sci. (2001), 96, 54-66.

第3章
硫化鉱製錬での水素製造

1. はじめに
2. 硫化水素
3. 硫化水素からの水素の製造
4. 金属硫化物-$H_2O(g)$系反応と水素
5. まとめ

NiCl$_2$-NaCl 核融解を 700℃で水素還元したときに生じた樹枝状多層ニッケル

1. はじめに

　硫化鉱石が主原料となる非鉄金属の製錬工業では，それを取り巻く環境に大きな変化の兆しが現れ始めている。硫化鉱の処理では古くから含有硫黄を硫酸として回収する乾式製錬法が定着しており，将来ともこれに代わる新しい製錬法の出現は難しいとの見方が強かった。理由は銅製錬に見られるように原料中に含まれる硫黄および鉄の酸化熱で金属銅を製造する巧妙な方法がとられているためである。しかしながら，この通念に対して最近いくつかの否定的要因が出始めている。

　一つは資源問題である。

　インド，中国での経済の急速な拡大成長により，工業基礎素材の金属への需要は大幅に伸びており，世界的にこれら素材の供給について不安が広まりつつある。そのため製錬に必要な鉱石資源の獲得をめぐり世界的に競争が激化している。このような情勢から原料鉱石のほとんど全部を海外からの輸入に依存している日本の冶金工業は，今後これまでの高品位原料の入手難に加え，低品位鉱石や難処理鉱石に頼らざるをえなくなる事態も予測され，これにともない現在の製錬法の大幅な改変をせまられることも予測される。

　もう一つは硫酸問題である。わが国の硫酸の生産量は硫化鉱製錬からの副生硫酸が約516万トンと全生産量の80％を占めており(2007年)地金トン当たりでいうと銅で約3トン，亜鉛で約2トンの硫酸が副生する。

　大気汚染の防止から石油の脱硫が強化された結果，石油精製工程から産出する硫黄出の硫酸も増加し約171万トンになっている(2007年)。さらに，硫酸の主要消費部門であるリン酸肥料工業では副産物である石膏が排煙脱硫からの石膏に押されて減少し，その結果リン酸として輸入する量も年々増加，1992〜2004年の13年間でリン酸肥料製造用硫酸の消費量は1992年の半分以下まで減少した。リン酸を1トン製造するには硫酸約2.7トンを消費するから，リン酸の輸入は硫酸市場の大きな消失に繋がる。

　硫酸市場での需要構造変化は，需要に見合った生産を希望する非鉄製錬工

業に大きな制約条件として跳ね返ってくる懸念がある。このため鉱石中の硫黄分を硫酸ではなく，貯蔵や輸送に便利な固体硫黄として回収すると同時に金属も製造できる新しい製錬技術の開発が要望されるようになった。

冶金技術改変へ向けての流れを強める要因に，さらに環境問題がある。石油，石炭などの膨大な消費は地球規模での環境汚染を引き起こし，今後化石燃料を使い続けることに強い懸念が生じ始めている。このため新しいクリーンエネルギー源として水からの水素を利用することが提案され，その製造法として熱化学分解法についての研究が世界各国で進められたのである。

2. 硫化水素

2.1 硫化水素の熱力学

水素エネルギーシステムでは，太陽，地熱，水力，風力などの自然エネルギーによる水の分解が水素経済の基本的な考え方になっている。しかしながら，過去半世紀にわたる多くの研究結果から，化石燃料に代わる大量の水素を水から安価に製造する方法を今後短期間で開発することは難しいと見られる。

酸素との結合が強力で，分解の難しい水を水素源とせず，より結合力の弱いほかの水素源に変えることが本格的水素時代への過渡的手段として問題解決への一つのアプローチではないか。硫化鉱石を原料とする非鉄製錬サイドから眺めると，このような水素化合物として硫化水素がある。

表 3.1 に $H_2S(g)$ および $H_2O(g)$ の熱分解反応の ΔG^0 値の比較を示したが，水に比べ H_2S ははるかに分解しやすい性質を持っている。

表 3.1　$H_2S(g)$ および $H_2O(g)$ の熱分解反応に対する ΔH^0 と ΔG^0 の比較

温度(℃)	$2H_2S(g)=2H_2(g)+S_2(g)$		$2H_2O(g)=2H_2(g)+O_2(g)$	
	$\Delta H^0(kJ)$	$\Delta G^0(kJ)$	$\Delta H^0(kJ)$	$\Delta G^0(kJ)$
500	177.739	104.170	492.184	410.027
600	178.764	94.589	493.714	399.304
700	179.559	84.902	495.124	388.413

2.2 硫化水素資源

　アラブ首長国連邦(UAE)では増大する電力消費の伸びから，ガス火力発電とその予熱を利用して海水淡水化を行う複合施設 IWPP(Independent　Water and Power Producer)への天然ガスの供給不安が起こりつつある[1]。UAE は現在世界5位の天然ガスの埋蔵量を持っているが，その多くは未開発の状態になっている。これは埋蔵ガスの大半がサワーガスであるためによる。

　サワーガスの一般的定義は〝高濃度の硫化水素を含む天然ガス〟となっているが濃度についてははっきりしない。ウィキペディアの英語版では $1\,m^3$ 当たり 7.5 mg 以上，容積で 4 ppm 以上の H_2S を含む天然ガスとある[1]。悪臭と強い毒性を持ち，人体に危険なばかりでなく，採掘設備やガス処理施設に対しても腐蝕性が強いことから，従来の天然ガスに比べ開発が困難である。藤井の報告によれば[1]，世界のサワーガスの残存埋蔵量は南米，アフリカ，ヨーロッパ，中東地域，旧ソ連邦，東アジア地域を合わせると約 $73\,Tm^3$ に上る。

　天然ガスの需要逼迫にともない UAE ではリスクの高いサワーガスの開発に乗り出した。計画によれば，サワーガスから分離された H_2S の処理法として従来のクラウス法による単体硫黄の回収が予定されており，含有水素は水として廃棄されることになる。したがって，今後のサワーガス開発は多量に副生する硫黄の市況によりその経済性が大きく左右される。

　もう一つ H_2S の発生源として石油の脱硫精製工程があり，年間国内発生量は 4 億 Nm^3 で，最大の工業的発生源になっているが，その処理法も硫黄の回収のみに留まっている。

3. 硫化水素からの水素の製造

　既述のように硫化水素はその熱力学的性質，資源および硫化鉱製錬での副生などを考慮すると，水とともに H_2S からの水素の回収が重視される。金属と水素の併産を目標として H_2S からの水素の回収を取り上げると，次の四つの方法が考えられる。

①金属による分解

②金属硫化物による分解

③金属塩化物による分解

④金属硫化物-H₂O(g)系反応による分解

3.1 金属による H₂S の分解

非鉄金属の製錬原料である硫化鉱石は H₂S の固体固定物との見方もできる。水素は金属酸化物に対しては強力な還元剤であるが，金属硫化物には当てはまらない。金属硫化物を水素還元しても H₂S 濃度が非常に低い状態で反応が停止してしまう。逆の見方をすれば金属は H₂S のよい吸収剤で，平衡水素濃度は鉄，銅，ニッケルでは 500℃で 99%を超え，かつ発熱反応になる(表 3.2)。

表3.2　金属-H₂S 反応の 500℃における平衡水素濃度と反応熱

	ΔH^0(kJ)	平衡水素(mol%)
$2Ag+H_2S(g)=Ag_2S+H_2(g)$	+2.054	76.14
$3Ni+2H_2S(g)=Ni_3S_2+2H_2(g)$	−164.18	99.99
$Fe+H_2S(g)=FeS+H_2(g)$	−64.36	99.99
$2Cu+H_2S=Cu_2S+H_2(g)$	−43.35	99.98
$Pb(l)+H_2S(g)=PbS+H_2(g)$	−77.96	99.61

（1）　銀-H₂S 系反応[2]

固体金属と H₂S 間の反応では硫化物皮膜による反応速度の低下が大きな制約条件になる。また H₂S からの水素と S° の回収では，金属の硫化と硫化物の熱分解の組み合わせによる二段の熱化学分解が理想的であるが，通常の金属硫化物では 1,000℃以下での熱分解による金属の再生は難しい。

Ag₂S 固体内での Ag⁺ の拡散が他硫化物に比べ速いこと，また，Ag₂S の生成自由エネルギー値は H₂S のそれに近く，温度依存性も他硫化物に比べ比較的小さいことなどから，下記反応の組み合わせによる水素の回収について検討した。

第 3 章　硫化鉱製錬での水素製造　43

$$2Ag + H_2S(g) = Ag_2S + H_2(g) \tag{3.1}$$

$$Ag_2S + O_2(g) = 2Ag + SO_2(g) \tag{3.2}$$

ΔG^0 値から計算した (3.1) の平衡水素濃度は 500〜700℃で 76〜78 mol%に
なる。実験結果によれば 600℃で最大 60%弱の水素濃度を得た (図 3.1)。

硫化銀の酸化による銀の再生反応について考察するため, 図 3.2 に銀-硫
黄-酸素系の 600℃における相平衡図を示した。

次の反応で $P_{SO_2} = 0.2$ のときの $\log P_{S_2}$-$\log P_{O_2}$ の関係を示す直線の

$$S_2(g) + 2O_2(g) = 2SO_2(g) \tag{3.3}$$

位置から, Ag_2S の酸化では先ず金属 Ag が Ag_2S から生成し, 続いて
Ag_2SO_4 を生じる反応過程が予想される。

金属銀の生成速度を図 3.3 に示したが, 75%以上の再生は困難であった。
原因は X 線回折から Ag_2SO_4 の生成によることがわかった。金属銀は下記
反応によってもできるが, 525〜600℃での実験結果によれば, 銀への還元率
は約 90%であった (図 3.4)。

$$Ag_2S + Ag_2SO_4 = 4Ag + 2SO_2(g) \tag{3.4}$$

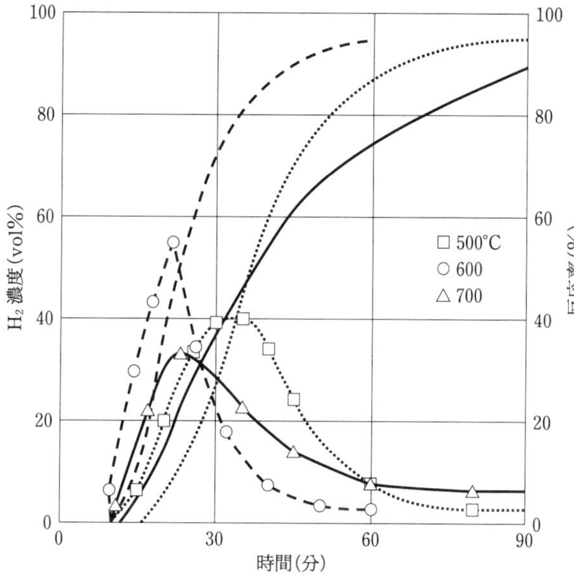

44

図3.1 銀の硫化水素による硫化時の水素濃度と硫化率

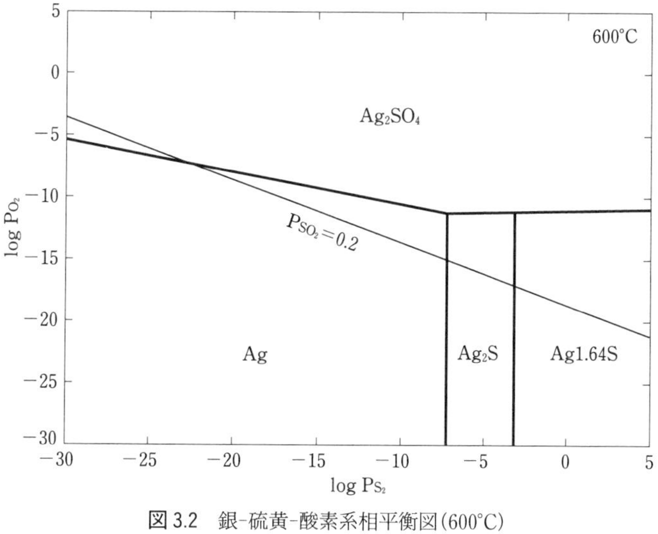

図3.2 銀-硫黄-酸素系相平衡図（600℃）

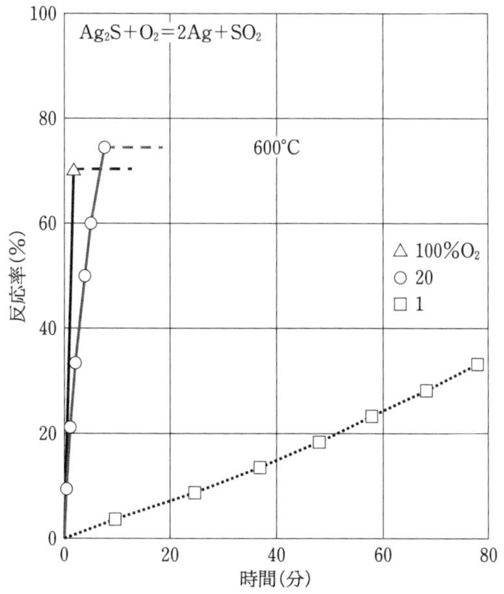

$$Ag_2S+O_2=2Ag+SO_2$$

600°C

△ 100%O_2
○ 20
□ 1

反応率 (%)

時間(分)

図 3.3　Ag_2S の酸化による金属銀の生成速度

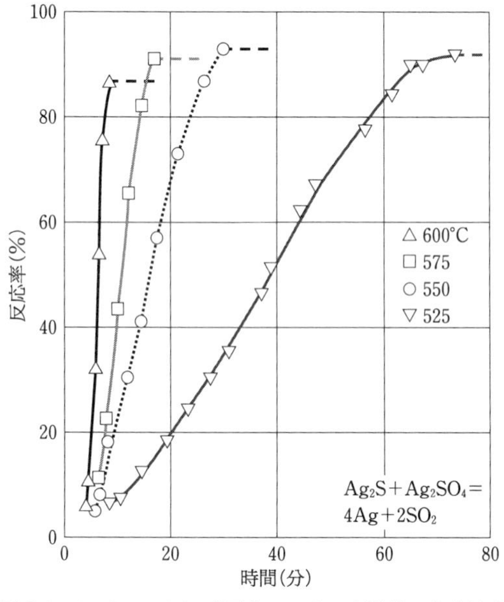

△ 600°C
□ 575
○ 550
▽ 525

$$Ag_2S+Ag_2SO_4=4Ag+2SO_2$$

反応率 (%)

時間(分)

図 3.4　Ag_2S–Ag_2SO_4 系反応における金属銀の生成速度

（2） 熔銅-H_2S 系反応[3]

　工業での最大の硫化水素発生源は石油精製での脱硫工程で，Claus 法による処理が広く実施されている。ところが Claus 法は H_2S 中の硫黄のみの回収に留まり，付加価値の高い水素は水として廃棄されている。このため水素も同時に再生できる方法が以前から求められていた。

　銅製錬では熔融マット中に空気を吹き込み金属銅を生産している。約 40 年程前，米国 SRI International ではこの冶金技術を利用し，下記の組み合わせ反応により石油の脱硫工程で副生する H_2S から水素を回収する方法についてベンチスケールの試験を実施した。

$$2Cu(l) + H_2S(g) = Cu_2S(l) + H_2(g) \tag{3.5}$$
$$\Delta H^0 = -51.30 \text{ kJ, } Kp = 1.901 \cdot 10^2 \quad (1,200°C)$$
$$Cu_2S(l) + O_2(g) = 2Cu(l) + SO_2(g) \tag{3.6}$$
$$\Delta H^0 = -218.8 \text{ kJ, } Kp = 1.305 \cdot 10^6 \quad (1,200°C)$$

　1,200°Cでの試験結果によれば，(3.5) の反応速度は速く，熔融銅内での H_2S の滞留時間が 1/10 秒程度の短時間でも水素濃度は平衡値に近い 99%以上を示した。また，水素の製造コストについても試算が行われた。硫化水素の処理量 250 t/日，副生 SO_2 ガスからは硫酸を製造するものとし，発生水蒸気の回収を含めた水素の製造コストは 1.24 \$/1,000 SCF となり，商業ベースでも魅力のある値になると述べている（計算基準は 1981 年 6 月時点で，当時の円レート 225 円/US\$ を使って試算すると 10 円/m^3 になる）。

（3） 熔融鉛-H_2S 系反応による水素の製造[4]

　Cu(l)-H_2S 系と同様次の組み合わせ反応による水素の回収について実験検討を行った。

$$Pb(l) + H_2S(g) = PbS + H_2(g) \tag{3.7}$$
$$\Delta H^0 = -77.9 \text{ kJ, } Kp = 1.125 \cdot 10^3 \quad (500°C)$$
$$PbS + O_2(g) = Pb(l) + SO_2(g) \tag{3.8}$$

$$\Delta H^0 = -95.07 \text{ kJ}, \; Kp = 1.159 \cdot 10^{14} \qquad (500°C)$$

常圧での反応(3.7)の平衡水素濃度を表3.3に掲げたが，400〜800°Cでは99.9〜97.6％になる。しかし熔融鉛中へのH₂Sの吹き込みではこのような高濃度水素は得られなかった。図3.5に実験結果を示したが，750°Cにおける到達濃度は約35％で，ランスの太さや吹き込み深さが水素生成に大きく影響する。しかし，790°Cでは表3.3とは逆に水素濃度は高くなり，平衡値に近い水素濃度になる。PbSは高温で揮発しやすく，特に750°C以上では揮発量は大きくなることから気泡でのPbS皮膜のガス化が反応促進の原因と見られる。

NiおよびCuの熔融鉛への添加が水素の発生に対して著しい促進効

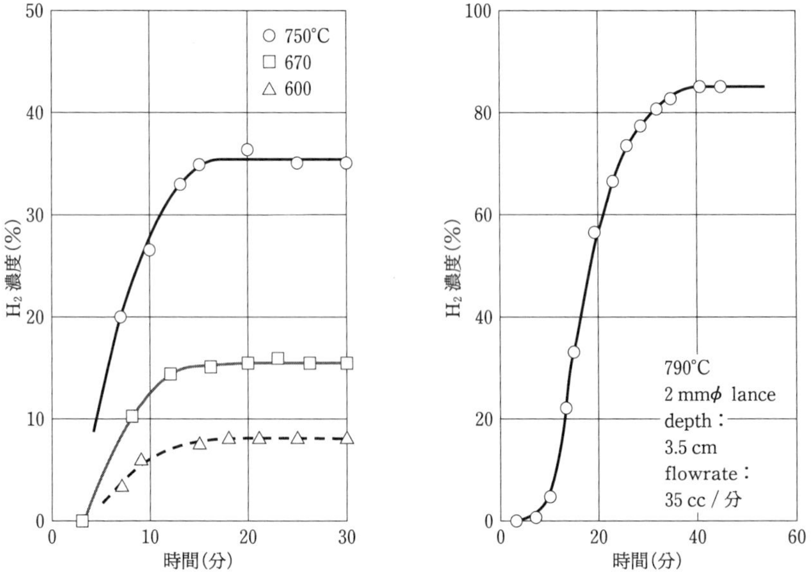

表3.3 熔融鉛と硫化水素との反応における平衡水素濃度

温度(℃)	Kp	水素濃度水素(vol%)
400	6896	99.99
500	1125	99.99
600	283.4	99.6
700	96.15	99.0
800	40.37	97.6

図3.5 H₂Sの熔融鉛中への吹き込み時の水素発生速度

48

果があることも実験から明らかとなった（図3.6）。Ni，Cu はともに Pb より硫化されやすいため優先硫化が原因とも考えられるが，添加量を増しても効果がなかった。

PbS からの鉛の再生については直接酸化処理法がある。図3.7 に 700°Cと1,000°Cにおける鉛-硫黄-酸素系のポテンシャル図を示した。

PbS の空気による直接酸化で，SO_2 濃度を 5〜20%とすると，下記反応の平衡定数から 700°Cおよび 1,000°Cにおける $\log P_{S_2}$-$\log P_{O_2}$ 間の関係式として図3.7 に示した 2 本の直線が得られる。

$$S_2(g) + 2O_2(g) = 2SO_2(g) \tag{3.9}$$

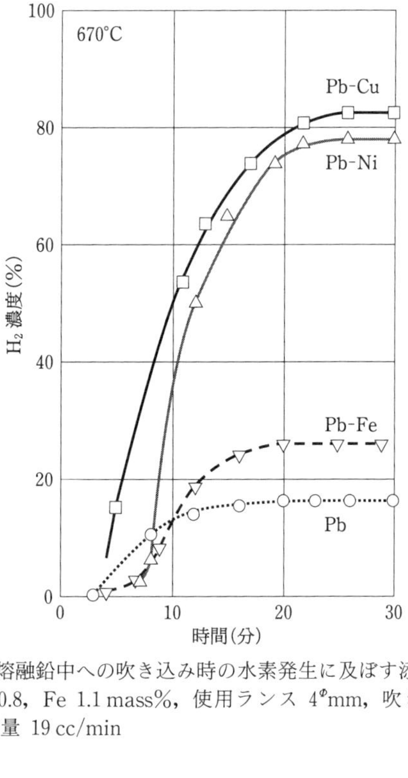

図3.6　H_2S の熔融鉛中への吹き込み時の水素発生に及ぼす添加金属の影響。Cu 1.1，Ni 0.8，Fe 1.1 mass%，使用ランス 4$^\phi$mm，吹き込み深さ 20 mm，H_2S 流量 19 cc/min

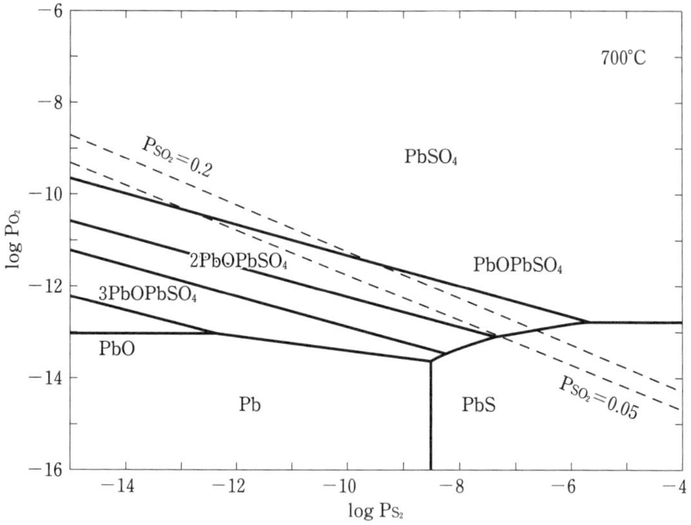

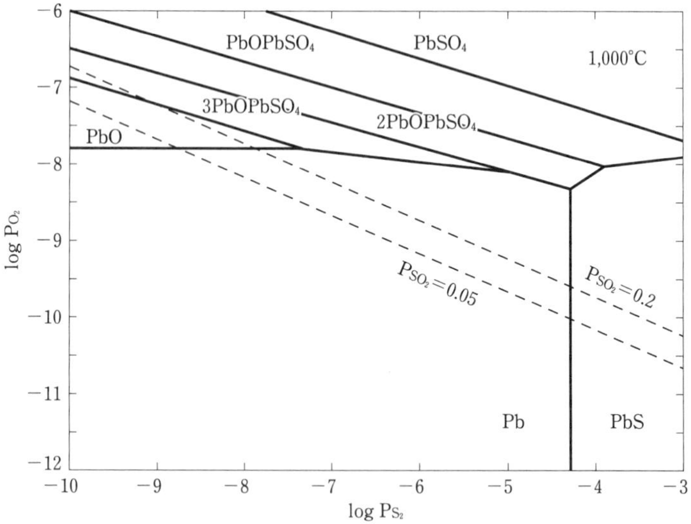

図 3.7　鉛-硫黄-酸素系ポテンシャル図

50

　図3.7に示した鉛-硫黄-酸素系化学種間の相平衡とこれら二直線との関係から，700℃での酸化過程ではPbSは，PbOを経てPbSO$_4$に変わり金属鉛はできない。これに対して1,000℃では上記二直線はPbの安定領域内に入るから酸化による金属鉛の再生が可能になる。しかし前節の銅のときと同様水素と等モルのSO$_2$の発生は避けられない。

3.2　非化学量論組成の金属硫化物によるH$_2$Sの熱化学分解
（1）　鉄硫化物とH$_2$Sの熱化学分解[5]

　FeSの非化学量論組成は500℃では50〜54.5 at%と小さく，しかもこの狭い組成域での平衡水素濃度は100%近くから約10%と急激に減少するから，FeS-FeS$_2$間の組成変化を利用する水素回収は難しい(図3.8)。

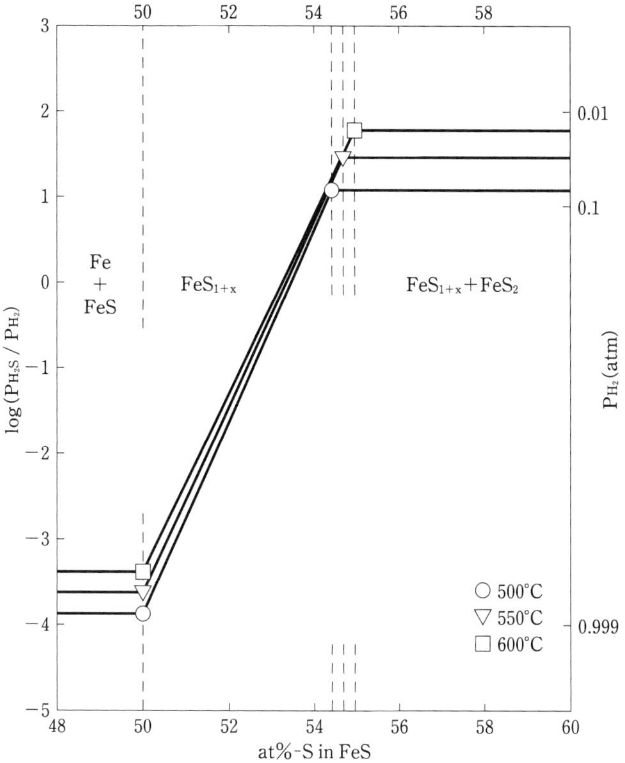

第3章　硫化鉱製錬での水素製造　　51

図3.8　硫化鉄の硫黄含有量と平衡 P_{H_2S} / P_{H_2} 値との関係[18]

（2）　ニッケル硫化物と H_2S の熱化学分解[6]

　Ni 硫化物の硫黄含有量と平衡水素濃度の温度変化を図3.9に掲げたが，NiS と NiS_2 共存下では約3%と低くなるから水素の回収には Ni_3S_2 と NiS 間の組成変化を利用することになる。また，NiS の Ni_3S_2 への解離硫黄圧は800℃で約52 Pa と比較的大きいから減圧熱分解で Ni_3S_2 を再生できる。

　H_2S の熱化学分解に用いる金属硫化物を選定する際，反応速度因子として硫化物内での金属の拡散速度が大きく影響する。高硫化物は低硫化物に比べ固体内での金属の拡散速度が小さく，例えば FeS と FeS_2 では拡散係数に約3桁の差がある[7]。硫化ニッケルについても同じ現象が認められた。

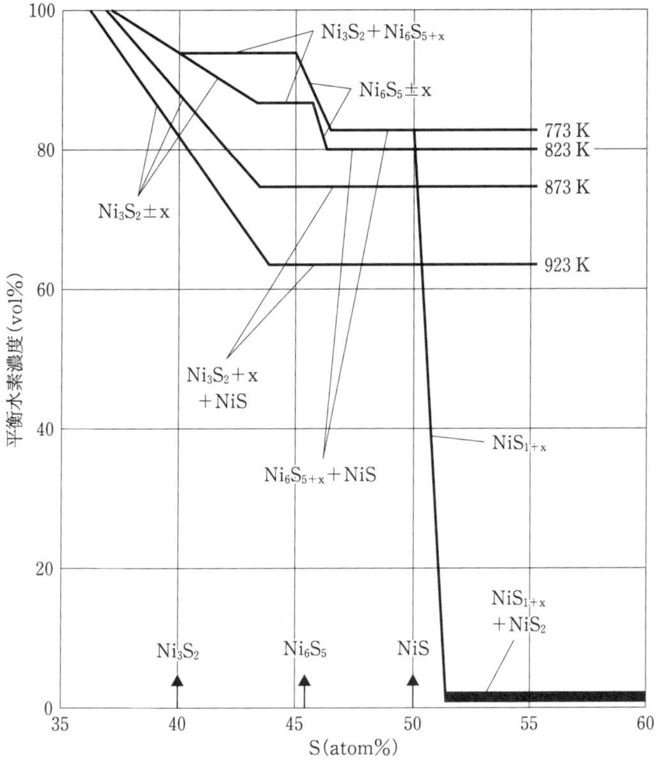

図 3.9　ニッケル硫化物の硫黄含有量と平衡水素濃度[19]

　Ni₃S₂ 粉末を H₂S 気流中で硫化したときに得られた重量変化曲線を図 3.10 に示したが，NiS から NiS₂ への硫化速度は極端に低下する。上述の熱力学的検討と実験結果をもとに，次の二段の熱化学分解サイクルについて実験を行った。

$$Ni_3S_2 + H_2S(g) = H_2(g) + 3\,NiS$$
$$3\,NiS = Ni_3S_2 + S_2(g)$$
$$\overline{}$$
$$H_2S(g) = H_2(g) + S_2(g)$$

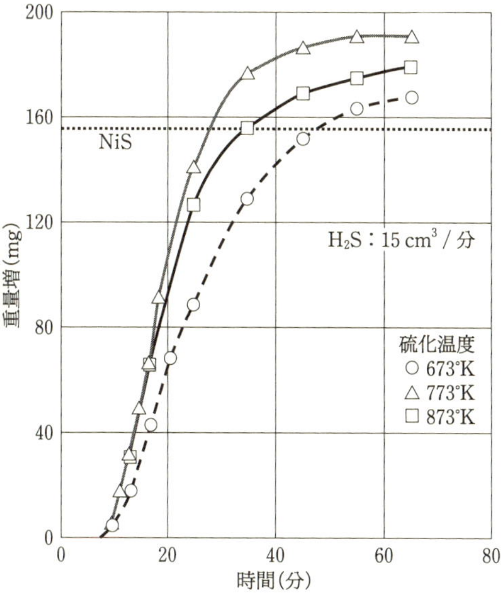

第3章　硫化鉱製錬での水素製造　　53

図 3.10　Ni_3S_2 の H_2S による硫化曲線
$$Ni_3S_2+H_2S(g)=H_2(g)+3NiS$$
$$3NiS=Ni_3S_2+S_2(g)$$
$$H_2S(g)=H_2(g)+S_2(g)$$

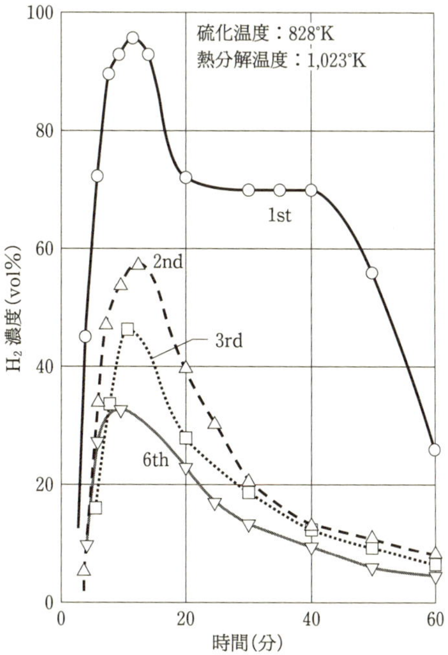

図 3.11　Ni_3S_2 の硫化と NiS の減圧熱分解の二段
サイクル反応による H_2S の熱化学分解

　実験結果を図 3.11 に示した。1 回目の硫化では高濃度水素が得られたが，サイクルごとに濃度は減少した。原因は融点の低い Ni_3S_2 が（m.p.790℃）一部熔融し，粉末試料が凝集，塊状化して脱硫および硫化が妨げられるためによる。回避策として珪藻土担持の Ni_3S_2 ブリケット（Ni_3S_2 60 wt%，$3^\Phi \times 4$ mm）120 g を用いて試験した結果，上述の障害を改善することができた。得られた結果の一例を図 3.12 に記した。

（3）　Ni-Cr 系硫化物と H_2S の熱化学分解

　前述の珪藻土ブリケットによる繰り返し試験では 8 回目まではほぼ同一の水素発生挙動が得られたが，32 回目のサイクルでは水素濃度の経時変化曲線に停滞部分が現れず，最高値に達して後単調に減少した。

　その原因を知るためブリケット内部の状態を調べたところ，最初均一に分

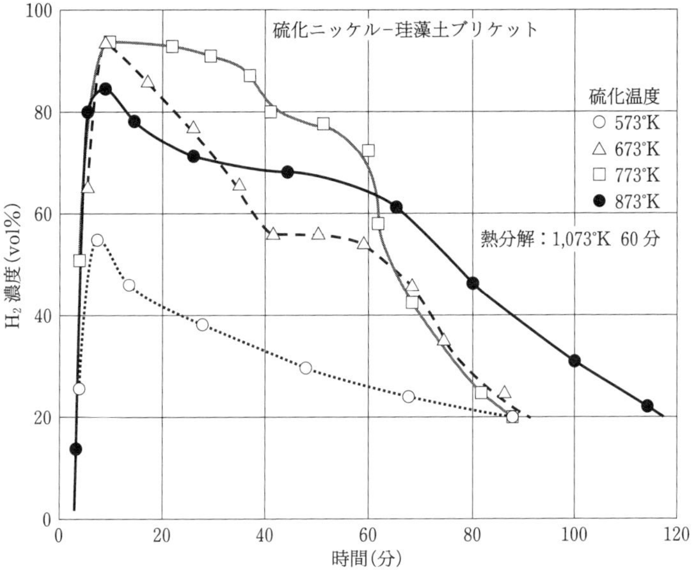

図 3.12 珪藻土ブリケットを使用した場合の水素濃度の経時変化

布していた硫化ニッケルが粒子内部で偏析を起こしており，さらにブリケット調製時に見られた多孔性も失われていた（写真 3.1）。それで，硫化ニッケルの偏析を防止するため融点が高く，かつ水素発生が可能な硫化物によりアルミナや珪藻土を置き換えることについて検討した。

　その結果 Cr_2S_3 の添加が有効なことがわかった。

　NiS と Cr_2S_3 の混合物を 1,000°C，3 時間，硫化水素気流中で加熱，Ni/Cr 原子比がそれぞれ 2 と 1 および 0.5 の 3 種の合成粉末を調製し，固定充填層によりサイクル試験を行った。実験条件は硫化が 300〜600°C，1 時間，脱硫は 800°C，13 kPa 減圧，Ar リークであった。

　試験結果を図 3.13 に示した。

　試料中の Ni および Cr の存在状態については，顕微鏡，EPMA，X 線回折から次のことがわかった。

　Ni/Cr 原子比が 1/2 の試料では，減圧脱硫，硫化両試料とも均一単相で，$NiCr_2S_4$ 型硫化物であった。したがって，この試料による H_2S の熱化学分

郵 便 は が き

| 0 | 6 | 0 | - | 8 | 7 | 8 | 8 |

料金受取人払郵便

札幌中央局
承　認

719

差出有効期間
H27年7月31日
まで

北海道大学出版会　行

札幌市北区北九条西八丁目
北海道大学構内

ご 氏 名 （ふりがな）		年齢 　　　歳	男・女
ご 住 所	〒		
ご 職 業	①会社員　②公務員　③教職員　④農林漁業 ⑤自営業　⑥自由業　⑦学生　⑧主婦　⑨無職 ⑩学校・団体・図書館施設　⑪その他（　　　　　）		
お買上書店名	市・町		書店
ご購読 新聞・雑誌名			

書 名

本書についてのご感想・ご意見

今後の企画についてのご意見

ご購入の動機
　1書店でみて　　　2新刊案内をみて　　　3友人知人の紹介
　4書評を読んで　　5新聞広告をみて　　　6DMをみて
　7ホームページをみて　　8その他（　　　　　　　　　　）

値段・装幀について
　A　値　段（安　い　　　普　通　　　高　い）
　B　装　幀（良　い　　　普　通　　　良くない）

HPを開いております。ご利用下さい。http://www.hup.gr.jp

写真 3.1　珪藻土ブリケット内部での Ni 硫化物の偏析。明るい部分が硫化ニッケル

解は $NiCr_2S_4$ 相の非化学量論組成内での変化になる。Ni／Cr 原子比が 1 の試料もすべて単相で，$NiCr_2S_4$ 型硫化物が X 線回折から検出された。なお，この組成の試料では減圧脱硫条件を 900°C，0.13 kPa と厳しくすると Ni_3S_2 と $NiCr_2S_4$ 型の二相に分解した。一方 Ni／Cr 原子比が 2 の試料の熱分解では Ni_3S_2 と Cr_2S_3 型硫化物の二相が安定相になる。

　以上の結果から，Ni／Cr 原子比が 1 以下では相分解が起こりづらく，Ni_3S_2 による反応障害も避けうることがわかったので，NiS と Cr_2S_3 粉末から Ni／Cr 比が 1 の試料を 1,000°C で合成し，$3^\Phi \times 4$ mm のシリンダー状に加圧成型したブリケット 175 g を外径 48 mm の縦型反応管に充填，層高約 80 mm の固定層でサイクル試験を実施した。

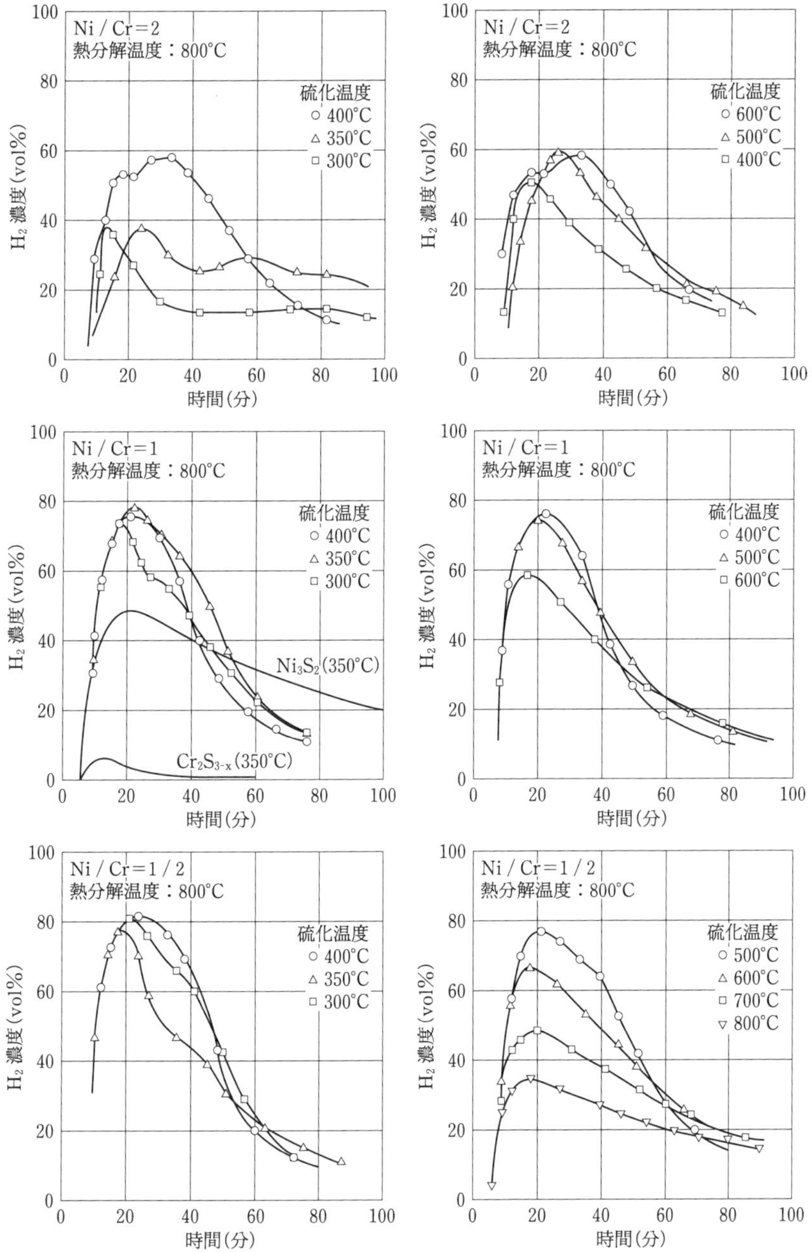

図3.13 Ni/Cr原子比が2/1, 1/1, および1/2の硫化物によるH₂S(g)の熱化学分解時の水素濃度

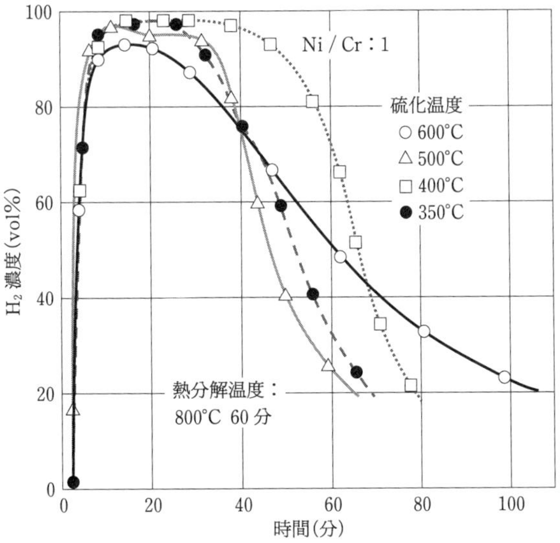

第 3 章　硫化鉱製錬での水素製造　　57

図 3.14　Ni-Cr 系硫化物ブリケットによる熱化学分解サイクルでの生成水素濃度，反応温度および熱分解条件

表 3.4　Ni Cr 系硫化物ブリケットによる H_2S の熱化学分解についての総合結果

反 応 条 件	減圧熱分解	硫化
(1) 反応温度	800℃	400℃
(2) 1サイクル時間	60 分	60 分
(3) 反応圧	13 kPa (Ar leak)	101 kPa
(4) 空間速度	127	38
ブリケット		
(1) Ni 27.2 mass%　Cr 24.1 mass%		
(2) 水素生成量　22.2 l/hr kg Briquettes		
平均水素濃度　86.3 vol%		

試験結果の一例を図 3.14 に，また総合成績を表 3.4 に示した。前節の珪藻土ブリケットの場合と比較して水素生成量で約 370 ml，平均水素濃度で約 8% の向上が認められた。

3.3　FeCl₂-H₂O(g)-H₂S(g)系反応による H₂S の分解

$FeCl_2$ の高温加水分解と Fe_3O_4 の塩酸溶解とを組み合わせると H_2S の熱化学分解になる。

$$3FeCl_2 + 4H_2O(g) = Fe_3O_4 + 6HCl(g) + H_2(g) \qquad (600°C)$$

$$\underline{Fe_3O_4 + 6HCl + H_2S(g) = 3FeCl_2 + S° + 4H_2O \qquad (100°C)}$$

$$H_2S = H_2(g) + S°$$

（1）　塩化第一鉄の高温加水分解[8]

下記反応による水素製造は Ispura 研究所の Mark 7 および Mark 9 のほか GE.Agnes 法など多くの熱化学サイクルで水素発生反応として取り上げられている。

$$3FeCl_2 + 4H_2O(g) = Fe_3O_4 + 6HCl(g) + H_2(g) \qquad (3.10)$$

$FeCl_2$ の融点は 677°C，また鉄酸化物としては FeO，Fe_3O_4，Fe_2O_3 の 3 種の酸化物がある。図 3.15 に 800°K における $FeCl_2$ の高温加水分解時の化学種間の相平衡関係を示した。

$H_2O(g)$ 0.4 mol とアルゴン 0.8 mol の混合ガスを使用し，生成塩酸と水素のモル比を 6 とすると次の 4 つの物質収支式が得られる。

$$n(T) = n(HCl) + n(H_2) + n(H_2O) + n(Ar) \qquad (3.10.1)$$

ここで $n(T)$ は気体の総モル数，また n は各ガスのモル数である。

$$n(HCl)/n(H_2) = 6 \qquad (3.10.2)$$
$$n^0(H_2O) = 0.5n(HCl) + n(H_2) + n(H_2O) \qquad (3.10.3)$$

$n^0(H_2O)$ は反応スタート時の H_2O のモル数である。

図 3.15 の横軸を α で表すと

$$\alpha = \log[n^2(HCl)/n(H_2)] - \log n(T) \qquad (3.11)$$

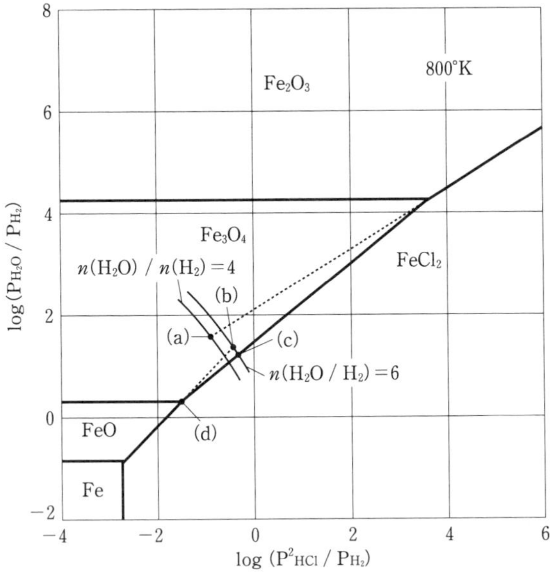

第3章　硫化鉱製錬での水素製造　59

図3.15　$FeCl_2$ の高温加水分解における相平衡

α の値を任意に決めると縦軸の値および n はすべて決まる。図に明らか
なように Fe_2O_3 と $FeCl_2$ の共存線は $n(HCl)/n(H_2)=4$ の曲線と Fe_3O_4 の安
定領域内の(a)で交叉するから，次の反応は起こりえない。

$$2FeCl_2+3H_2O(g)=Fe_2O_3+4HCl(g)+H_2(g) \qquad (3.12)$$

これに対して Fe_3O_4 と $FeCl_2$ との共存線は $n(HCl)/n(H_2)=6$ の曲線と
(c)点で交わるから，反応(3.10)による水素の生成は可能となる。一方，水
素の発生過程として下記二段反応も考えられる。

$$FeCl_2+H_2O(g)=FeO+2HCl(g) \qquad (3.13)$$
$$3FeO+H_2O(g)=Fe_3O_4+H_2(g) \qquad (3.14)$$

これら二つの反応の平衡点は(d)点になるから $n(HCl)/n(H_2)$ 比は6より小

さくなる。FeO を中間相と見做すと，上記(3.14)の反応は熱力学的に(3.13)式より起こりやすいから反応過程で生じた FeO は(3.14)の反応により消費され流出ガス組成は図 3.15 の交点(b)になる。$H_2O(g)$の塩酸および水素への転換率をそれぞれ R(HCl)，R(H₂)で表すと

$$R(HCl) = 0.5n(HCl)/n(H_2O)$$
$$R(H_2) = n(H_2)/n(H_2O)$$

HCl(g)および H_2(g)への転換率の経時変化曲線として図 3.16 の結果を得た。

塩酸の発生曲線はいずれの温度でも直線的に経過するのに対して，水素は塩酸の発生に遅れ，誘導期を経た後，塩酸の生成線に平行に推移する。また試料充塡層の上部から層状に反応帯が降下することなどから，反応管からの流出ガス組成は略平衡に近い状態にあると見てよい。

図 3.15 中の(b)および(c)点における塩酸と水素への転換率の計算結果を表 3.5 に示したが図 3.17 中に記載の実測値と比較すると(b)点での転換率に一致することから，$FeCl_2$ の高温加水分解反応は FeO を中間相とする二段反応で進行するとともに，水素の誘導期をともなう発生の遅れも FeO が原因すると見ることができる。

X 線回折結果によれば固体生成物は主として Fe_3O_4 からなり，FeO は検出されなかった。このほか $FeCl_2$ の焼結防止のため加えた石英粉末に起因する Fayalite が 620°C 以上の反応で検出された。Fe_3O_4 については単結晶状で，反応温度が低いほど細かくなり，温度が高くなると石英粉末上に大きく成長する(写真 3.2)。

固体–気体間の不均一反応では固体表面にできる反応生成物層が時間の経過につれ求心的に成長し反応面積が減少するため反応速度は次第に減少する現象が通常起こる。しかし反応途中での生成物の観察結果によれば，既述のように Fe_3O_4 は $FeCl_2$ 表面にはできず通気性を高めるため添加した石英粉末上に単結晶状に成長しており，$FeCl_2$ は酸化鉄に覆われることなく次第に

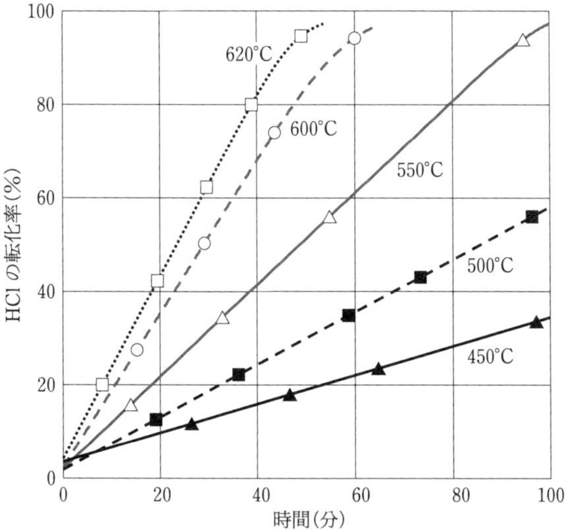

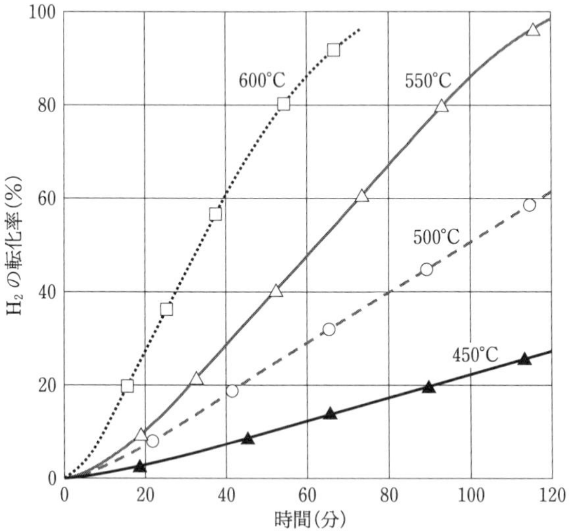

第 3 章　硫化鉱製錬での水素製造　　61

図 3.16　$FeCl_2$ の高温加水分解反応による水の塩酸および水素への転換率とその経時変化

表 3.5　$FeCl_2$ の高温加水分解での水の水素および塩酸への
転換率

$3FeCl_2+4H_2O(g)=Fe_3O_4+6HCl(g)+H_2(g)$		
	$800°K$	$900°K$
$\log R(HCl)$	0.931	0.628
$\log R(H_2)$	-1.409	-1.105
$FeCl_2+H_2O(g)=FeO+2HCl(g)$		
$3FeO+H_2O(g)=Fe_3O_4+H_2(g)$		
$\log R(HCl)$	-1.025	-0.616
$\log R(H_2)$	-1.502	1.093

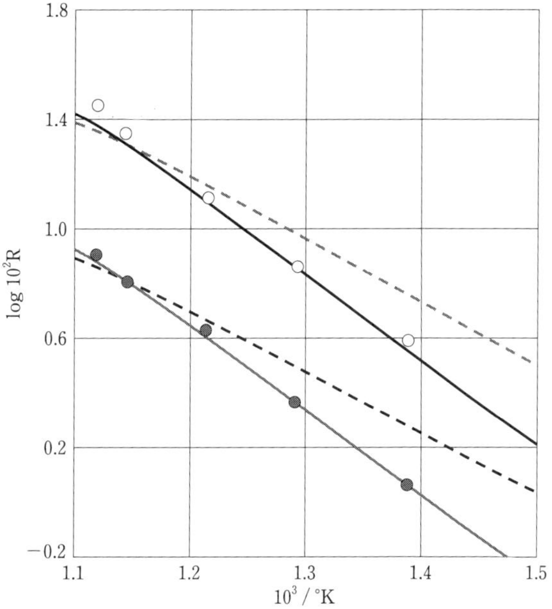

図 3.17　$FeCl_2$ の高温加水分解における水の HCl と水素への転換率と温度依存性
実測値：$H_2O(g)$ 10 cc/分，Ar 20 cc/分，○ HCl，● H_2
計算値：$H_2O(g)$ 0.4 mol，Ar 0.8 mol，----- 反応(3.10)，—— 反応(3.13)と(3.14)

写真 3.2 FeCl$_2$ を高温加水分解したときシリカ粒子表面に生成した Fe$_3$O$_4$ 単結晶。600°C，H$_2$O(g)流量 10 cc/分

消滅した。

FeCl$_2$ の 600〜700°Cでの平衡蒸気圧は 1〜13 Torr で鉄酸化物に比べ揮発しやすい。さらに固体 FeCl$_2$ と H$_2$O(g)との反応の ΔG^0 値は 1,000°C以下ではプラスとなり，かつ吸熱になるのに対して気体 FeCl$_2$ と H$_2$O(g)との反応ではマイナス値をとり発熱反応に変わる。したがって FeCl$_2$ の高温加水分解の反応機構として気体-気体反応を考えるとこれらの諸事実をよく説明できる。

FeCl$_2$(s)-H$_2$O(g)系反応の欠点としては，水溶液からの FeCl$_2$ 結晶の分離操作が必要なこと，塩酸ガスによる腐食が激しいことに加え水素脆性が起こりやすく，装置材料が工業化の大きな障害になること，反面反応が固-気不均一反応ではなく，気体-気体間の反応になるため固体生成物による反応阻

害が小さいことなどが利点となる。

（2） 磁鉄鉱の塩酸による溶解反応[9]

3N 塩酸溶液に各種塩化物を 2 mol/l 加えたときの Fe_3O_4 の 90〜95％溶解時間を表 3.6 に示した。

表から明らかなように $FeCl_2$ の添加効果が格段に大きい。また図 3.18 によれば溶解速度は液中の Fe^{2+} 濃度に比例して上昇するが Fe^{3+} の影響が少ない。Fe_3O_4 の溶解課程における Fe^{2+} と Fe^{3+} の濃度比の変化は図 3.19 のようになる。

以上得られた諸実験結果から，Fe_3O_4 の塩酸溶解機構として図 3.20 の溶解モデルが考えられる。

表 3.6 Fe_3O_4 の塩酸溶解に及ぼす添加剤の影響

添加剤	濃度(mol/l)	溶解時間(分)
なし	——	70〜80
$NaClO_4$	2	50〜60
NaCl	2	30〜35
$MgCl_2$	2	15〜20
$FeCl_2$	2	2〜 3

溶解条件：3N HCl 溶液 80℃，
　　　　　試料 0.26 g，液量 50 cc

Fe_3O_4 からの Fe^{3+} の溶解速度は Fe^{2+} よりも遅く，溶解初期に Fe^{2+} の優先溶解が起こり，液中の鉄イオンはほとんどが Fe^{2+} のみとなる。これら Fe^{2+} イオンは半導体的性質を有する Fe_3O_4 表面で化学吸着を起こし，続いて固体中の Fe^{3+} との電子交換により Fe_3O_4 中の Fe^{3+} を Fe^{2+} に還元することにより溶解が進行すると考えると，Fe^{2+} の添加効果および Fe^{3+} / Fe^{2+} 比が 2 より小さくなることも説明できる。

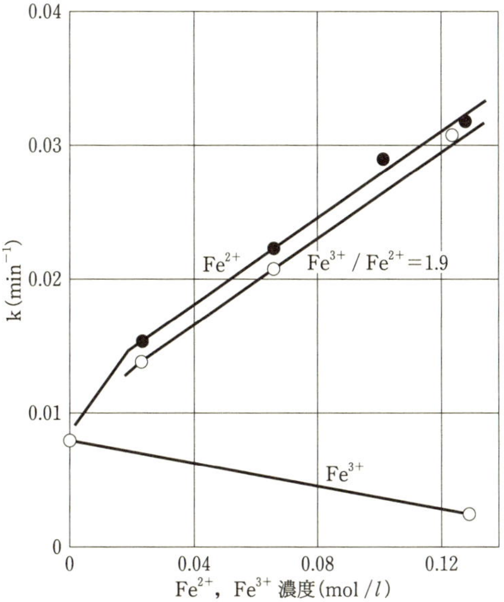

第 3 章　硫化鉱製錬での水素製造　　65

図 3.18　Fe_3O_4 の塩酸溶解速度に及ぼす Fe^{2+} と Fe^{3+} 濃度の影響。塩酸濃度 3N，溶解温度 80℃

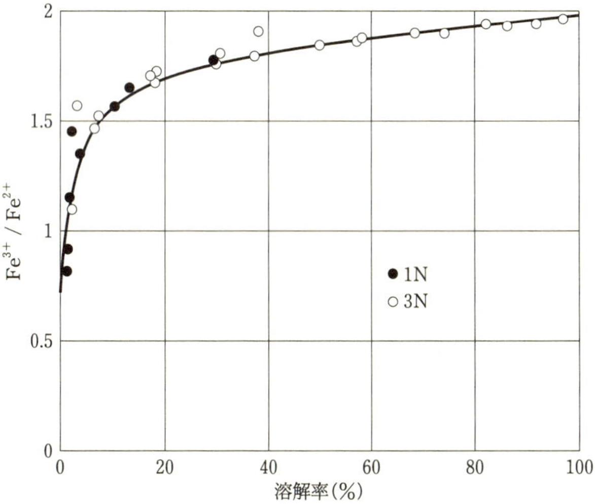

図 3.19　Fe_3O_4 の塩酸溶解時に起こる Fe^{3+}/Fe^{+2} 値の変化

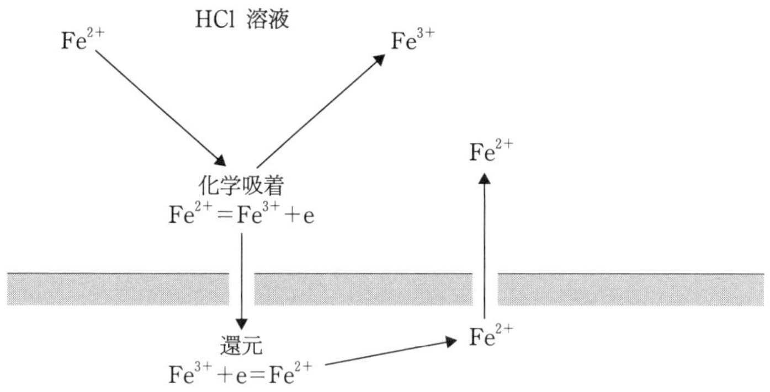

$$Fe^{2+} \quad\quad HCl\ 溶液 \quad\quad Fe^{3+}$$

化学吸着
$Fe^{2+} = Fe^{3+} + e$

Fe^{2+}

還元
$Fe^{3+} + e = Fe^{2+}$　　Fe^{2+}

図3.20　Fe_3O_4 の塩酸溶解機構

（3）　H_2S による Fe^{3+} の還元[10]

Fe^{3+} の Fe^{2+} への還元に与える H_2S の吹き込み量および攪拌の影響を知るため，Fe^{3+} および HCl 濃度がそれぞれ $7.15\,g/l$，3N 溶液を使用して実験を行い図 3.21 の結果を得た。

H_2S 流量の増加，液の攪拌，液温の上昇はともに還元速度を速める。一方，生成硫黄の凝集状態は温度が高いほど，また攪拌の併用により良好となる。特に Fe^{3+} の高濃度溶液($1\,mol/l$)では生成 S^0 は大きな粒子に凝集し，還元後の液には微粒 S^0 による濁りは見られなかった。

硫黄の析出は次の過程を経て起こる。

①$H_2S \rightarrow HS^- + H^+ \rightarrow S^{2-} + 2H^+$

②$2Fe^{3+} + S^{2-} \rightarrow 2Fe^{2+} + S^0$

③S^0 凝集

実験結果によれば，H_2S の流量を増すと還元速度は上昇すること，還元が進み液中の Fe^{3+} 濃度が下がっても還元速度はあまり低下しないことなどから，①の反応が律速になると推定される。なお，還元率から計算した H_2S の利用率は 50〜60% であった。

Fe_3O_4 の塩酸溶解時における H_2S の同時吹き込みでは，表 3.7 に示すように溶解は促進されるが，生成 S^0 が Fe_3O_4 表面に付着し，両者の分離に支障を起こす恐れがある。

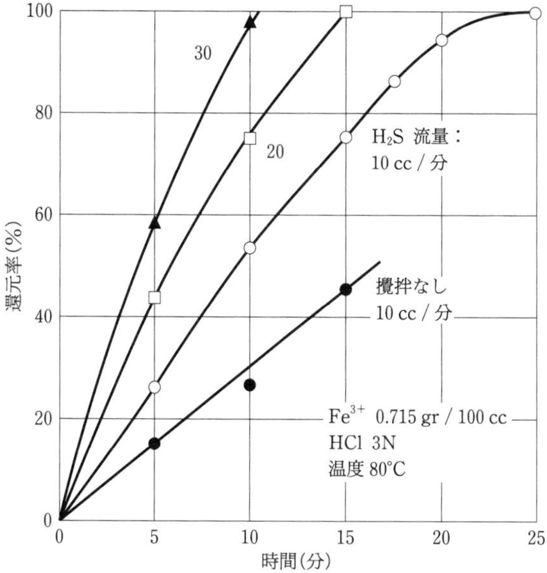

第3章　硫化鉱製錬での水素製造　67

図 3.21　Fe^{+3} の還元に与える吹き込み H_2S 量および攪拌の影響

表 3.7　Fe_3O_4 の塩酸溶解に与える H_2S の影響

塩酸濃度(N)	温度(℃)	溶　解　率		溶解率比
		吹き込みなし	H_2S 吹き込み	
3	80	86.4	96.8	1.22
3	70	49.6	61.2	1.23
2	80	41.0	54.9	1.34
2	70	16.0	21.9	1.31
1	80	9.0	17.0	1.77
1	70	3.7	8.3	2.26

4. 金属硫化物-$H_2O(g)$系反応と水素

4.1　硫化鉄-$H_2O(g)$系反応と水素[11]

　FeS は天然に磁硫鉄鉱として産出する比較的安定な2価の鉄化合物であるが，黄鉄鉱(FeS_2)に比べ硫黄の含有量が少ないため硫酸の製造原料として

68

は不適当で，有効な活用法が求められている。

　FeS-H₂O(g)系による水素の発生反応として，硫黄の酸化程度により次の反応が起こることが考えられる。

$$3FeS + 4H_2O(g) = Fe_3O_4 + H_2(g) + H_2S(g) \tag{3.15}$$

$$400 \sim 800°C \qquad Kp = 1.28 \ 10^{-10} \sim 4.62 \cdot 10^{-8}$$

$$3FeS + 4H_2O(g) = Fe_3O_4 + 4H_2(g) + 1.5S_2(g) \tag{3.16}$$

$$400 \sim 800°C \qquad Kp = 7.66 \ 10^{-24} \sim 1.51 \cdot 10^{-13}$$

$$3FeS + 10H_2O(g) = Fe_3O_4 + 10H_2(g) + 3SO_2(g) \tag{3.17}$$

$$400 \sim 800°C \qquad Kp = 5.98 \ 10^{-49} \sim 3.01 \cdot 10^{-27}$$

これら反応のうち(3.15)の反応が最も起こりやすいが，平衡定数 Kp 値はいずれも小さく，実験結果からも水素回収反応としての利用は難しいことがわかった(図3.22)。

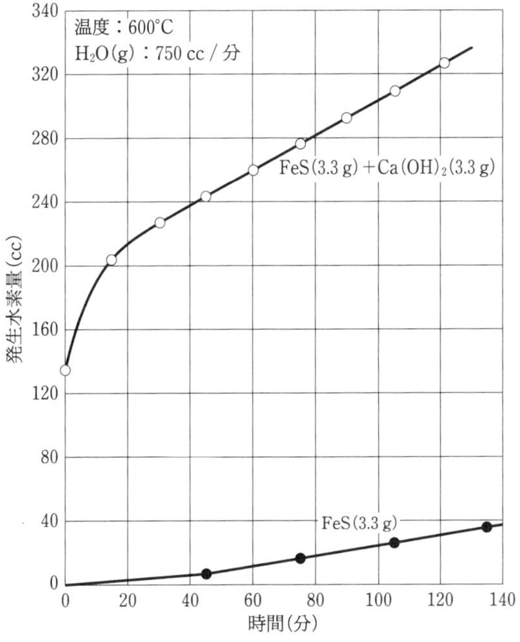

図 3.22　FeS-H₂O 系および FeS-CaO-H₂O 系における水素発生速度の比較

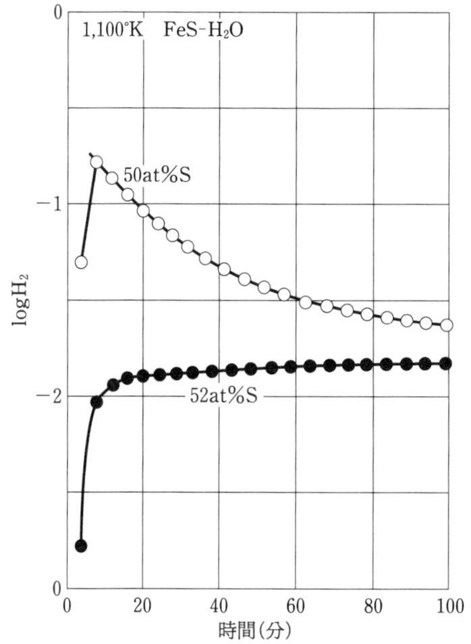

図3.23　水素発生に与える FeS の化学組成の影響
○：50 at%S, ●：52 at%S

なお，FeS はFeS_{1+x}（X＝0〜0.2）の組成幅を持つ硫化物で，水素発生挙動も，X＝0 の端成分側と X＝0.2 側では異なる。図3.23 に 50 および 52 at％組成の Ferrous sulfide について得られた発生水素濃度の経時変化を示した。これら2本の曲線は最終的に同じ値に収れんすると見られるが，途中経過は著しく異なる。

また，52 at％S 試料では，反応初期に著しい S^0 の生成が起こり，時間の経過とともに減少した。しかし，50 at％S 試料では長時間経過後はじめてコロイド状 S^0 が冷却器内に生じた。

　さらに，$FeS_{1.13}$ の水素還元では，還元初期には金属鉄は生成せず，硫化物表面にピットが現れ，続いてピットのエッジの部分から金属鉄が生じるのが観察された（第5章111頁参照）。ピットの生成は脱硫が原因とみられる。したがって，Fe_{1+x} 端側では硫黄の水蒸気酸化で水素発生が起こるのに対して，FeS 端側での酸化が水素発生の原因となる。

4.2　硫化鉄-CaO-H_2O(g)系反応と水素

　前節で得られた結果から，FeS-H_2O(g)系の反応により高濃度水素を得るためには生成 H_2S を除去し，鉄の活量を高めることが必要になる。このため，FeS に CaO を加えた場合の水素発生挙動について調べた。

　表3.8 に記載の反応に対する平衡水素濃度は100％に近くなり，かつ大き

70

な発熱反応になる。

　前述の図3.22に560℃における実験結果を示したが，CaOの添加は水素発生を大きく促進する。しかし，図3.24の実験結果によれば，水素濃度の最高値は反応初期に得られた50%で，その後急速に減少した。添加CaO量が増加すると水素濃度が上昇することから，CaO表面でのCaS層の生成による反応阻害が原因と見られる。

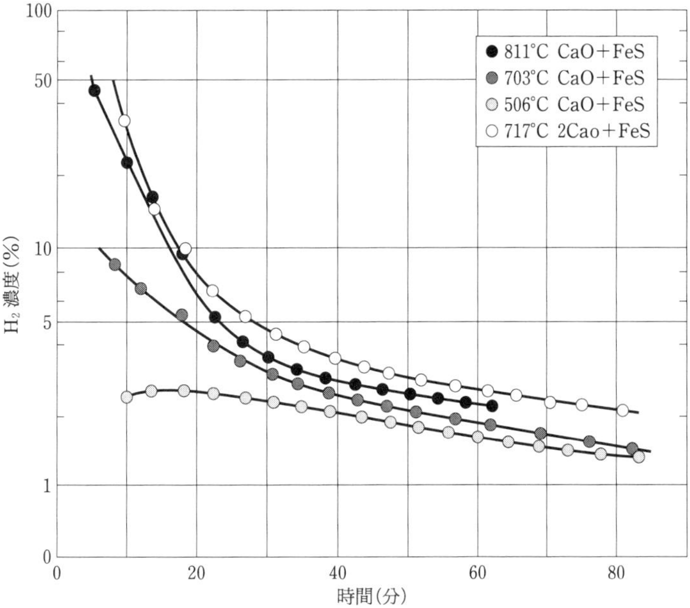

表3.8　$3FeS+3CaO+H_2O(g)=$
$Fe_3O_4+H_2(g)+3CaS$

温度(℃)	ΔH^0(kJ)	log Kp
500	−124.012	5.124
550	−119.483	4.624
600	−115.360	4.198
650	−113.140	3.828
700	−111.290	3.502

図3.24　FeS-H₂O(g)系反応での水素発生に与えるCaOの影響

　CaOを加えた系では長時間反応させると水素の生成量はFe^{2+}の酸化による理論発生量を超える現象が起こる。700℃，12時間の実験では理論量の10倍を超えた。原因として熱分解の際生じた$S_2(g)$の水蒸気酸化による下記硫

酸カルシウムの生成反応が推定される。

$$2CaO+S_2(g)+6H_2O(g)=2CaSO_4+6H_2(g) \qquad (3.18)$$

　この反応は発熱反応で，ΔG^0 は300°C以下でマイナスになる。なお，$S_2(g)$の酸化による水素発生では次の硫酸バリウムの生成反応の方がより強力で，平衡定数 log Kp も 1,000°Cまですべてプラスになり，かつ大きな発熱反応になる(表 3.9)。

$$2BaO+S_2(g)+6H_2O(g)=2BaSO_4+6H_2(g) \qquad (3.19)$$

表 3.9　$S_2(g)$または FeS_2 による CaO，BaO の硫酸化と水素

温度(°C)	反応(1)		反応(2)	
	$\Delta H^0(kJ)$	log Kp	$\Delta H^0(kJ)$	log Kp
500	-238.3	3.070	-478.2	12.608
600	-228.8	-4.879	-467.5	8.947
700	-219.0	-6.250	-456.2	6.106
800	-208.9	-7.328	-444.4	3.852
900	-198.6	-8.174	-432.2	2.032
1000	188.0	-8.850	-419.5	0.542

(1)　$2CaO+S_2(g)+6H_2O(g)=2CaSO_4+6H_2(g)$
(2)　$2BaO+S_2(g)+6H_2O(g)=2BaSO_4+6H_2(g)$

4.3　硫化鉄-CaO-H₂O(g)系反応による炭酸ガスのメタン化

　FeS-$H_2O(g)$系反応からの水素により $CO_2(g)$をメタンに転換することへの可能性を知る目的で，表 3.10 に示す反応の ΔH^0 と平衡定数 Kp を計算した。

　図 3.25 中に記載の化学種からなる多成分系での平衡 CH_4 濃度

表 3.10　$12FeS+CaCO_3+11CaO+2H_2O(g)=4Fe_3O_4+CH_4(g)+12CaS$

温度(°C)	$\Delta H^0(kJ)$	Kp(kJ)
500	-507.253	9.745 E+017
600	-477.017	1.521 E+014
700	-464.820	1.943 E+011
800	-457.669	9.609 E+008

についても計算し図 3.25 を得た。温度の上昇とともにメタン濃度は低下す

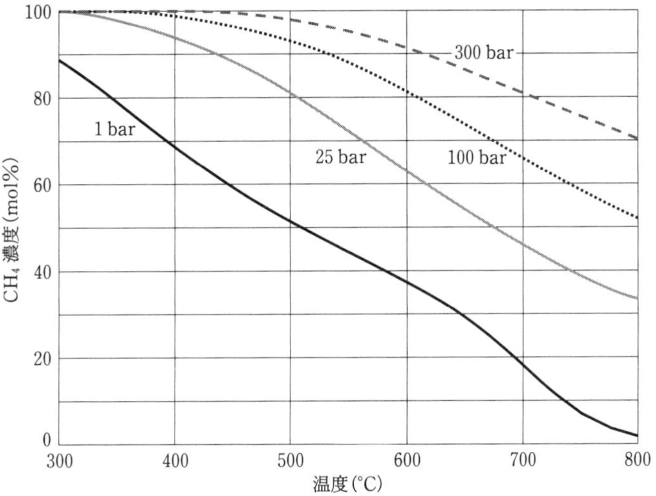

図 3.25　FeS-CaCO₃-CaO-H₂O(g)系多成分反応での平衡メタン濃度とその温度変化
[化学種]
　　気　体：CH_4, CO, CO_2, H_2, H_2S, S_2, SO_2
　　酸化物：$CaCO_3$, CaO, $Ca(OH)_2$, Fe_3O_4
　　硫化物：FeS, CaS
　　入　力：$H_2O(g)$ 2 kmol, $CaCO_3$ 1 kmol, CaO 11 kmol, FeS 12 kmol
　　温　度：300〜800℃
　　　圧　：1〜300 bar

るが，300 bar 加圧下ではその影響は小さく，600℃でも 90 mol%を示した。したがって，平衡論的にはメタンへの転換は可能といえる。

4.4　黄銅鉱($CuFeS_2$)-H₂O(g)系反応と水素[12]

　銅の製錬原料である黄銅鉱は含有 Fe^{2+} の水蒸気酸化により水素を発生しうること，また $H_2O(g)$による部分脱硫により銅の酸浸出の活性化が期待されることなどから，黄銅鉱と $H_2O(g)$の高温反応について検討した。

　実験結果の一例を図 3.26 に示した。$CuFeS_2$-$H_2O(g)$系での水素生成量は非常に少なく，横軸とほとんど重なる。しかし，CaO があると水素の発生は大きく促進される。$CuFeS_2$-CaO-$H_2O(g)$系からの反応生成物の X 線回折結果によれば(図 3.27)，500℃では Chalcopyrite, Magnetite Bornite が，

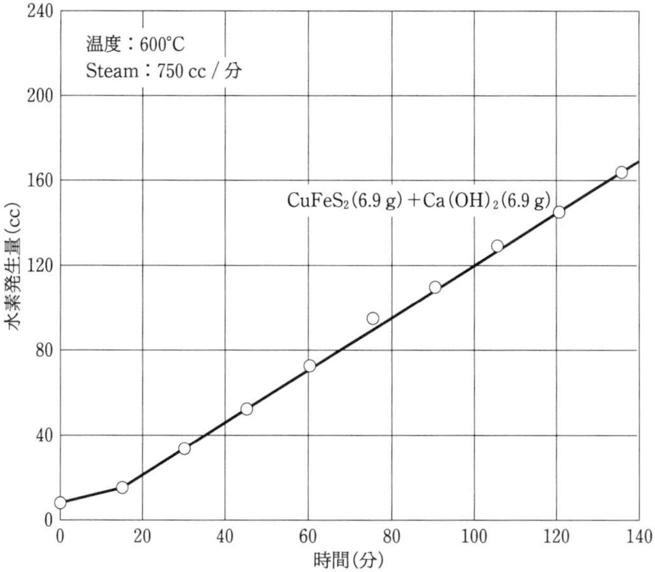

第3章　硫化鉱製錬での水素製造　73

図3.26　$CuFeS_2$-CaO-$H_2O(g)$系反応における水素の発生挙動

600℃では Chalco. の回折線が消え Chalcocite が，さらに 700℃では金属銅の生成が見られた。

　脱硫の進行にともない，Bornite および Chalcocite は非化学量論組成を有する相に変化することも X 線回折からわかった。また脱硫過程では $CuFeS_2$ 粒子の表面に Fe_3O_4 からなる酸化鉄層を生じ，中心部は Bornite 相で，そのなかに Chalcocite 相が格子状に析出し，金属銅の生成も起こることが EPMA による分析から明らかとなった(写真 3.3)。

　以上の実験結果を基に $CuFeS_2$-CaO-$H_2O(g)$系における水素の発生機構について考察した。反応条件として 800℃，常圧を想定する。

　$CuFeS_2$ の熱分解については下記の反応の ΔG^0 がマイナス側に偏ることから，黄銅鉱からの Cu_2S の直接生成は起こらない。

$$CuFeS_2 + 2Cu_2S = Cu_5FeS_4, \quad \Delta G^0_{800℃} = -19.28 \text{ kJ} \quad (3.20)$$

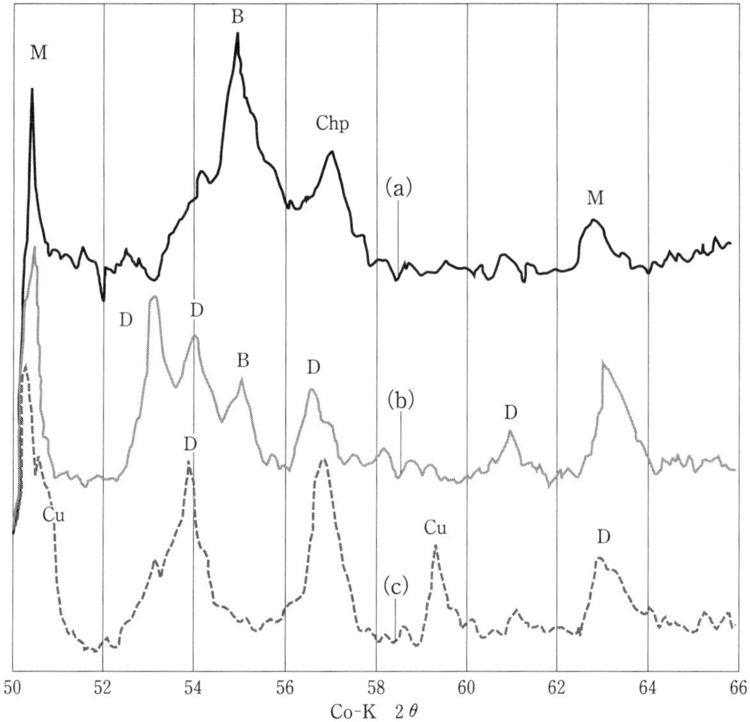

図 3.27　CaO を添加した黄銅鉱と $H_2O(g)$ との高温反応生成物の X 線回折図
　　　　M：Magnetite, B：Bornite, D：$Cu_{2-x}S$, Chp：$CoFeS_{2-x}$
　　　　(a)　580°C,　2 時間,　1,160 cc $H_2O(g)$/分
　　　　(b)　600°C,　7 時間,　　700 cc $H_2O(g)$/分
　　　　(c)　700°C,　12 時間,　　750 cc $H_2O(g)$/分

したがって，黄銅鉱の熱分解は次の二段で反応が進むことになる。

$$5CuFeS_2 = Cu_5FeS_4 + FeS + S_2(g), \quad Kp_{800°C} = 2.806 \cdot 10^{-3} \quad (3.21)$$

$$4Cu_5FeS_4 = Cu_2S + FeS + S_2(g), \quad Kp_{800°C} = 5.691 \cdot 10^{-8} \quad (3.22)$$

　　上記の反応の Kp はいずれも小さくなり分解しづらいが，CaO があると次
式に示すように両反応の Kp 値は高くなり，したがって熱分解しやすくなる。

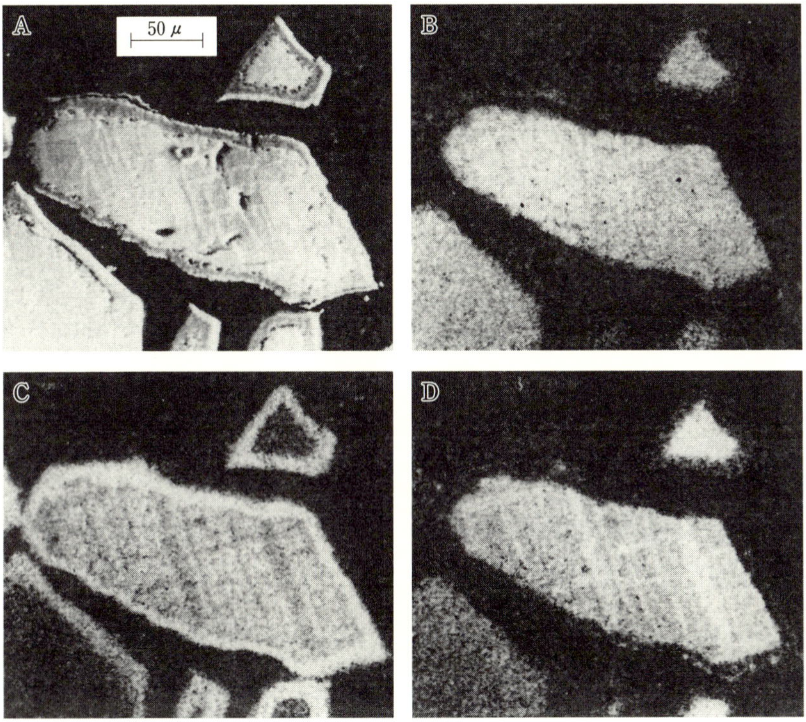

第3章　硫化鉱製錬での水素製造　75

写真 3.3　CuFeS₂-CaO-H₂O(g)系反応生成物の EPMA 像
A：二次 X 線像，B：S 像，C：Fe 像，D：Cu 像

$$5CuFeS_2 + 4CaO = Cu_5FeS_4 + 4CaS + 4FeO +$$
$$S_2(g), \quad Kp_{800℃} = 3.629 \cdot 10^2 \tag{3.23}$$
$$4Cu_5FeS_4 + 4CaO = 10Cu_2S + 4CaS + 4FeO +$$
$$S_2(g), \quad Kp_{800℃} = 1.314 \cdot 10^{-1} \tag{3.24}$$

それ故，CuFeS₂-CaO-H₂O(g)系における水素発生機構としては wustite の水蒸気酸化が考えられる。なお，反応途中での生成物の X 線回折からは FeO および FeS は検出されなかった。これは Chalco.および Bornite 中の Fe^{2+} の Fe₃O₄ への水蒸気による酸化速度が速いためと見られる。

CaO を加えた CuFeS₂-H₂O(g)系反応からの生成物については，酸による

浸出挙動についても調べた。試料は Fe_3O_4 と Bornite からなり，1：1の塩酸で30分，40℃で浸出した後不溶解残渣を X 線回折で調べたが，Fe_3O_4 は完全に溶解し，さらに Bornite 含有鉄分も溶出して Cu_2S が残留していた。

5. ま と め

硫化鉱石の製錬では硫化水素や $Fe(II)$ 化合物など水素源として利用できるものが多く副生する。本章ではこれらを活用することにより製錬サイドから水素社会へのアプローチをはかるための各種の方法について検討した。エネルギー多消費産業である冶金工業では，必要エネルギーの供給について今後も多面的に努力が続けられて行くものと思う。

水素は将来まったく新しい製錬技術を生み出す可能性を秘めている。冶金分野でも長年にわたり蓄積してきた経験と技術をもとに，現実の生産プロセスに密着した水素製造技術の開発を進めることがエネルギー問題の解決だけでなく，水素を軸とした新しい冶金技術を生み出すためにも必要なことだと思う。

［引用文献］

[1] 藤井哲哉：JOGMEC 海外事務所レポート (2000/08/18), 1-14.
[2] H. Kiuchi, T. Nakamura, K. Funaki, T. Tanaka: Int. J. Hydrogen Energy (1982), 7(6), 477-482.
[3] N. Gopala, Krishnan, W. M. Chester, S. S. Wing, L. H. Donald: Hydrogen Energy Progress IV (1982), 829-836.
[4] H. Kiuchi, T. Iwasaki, T. Tanaka：北海道大学工学部研究報告 (1977), 84, 13-20.
[5] H. Kiuchi, T. Iwasaki, T. Tanaka：日本鉱業会誌 (1982), 98, 524-528.
[6] H. Kiuchi, K. Funaki, Y. Nakai, T. Tanaka: Int. J. Hydrogen Energy (1984), 9(8), 701-705.
[7] T. Narita, K. Nishida: Proc. 5th Int. Congress Metallic Corrosion (1974), 719.
[8] R. Shibayama, N. Tsuchida, T. Tanaka: Denki Kagaku (1980), 48(5), 45-553.
[9] R. Shibayama, T. Tanaka：旭硝子工業技術奨励会研究報告 (1978), 33, 281-286.
[10] R. Shibayama, T. Tanaka：日本鉱業会非鉄製錬における硫黄固定法研究会資料 (1978).
[11] R. Shibayama, T. Tanaka：旭硝子工業技術奨励会研究報告 (1977), 31, 169-180.
[12] R. Shibayama, T. Tanaka：旭硝子工業技術奨励研究報告 (1978), 33, 277-281.

第4章
鉄製錬での水素製造

1. はじめに
2. Steam-Iron 法
3. 製鉄副生ガスと水素
4. 炭化鉄と水素
5. 塩化鉄と水素
6. 水素および副生ガスと製鉄技術の将来

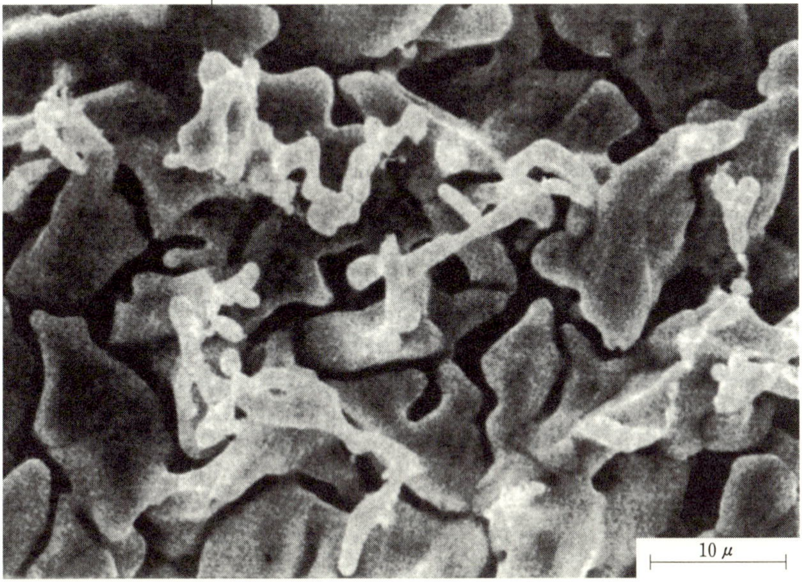

10 μ

FeSを800℃で水素還元してえられる電気伝導率

1. はじめに

東日本大震災は大津波に加え，従来まったく経験のない原子力発電事故による深刻な災害を引き起した。この事故は今までひたすら歩んできた科学技術万能主義的な社会の裏面を我々の前に鮮明に映し出した。

エネルギー多消費産業である製鉄工業では，石炭から石油，さらに原子力へと一次エネルギー変化の世界的潮流に乗り，原子力製鉄が21世紀の新しい製鉄技術であるとしてその実用化計画が進められていた。しかしながら今回の福島第一原発事故は原子力ルネッサンスを目指していた先進諸国に対しても大きな影響を与え，各国のエネルギー政策の見直しをはじめ，近代技術文明の在り方まで問題が広がりはじめている。

このような情勢から，わが国の最終エネルギーの2割を消費する製鉄工業では CO_2 による地球環境汚染をも見据え，将来に向けての冶金技術の基本的な在り方について再度の点検が求められている。本章では次世代の新しいエネルギーベクトルとして世界的に期待されている水素を視点の中心にとり，将来に向けての冶金技術開発としてどのような筋道があるのかについて述べたいと思う。

2. Steam-Iron 法

鉄および鉄酸化物の水蒸気酸化による水素の製造法を一般に Steam-Iron 法と呼んでいる。

2.1 金属鉄による水の分解

Steam-Iron 法発展の歴史は非常に古い。加熱した高温の鉄に水蒸気が触れると水素が発生することについては230年ほど前水素が発見された時代に既にわかっていた。水素への多量需要が最初に起きたのは150年ほど前で，食用硬化油製造向けの水添用であった。当時水素は加熱金属鉄と水蒸気との

反応を利用するレーン法，メッサーシュミット法などにより製造していた[1][2]。金属鉄を用いる方法では炭酸鉄を熱分解後還元して得た多孔質の鉄を竪型レトルトに充塡し，650℃に加熱，下部から水蒸気を吹き込み，硫黄分が少なく油脂水添に適した純度約99％の水素を得ていた。

　その後こうした方法は天然ガス，ナフサなどを原料とする安価な製造法の出現により姿を消した。

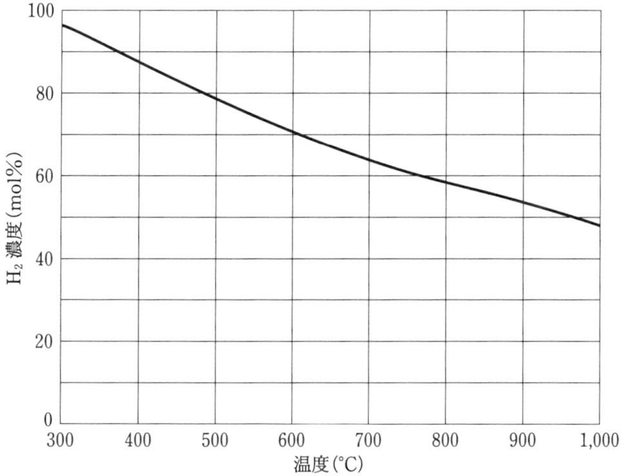

図 4.1　鉄による水の分解時の平衡水素濃度
$$3Fe + 4H_2O(g) = Fe_3O_4 + 4H_2(g)$$

2.2　流動炉による Steam-Iron 法

　酸化鉄流動層により水素を連続的に製造する最初の大規模な試験が 30 年ほど前米国の IGT 社により実施された[3]。チャーのガス化により得た水素と CO の混合ガスを使用し，下記二段のサイクル反応で水を分解する方法である。

水素発生反応

$$3FeO + H_2O(g) = Fe_3O_4 + H_2(g) \tag{4.1}$$

第4章 鉄製錬での水素製造　81

Fe の再生反応

$$Fe_3O_4 + 4H_2(g) = 3Fe + 4H_2O(g) \qquad (4.2)$$

$$Fe_3O_4 + 4CO = 3Fe + 4CO_2(g) \qquad (4.3)$$

(4.1)の水素発生反応は発熱反応で，ΔG^0 値は 400°C までマイナスになる。(4.2)の鉄の再生反応は 900°C 以下では吸熱で，ΔG^0 もプラスになり，常圧下での P_{H_2O} / P_{H_2} 比は 1,000°C で略 1 である。CO による(4.3)の還元では水素の場合とは逆に発熱になり，ΔG^0 も 500〜600°C でマイナスからプラスに変わる。工程の概略を図 4.2 に示した。

チャースラリーを加熱器で 315°C に昇温後ガス化炉に装入する。ガス化炉は上部が予熱塔，下部がチャーのガス化器になっており予熱温度は 925°C，ガス化温度は 1038〜1093°C，圧力 56〜70 kg/cm² で，空気とスチームの混

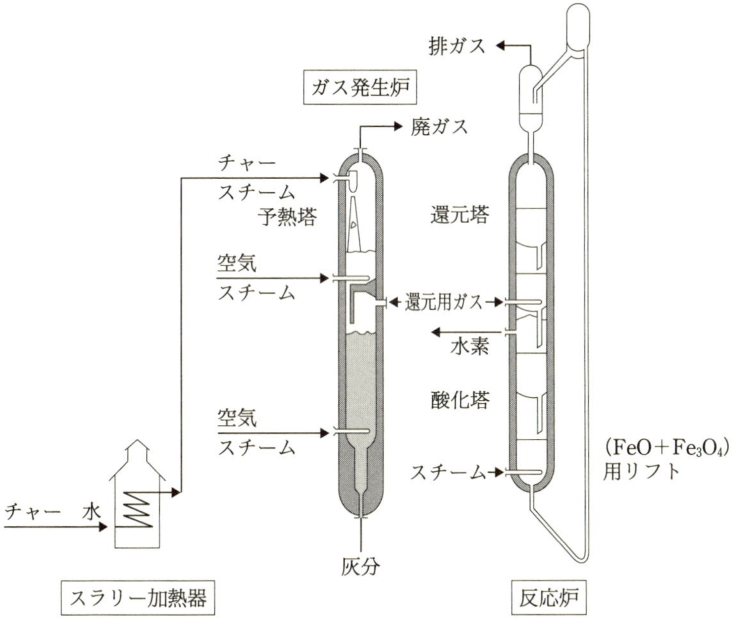

図 4.2　流動炉による Steam-Iron 法の概略工程図

合ガスの吹き込みによりチャーをガス化し，酸化鉄還元用ガスを製造する。

還元ガス組成は H_2 14%，CO 29%，N_2 47%，CO_2 4%，H_2O 4%，H_2S 0.3%，である。CO と H_2 濃度を高めるには，できるだけ高温が望ましいが灰分の焼結による流動層の閉塞障害を防止する必要上ガス化温度は上記のように 1,000℃程度に抑えている。反応炉は二段の流動層からなり，上段は還元塔，下段は還元鉄と水蒸気の反応により水素を製造する酸化塔になる。

還元物は大部分が金属鉄からなり，心部に Wustite を僅かに残した状態で下部の酸化塔に落下，ここで水蒸気と反応して水素を生成する。炉内温度は二つの反応塔とも 760〜870℃，圧 10.5 kg/cm^2，酸化塔からの排出ガスは H_2 34.6%，H_2O 65.1%，のほか，H_2S を 0.3%含むので顕熱を回収後脱硫およびメタネーションにより CO 除去し，99%純度の水素を製造している。

還元塔からの排出ガスは H_2 6%，CO 10%，N_2 46%，H_2O 16%を含み，約 800℃で炉から排出され，ダスト除去後圧縮空気により燃焼炉で燃焼させてからガスタービンに送り込む。ガスタービンからの廃ガスはスチームタービンを経て二段の複合発電により水素の製造コストの低減をはかっている。

石炭乾留時にできるチャーをスラリー化し，空気により加圧高温処理してガス化，得られた還元ガスで鉱石を還元するため酸素製造プラントを必要としないこと，また還元炉からの廃ガスを利用しガスタービンとスチームによる直列二段の複合発電により水素製造コストの引き下げをはかっている点が大きな特徴である。工業化には至らなかったが，電力と水素の同時生産法の一つとして重視される。

2.3 Chemical-looping Combustion（CLC）[4] と Steam-Iron 法

前述のレーン法，IGT 社の流動炉に続き，第三の新しい発展段階につながると期待されている方法に CLC 型の Steam-Iron 法がある。

メタンの直接燃焼反応は次式になる。

$$CH_4(g) + 2O_2(g) = CO_2(g) + 2H_2O(g)$$
$$\Delta H^0_{800℃} = --801.6 \text{ kJ} \tag{4.4}$$

第4章 鉄製錬での水素製造 83

CLC では燃料を燃やす際空気中の酸素に代り，酸素キャリアーとして金属酸化物の結晶格子中の酸素を利用している。NiO を用いた場合を挙げると (4.4) の直接燃焼反応を下記 (4.5) と (4.6) の二段の反応に分けて別々に行う。

Air Reactor：

$$4NiO+2O_2(g)=4NiO \qquad \Delta H^0_{800℃}=--940.7 \ kJ \qquad (4.5)$$

Fuel Reactor：

$$4NiO+CH_4(g)=4Ni+CO_2(g)+2H_2O(g) \qquad \Delta H^0_{800℃}=+138.1 \ kJ \qquad (4.6)$$

このような二段反応に分けると

① 燃料の燃焼時に空気を使用しないため，窒素の混入がなく，CO_2 濃度の高い排ガスが得られるため，CO_2 の分離除去処理を簡略化できる。

② Fuel Reactor における金属酸化物の還元では吸熱反応になる場合が多いが，Air Reactor からの余熱の補給が可能である。

などの利点がある。

酸素キャリアーとしては Ni，Fe のほか Cu，Mn の酸化物も用いられている。また，Cu_2O / CuO 系酸素キャリアーは前節のチャーのガス化の促進に有効との報告もある[4][5]。

この方法は最初は発電所での熱効率の向上策として注目されたが，最近は化石燃料の燃焼排ガス中の CO_2 対策として重視されている。

(CLC) で酸素キャリアーとして鉄酸化物を使用し，これを Steam Reactor を加えて三段の流動反応系にすると，CLC 型 Steam-Iron 法になる。

従来の Steam-Iron 法では，水素回収後の生成 Fe_3O_4 はそのまま還元して Wustite に戻しているが，CLC 型の処理では Fe_3O_4 を Air Reactor で空気酸化して Fe_2O_3 に変えている。

$$4Fe_3O_4+O_2(g)=6Fe_2O_3 \qquad (4.7)$$
$$\Delta H^0_{800℃}=-13.63 \ kJ \qquad \Delta G^0_{800℃}=-94.43 \ kJ$$

この反応は大きな発熱反応になり，Fuel Reactor への熱と酸素キャリアーの Fe_2O_3 の補給源として利用している点が特徴となる。

CLC 型の Steam-Iron 法については M. Ryden 等の研究がある[6]。

熱伝導性の良い $MgAl_2O_4$ に Fe_2O_3 を担持，冷凍造粒した酸素キャリアー（Fe_2O_3 60 wt%，$MgAl_2O_4$ 40 wt%，大きさ 90〜250 μm）を Fuel Reactor に導入し，純 CO ガスにより還元後 Steam Reactor に送り，ここで FeO の水蒸気酸化により水素を製造すると同時に FeO を Fe_3O_4 に戻す実験研究を行っている。

800〜900℃での Fuel Reactor での実験結果によれば，造粒 Fe_2O_3 に表面積の減少や，かさ密度の増加が認められたが，安定した流動状態を維持でき，反応性も良好であった。還元温度 900℃，CO 流量 0.87 Ln/分での試験結果によれば CO_2 への転換率は 75%であった。また，900℃での Fuel Reactor での主固体生成物は Wustite になり，さらに，同じく 900℃，水蒸気流量 5.0 Ln/分での Steam Reactor からの水素生成量は 0.53 Ln/mind であった。

上述の試験結果から，酸化鉄を Air Reactor，Fuel Reactor および Steam Reactor の三つの流動 Reactor 内を循環させ水素を製造する Steam-Iron 法は可能と結論している。

2.4 Nano-Technology と Steam-Iron 法

第 2.2 節の Steam-Iron 法は 30 年ほど前に提案された方法であるが基本的考え方が水の熱化学分解に似ていることから最近再び注目されている。Steam-Iron 法では固体の〝Redox 反応〟により水素を得ている。したがって，出発物質の酸化鉄は水素の貯蔵もしくは発生剤との見方もできるため，ナノ粒子の酸化鉄を利用した水素製造についての研究報告が最近多い。

大塚等はナノ領域の大きさの Fe_3O_4 粒子表面に Al，Cr，Mo などの金属イオンを添加すると，粒子の焼結を抑制できること，また Cu，Ni の添加は低温度での反応の活性化を促進し，500℃以下で次の酸化還元サイクルにより水素の供給と貯蔵が可能なことを述べている[8]。

$$3Fe + 4H_2O(g) = 2H_2(g) + Fe_3O_4 \qquad (4.8)$$

林等も製鉄所の圧延工程で生じる酸化スケールを湿式処理して得たサブミクロンの Fe_2O_3 粒子表面に，$Si(OH)_4$ または $Al(OH)_3$ を付着させた $0.1\sim$ $0.2\,\mu m$ の酸化鉄粒子を用い，上記の〝Redox 反応〟を行った結果，微粒子の焼結を抑えうること，また水素の貯蔵剤として繰り返し使用できることを明らかにした[8]。

2.5 含水 Wustite と水素

$Fe(OH)_2$ の熱分解は鉄微粒子の製造および低温域での水素発生反応と関係が深い。次の反応により $Fe(OH)_2$ から低温での加熱のみで水素の発生が起こる。

$$3Fe(OH)_2 = Fe_3O_4 + 2H_2O(g) + H_2(g) \qquad (4.9)$$

この反応はボイラー鋼鈑に起こる水素脆性の原因として金属材料分野では嫌われており，水素発生反応としての利用例はまだない。$Fe(OH)_2$ からの水素発生については既に 1933 年に Schikorr[9] が鉄の腐食機構の解明研究で取り上げている。常温での水溶液反応による実験であったため，水素の発生速度が遅く，回収率も 75 日間で理論量の 16% にすぎなかった。

その後 E. J. Schipko 等[10] は $Ni(OH)_2$ が共存すると $Fe(OH)_2$ の熱分解が著しく促進されること，150〜210℃では $Fe(OH)_2$ 単独でも分解速度は大きく，また SiO_2 とアルカリの存在は水素の発生を抑制すること，分解生成物の Fe_3O_4 中には金属鉄も含まれていることを見出している。

このため，$Fe(OH)_2$ の熱分解試験を行い，水素発生量，発生速度などについて調べた。実験には硫酸第一鉄溶液に苛性ソーダを添加して得た沈殿物をアルゴン飽和蒸留水で洗浄し，80℃で真空乾燥したものを使用した。試料の外観は灰白色を呈し，空気に触れると常温でも強い発熱をともない酸化する。実験結果を図 4.3 に掲げたが，固体生成物は Fe_3O_4 であることを X 線

86

回折で確認した[11]。

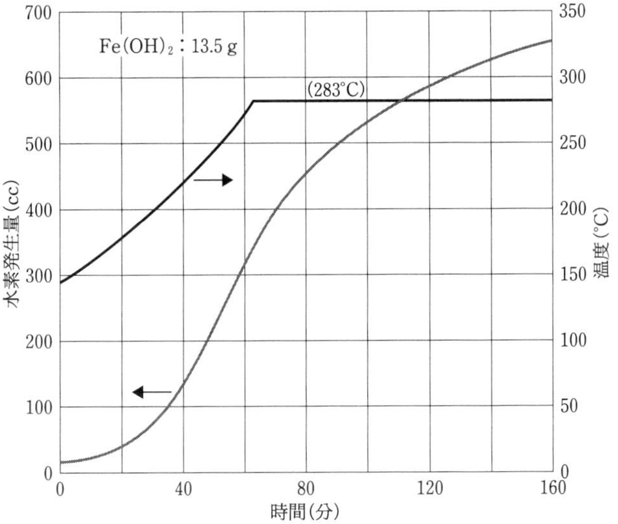

図4.3 Fe(OH)$_2$ の熱分解時の発生水素量と加熱温度との関係

なお黒木等の研究によれば[12]，NI 添加の Fe(OH)$_2$ 懸濁液中でも 150°C以上になると，Schikorr 反応が進行し水素の発生が起こることまた，この際生成する Fe$_3$O$_4$ の BET 値は $9.1 \cdot 10^3$〜$7.3 \cdot 10^3\,\mathrm{m^2/kg}$ と前節のナノ Fe$_3$O$_4$ 微粒子とほぼ同じ大きさのものが生じることが報告されている。

3. 製鉄副生ガスと水素

製鉄過程において副生するガスのうち水素源として利用できるものが多くある。以下これらガスからの水素製造について述べる。

3.1 コークス炉ガス(COG)

一次エネルギーの主役は 20 世紀半ばより石炭から石油に代った。しかし，製鉄工業では熱源，還元剤ともに石炭に依存するコークス炉-高炉-転炉の組

第4章　鉄製錬での水素製造　87

み合わせによる銑鋼一貫方式が定着しており，2007年には粗鋼生産がわが国史上最高の1億2,000万トンを超えるまでに発展した(表4.1)[13]。

　鉄の生産量の増加にともないCOG発生量も年々増加している。過去10年間の年間平均生産量は約151億Nm³，外販率は26％である(表4.1)。COGの組成を表4.2に示した[14]~[17]。COGは水素含有量が高いほか，水素に転換容易なメタンを多量に含んでいる。このためCOGを化学工業用原料として利用する試みが以前から行われていた。

　製鉄工業からの水素の供給ポテンシャルがどのくらいあるのかについては，自家消費を差し引いた外部供給可能な量としてCOGの過去10年間の外販量の平均値39.8億Nm³を基に，水素濃度を55％，水素の分離工程でのPSA方式による回収率を70％(実原[16] 島貫[17]，伊藤[18]等によると60~80％)として計算すると，現在外販可能な水素量は約17.5億Nm³になる。なお，この値はCOGのドライガス化による水素の増幅改質や回収率などにより大きく異なってくるが，いずれにしろ現在利用できるもののうちでは，COGは水素の供給ポテンシャルの高い最も有力なガスの一つと見做すことができる。

　製鉄工業における水素の併産が本格的な水素エネルギー社会実現への過渡的対応策として有効なことについては以前に述べた[19]。しかしながら，その後の水素研究の主流は水の熱化学分解で，製鉄工業と水素製造の複合化への動きは見られなかった。

　最近COGは燃料電池や水素

表4.1　コークス炉ガスの年間生産量，
外販率および粗鋼生産量

年次	発生量 (100万m³)	外販量 (100万m³)	粗鋼生産量 (1,000 MT)
2000	14,444	4,476	106,444
2001	14,473	4,202	102,866
2002	15,335	4,551	107,745
2003	15,716	4,432	110,511
2004	15,575	4,011	112,718
2005	15,306	3,758	112.471
2006	15,499	3,870	116.226
2007	15,568	3,820	120,203
2008	15,651	3,554	118,739
2009	13.438	3,144	87,534

表4.2　コークス炉ガスの化学組成(vol%)

H_2	CO	CO_2	N_2	O_2	CH_4	C_mH_n	文献
56	5.9	2.3	4.8		26.9	8.1	[15]
55.6	5.3	2.5	4.2	0.2		ca.3.0	[16]
56.2	6.3	2.5	2.3	0.1	29.3	3.4	[17]

自動車用の水素の供給源として注目されているが，これら用途への水素の大量消費につながる東京，大阪をはじめ大都市周辺には製鉄所が多く分布しているため水素社会でのインフラ整備に際しては製鉄からの副生水素は立地的にも有利となる。さらに冶金からの水素社会へのアプローチの特徴として，商用水素の生産が既存の大規模冶金プロセス内で同時に実現できること，水素冶金という新しい金属製錬技術の開発に対しても役立ちうることなどの利点が挙げられる。

　コークス炉ガスからの水素の分離法には各種方法があるが，PSA 法（Pressure Swing Adsorption）が広く利用されている。

　PSA による COG からの水素の分離精製工程を図 4.4 に示した。

　コークス炉からの高温乾留ガスは最初一次冷却塔に導入後，タールの分離，脱硫，アンモニア除去工程を経て最終冷却器で常温付近まで冷却する。続いて，次の PSA 装置用吸着剤の性能を低下せしめるナフタリン，タール，ミストなどを前処理用吸着塔で除去してから次の PSA 装置塔に送り込み水素を分離する。最後に脱酸素塔と脱湿塔を通して微量の酸素と水分を除去すると純度 99.99％の水素が得られる。

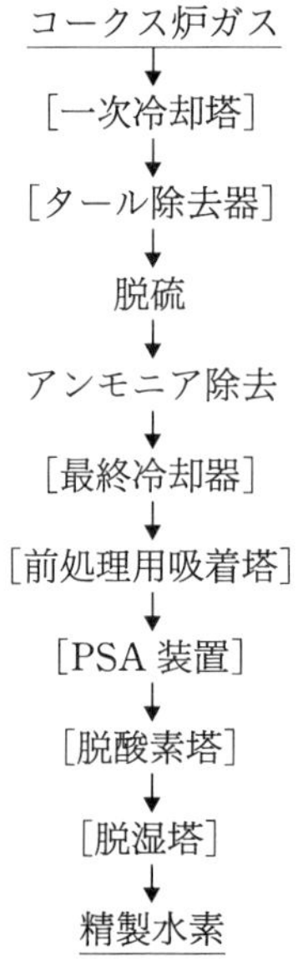

　PSA 法では吸着剤へのガスの吸着量が，高圧では大きく低圧では小さくなること，水素の吸収性が他ガスに比べ圧依存性が小さく，かつ吸着量も非常に少ないことなどの性質を利用し，高圧で水素以外のガスを吸着除去し，減圧で脱着する操作を繰り返すことにより水素を濃縮精製することができる。

　水素の回収率を高めるため吸着塔は通常 4 塔からなり，吸着剤はモレキュラーシーブが主成分で，除去ガスの種類，量，目標濃度などによりゼオライト，活性炭，シリカゲル，

コークス炉ガス
↓
［一次冷却塔］
↓
［タール除去器］
↓
脱硫
↓
アンモニア除去
↓
［最終冷却器］
↓
［前処理用吸着塔］
↓
［PSA 装置］
↓
［脱酸素塔］
↓
［脱湿塔］
↓
精製水素

図 4.4　コークス炉ガスからの
水素の分離精製工程

第 4 章　鉄製錬での水素製造　89

活性アルミナを適量加えている。

PSA 法には次のような多くの利点がある。

① 長年にわたる稼動実績があり，技術的にも信頼性が高い。

② 操作が簡単で，切り替えもすべて自動化されている。

③ 吸着剤の攪拌，加熱操作がないため吸着剤の劣化が少ない。

④ 水素の純度は 99.9％以上になる。

⑤ 常温での減圧だけで吸着剤の再生が可能。

⑥ 吸着剤の再生時間が数分から数十分と短時間である。

なお，COG からの水素回収については，経済産業省の「水素等エネルギー技術開発費補助金制度」により，2001〜2005 年まで「製鉄プロセスガス利用水素製造技術開発」で取り上げられている。この試験研究では燃料電池および水素自動車用の水素の大量供給を目的に，COG 中に含まれるメタンやタールなどを約 800℃の炉ガスの顕熱で水蒸気改質し，水素の生産量を現在の約 2 倍に増やすベンチプラント試験が既に実施された(図 4.5) [20]。

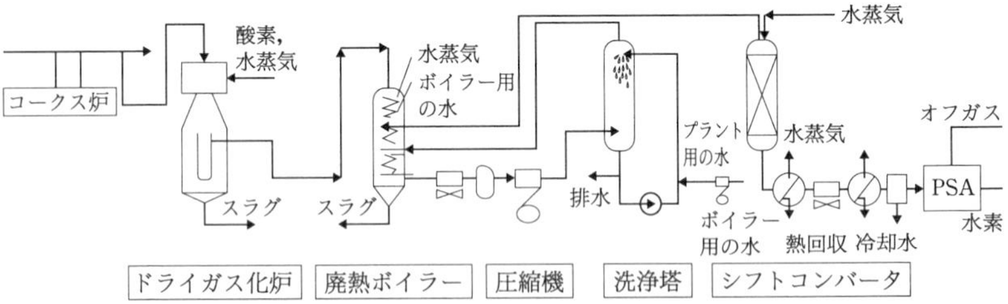

図 4.5　COG のドライガス化工程図[20]

3.2　転炉ガス(LDG)

LDG の年間発生量は 73.76 億 Nm³(2009 年)，発生原単位は粗鋼トン当たり 90 Nm³(2009 年)である。LDG は CO の含有率が 70％と高く，次のシフト反応により水素に転換できる(表 4.3)。

$$CO(g) + H_2O(g) = H_2(g) + CO_2(g) \qquad (4.10)$$

ただ，前述の COG に比べ水素含有
量が非常に低く，水素の製造コストが
高くなり，CO_2 も同時に生成するなど
の欠点がある。21 億 Nm^3 の外販量
(2009 年)全量をシフト反応で水素に変

表 4.3 転炉ガスの化学組成(vol%)[17][21]

CO	N_2	CO_2	H_2	O_2	H_2O
70.9	13.9	14.1	1.1	0.1	
70.8	13.7	8.9	3.0	0.9	2.7

えるとして，転換率を 80%，PSA による回収率を 70%と仮定すると LDG
の潜在水素供給ポテンシャルは約 12 億 Nm^3 となる。

シフト反応では加圧は平衡水素濃度には影響ないが，反応速度を高めるた
め 10 kg/cm^2 程度に昇圧後転化器に導入している。CO の転化触媒には高温
用の Fe-Cr 系触媒と低温用の Cu-Zn 系触媒の 2 種類あり，使用温度は前者
が 350〜450℃，後者が 200〜250℃になる。転化器は高温用と低温用の二つ
の反応装置からなっている。シフト反応は発熱反応のため一段目の転化器で
は温度が上がり，CO 濃度も高くなるため，触媒の耐熱性を考慮して高温用
触媒を使用している。高温転化器からのガスは 200℃まで冷却し，二段目の
低音用転化器に導入し残りの CO を水素に転化すると CO 濃度は 0.2%程度
まで減少する。

3.3　高炉ガス(BFG)

高炉ガスの組成を表 4.4 に示した。
水素含有率は COG に比べ格段に低
く，間接水素源の CO も転炉ガスの
1/3 程度と少ないのに対して N_2 およ
び CO_2 濃度が高く，両者合わせると
70%以上になる。このため発熱量が約
800 $kcal/Nm^3$ と少ない。

表 4.4 高炉ガスの組成(vol%)[16][17][18]

H_2	CO	CO_2	O_2	N_2
3.0	21.0	22.2		53.8
2.9	21.9	21.0	0.0	54.2
3.9	22.5	21.4	0.0	52.2

2009 年の統計によれば銑鉄の国内総生産量は 66943·10^3 t，年間ガス発生
量は 108,001·10^6 Nm^3 であるから，銑鉄トン当たりの発生量は約 1,600 Nm^3
になる[13]。用途は大部分が製鉄所内で熱風炉，焼結炉，発電などの燃料と
して自家消費されている。

4. 炭化鉄と水素

4.1 炭 化 鉄

次の理由から炭化鉄は新鉄源として注目された。

① 直接還元鉄(DRI)の炭素含有量は2%程度であるが，炭化鉄では約7%
弱で，電炉製鋼原料として使用すると節電や生産性の向上をはかりうる。

② 次の反応により水素とCOおよび鉄の同時生産が可能。

$$Fe_3C + H_2O(g) = 3Fe + H_2(g) + CO \qquad (4.11)$$

③ DRIに比べ空気中で酸化を受けにくく，屋外での長期貯蔵や海上輸
送が可能。

④ 鋼中窒素の低減。

炭化鉄を利用する製鋼プロセスは1993年G. H. Geiger等[22]により提案
され，1944年にはNucor Iron Carbite社による30万t/年の炭化鉄の生産
工場が世界で初めてトリニダートでスタートしたが1999年操業を中止して
いる[23]。

Nucor社の発表によれば，還元炉は内径が40 ft.の流動炉で，吹き込みガ
ス量が55万Nm³/時，鉱石挿入量53 t/時，炭化鉄生産量900 t/日，操業
条件は炉内温度570℃，ガス圧300 kpag，炉内導入ガス組成は，CH_4 60%，
H_2 34%，CO 2%，H_2O 1%であった。

その後1999年米国のQualitec社が66万t/年のプラントを建設，商業生
産に入ったが，この工場も現在稼動していない。スクラップ鉄の再生利用，
製鋼工程での省エネルギー，環境対策としてのCO_2の削減のほか，良質安
価なスクラップ鉄が減少してきていること，水素源としての新たな用途の開
発などの理由から炭化鉄への関心が最近再度高まっている。このため，日本
でも大学，国立研究所，民間事業会社などで炭化鉄の製造法や水素源として
の利用につき試験研究が行われた。炭化鉄は鋼の構成組織中に見られる相の

一つで，セメンタイトと呼ばれており，その形状，含有量，分布状態が材料特性と密接に関連していることから鉄鋼材料分野では以前から多くの研究が行われてきた。しかしながら，水素発生源として取り上げられるようになったのは比較的最近である。

炭化鉄からの水素製造については，日本では輸入炭化鉄を原料に計画が進められている。炭化鉄は熱力学的には不安定な化合物で，最終的に鉄と黒鉛に分解する。このため，その製造工程では高温での分解をどのような方法で防ぐかがキーポイントになる。前述の米国の例では分解抑制策として低温での還元法が取られていた。しかし，温度が低いと反応速度が遅くなり炭化に長時間かかるから生産性が悪化する。また，炭化は鉄鉱石が金属鉄まで還元された状態から始まるが，金属鉄はメタンのクラッキングに対して強い触媒作用があり，遊離炭素を析出しやすく，生成した煤が鉄の炭化を妨げるほか，配管の閉塞，反応装置の腐蝕，リホーマー用触媒の失活などを引き起こすことから，これらの障害も米国での操業中止の原因と見られる。炭化鉄の安定性を高める手段として鉄鋼材料では二つの方法がとられている。一つは Fe_3C 中の Fe の一部を Cr，Mn などで置き換えることにより熱的安定化をはかることができる。もう一つ硫黄の添加がある。鉄鉱石の直接還元用ガスの加熱器，天然ガスのリホーマーでは〝Metal Dusting〟と呼ばれる装置材料の腐蝕が以前から知られていた。メタンガスによる浸炭で装置材の表面に析出した Fe_3C が鉄と黒鉛に分解し，さらに生成鉄表面でのメタンのクラッキングにより金属鉄と煤の混合物を形成しながら装置材の腐蝕が進行し，重大な事故を引き起こす恐れがある。防止策として，ガス中への微量の H_2S の添加が有効なことがわかった[24]。

H_2S が炭化鉄の安定化を促進するのは，メタンのクラッキングに対して強い触媒作用を持つ鉄の表面に硫黄が吸着することにより鉄の触媒作用が抑制されるためである。しかしながら硫化水素による炭化鉄の安定化には二つの大きな欠点がある。

一つは製品の硫黄含有量が多くなることである。鉄鋼材料中の硫黄は有害成分として嫌われており，製錬工程では極力低く抑えている。このため

第4章 鉄製錬での水素製造　93

DRI の硫黄含有量は 0.001〜0.03％と少ない。還元ガスへの H_2S の添加は還元鉄の硫黄分の増加を引き起こすから，その使用に際しては厳しい添加量の制御が不可欠となる。第二の欠点は触媒の被毒である。天然ガスを利用した直接還元では還元炉からの排ガスを天然ガスとともに改質炉に導入しているが，改質触媒は硫黄に敏感で被毒されやすく，硫黄を含むガスには使用できない。

　H_2S を使用しない場合の実験結果として，中川等は Fe–C 系平衡状態図で A_1 変態の 750℃付近で生成炭化鉄は最も安定になりガス雰囲気にもあまり影響を受けないと述べている[25]。安定剤として硫化水素を使用した場合については，林等は工業用鉄鉱石ペレットに対する実験結果として，

　$(P_{H_2S} / P_{H_2})/(P_{H_2S} / H_2)e = 0.05$　　$[(P_{H_2S} / P_{H_2})e は FeS–H_2 系の平衡値]$反応温度 800℃，$H_2$ と CH_4 混合還元ガス $H_2/CH_4 = 500/500 (cm^3/分)$，反応時間 60 分で炭化鉄の生成率 80％，生成物の S 含有量は 0.04 mass％を得た[26]。

4.2　炭化鉄からの水素製造

　炭化鉄は $H_2O(g)$ と反応すると前掲(4.11)の反応により金属鉄のほか水素と CO を同時に生成する。

　川崎重工業と省エネルギーセンターが NEDO の委託で 2003〜2005 年の 3 年間にわたり，この反応からのガスを発電または水素製造に利用するための実用化試験を実施した。この試験について，井上等は流動層リアクターを用い，反応温度が約 700℃，1 atm の条件で，生成鉄は高温状態のまま電気炉に装入すると同時に，発生ガスは発電もしくは水素製造に利用する二つの処理システムについての試験結果を報告している[27]。

　発電試験では，炭化鉄 1.07 t，水 107 kg のインプットに対してアウトプットは鉄 1 t(700℃)，電力量 150〜200 kwh，また水素製造ではインプットが炭化鉄 1.07 t，水 214 kg に対してアウトプットが鉄 1 t，水素 135〜Nm^3 であった。

5. 塩化鉄と水素

5.1 PRMS 法[28]

水素が水になる酸化鉱の還元では水素の再生は難しい。しかし塩化物では水に比べ再生循環は容易になる。このため，塩化鉄の水素還元例として次のPRMS 法(Peace River Mining and Smelting Process)を取り上げた。

1953 年カナダのアルバーター州 Peace River の近くで大きな鉄鉱床が発見された。針鉄鉱($Fe_2O_3 \cdot H_2O$)，菱鉄鉱($FeCO_3$)，およびシャモサイトに似た組成を持つ各種鉱物からなる緑色非晶質の鉄-アルミ系の珪酸塩で，鉄分約34%，SiO_2 27%，燐 0.6%，推定埋蔵量 2 億トンで，選鉱が効かず，製錬の難しい貧鉱石である。

アルバーター州立研究所では，この鉱石の処理法として塩酸浸出による高純度鉄粉の製造を計画し，最初原料として鉄スクラップを使用し，後で鉱石に切り替える予定で，鉄粉，5,000 t/年の規模で 1972 年試験を開始したが工業化に失敗している。図 4.6 に処理法の概略を示したが，大別して五つの工程からなっている。

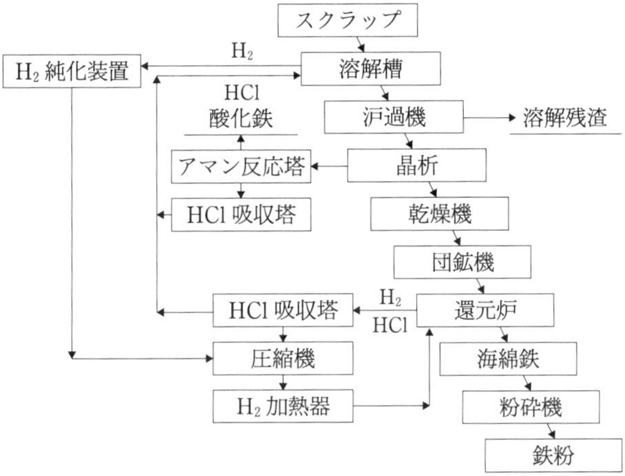

図4.6　PRMS 法による鉄スクラップの処理工程

（1） スクラップ鉄の塩酸溶解と発生水素の回収

溶解温度は 95℃で発熱反応のため溶解開始後は加温の必要がない。スクラップ中の硫化物や炭化物は塩酸と反応して H_2S や炭化水素を発生する。液中の銅分は H_2S と結合して硫化銅として沈殿する。発生水素は塩酸吸収塔を経てエタノールアミンを充填した硫化水素吸収塔に導入脱硫する。

（2） 塩化鉄結晶の分離

浸出液は濾過後黒鉛管熱交換器からなる蒸発缶で塩化鉄濃度を 46%程度まで高め，液温 80℃で真空晶析器に導入，塩化鉄結晶 $FeCl_2 4H_2O$ をチタニウム網製バスッケトにより分離する。

（3） 浸出液中の塩酸の回収

イギリスで開発された Aman Reactor が塩酸回収に用いられた。この方法は製鉄所のストリップミルで熱延鋼板の酸洗排液からの塩酸の再生回収法として現在利用されており，詳細については次節で述べる。

（4） 塩化鉄の乾燥と団鉱

$FeCl_2/4H_2O$ は団鉱できないだけでなく，還元時に多量の水分を放出して工程を複雑化するため，4 水塩を 2 水塩まで脱水してからクッション型ブリケットにしている。粉末状態で流動還元する方法についても試験が行われたが，うまくいかなかった。

（5） 塩化鉄の水素還元

$FeCl_2$ の水素還元は吸熱反応のため温度は高いほど有利となるが，塩化第一鉄の融点 673℃以上では熔融による反応障害を引き起こす。特に間接加熱ではこの影響が大きくなる。それで，800℃に予熱した水素による直接加熱還元方式をとった。吸熱反応のためブリケットの内部温度が塩化鉄の融点温度以上にならず，還元がスムーズに進行する。

鉄鉱石の湿式製錬は着想それ自体が無理とされ，今まで取り上げられたことはない。

この製錬法は最初複雑低品位鉄鉱石の処理が目的で計画されたが実質的に鉄スクラップの湿式処理試験であった。しかし，これからの製錬技術を考えるうえで多くの示唆を与える考え方が組み込まれている。

第一は酸化物の水素還元では，水素の再生が難しい。しかし，塩化物では製錬工程をクローズド化できる可能性のあることを示している。第二は水の熱化学分解例に見られるように，反応生成物の $FeCl_2$ は高温加水分解により水素源として利用できること，第三は溶液からの塩酸の再生回収に Aman 法が利用されているが，次節で述べるように，熱延鋼板からの酸洗い排液中の塩酸回収に同じ方法がとられていること，第四は Aman 法では塩酸の回収に下記反応が利用されているが

$$4FeCl_2 + 4H_2O(g) + O_2 = 2Fe_2O_3 + 8HCl(g)$$

次の $FeCl_2$ の高温加水分解では水素を発生できること

$$3FeCl_2 + 4H_2O(g) = Fe_3O_4 + H_2(g) + 6HCl(g)$$

第五は，この方法の最初の目的が低品位難処理鉄鉱石の資源化を目指した一番最初の試験であったことである。原料鉱石の低品位化が進む現状から考えて，この試験の持つ現代的意義は大きいと思う。

5.2　熱延鋼板の酸洗い排液からの塩酸回収[29]

製鉄工程で熱延鋼鈑の塩酸による酸洗いから出る排液中の酸の回収法として現在 Aman 法が稼動している。処理工程を図 4.7 に示した。酸洗い排液は Aman Reactor 上部のチタン製スプレーヘッダーから霧状態で炉内に散布し，炉下部の 3 本のバーナーから噴射した 500〜600℃の酸素富化旋回上昇気流と接触せしめて鉄分を酸化鉄として回収すると同時に塩酸を再生している。

$$2FeCl_2 + 2H_2O(g) + 1/2O_2(g) = Fe_2O_3 + 4HCl(g)$$

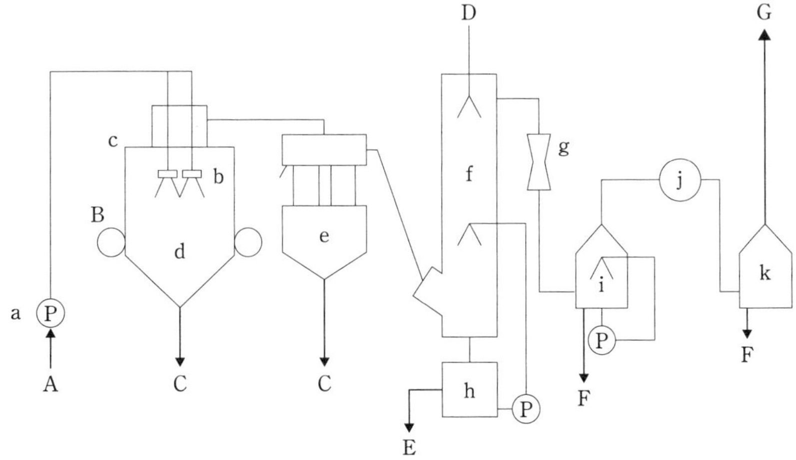

図4.7　熱延鋼板の酸洗い排液からの塩酸回収工程
A：排液，B：燃料と空気，C：酸化鉄，D：酸吸収用水，E：回収塩酸，F：ドレイン，
G：スチーム，P：ポンプ，a：高圧スプレーポンプ，b：スプレーヘッダー，
c：ばい焼炉，d：バーナー室，e：集塵器，f：吸収塔，g：ベンチュリー攪拌器，
h：酸循環タンク，i：ガス攪拌器，j：排ガス送風機，k：除塵器

6. 水素および副生ガスと製鉄技術の将来

　原発事故後のあらたな日本のエネルギー情勢の下で，冶金技術の将来はど
うなるのか，以下，次世代の新しいエネルギーとしての水素と前節の副生ガ
スを中心に将来の製鉄技術の動向を探った。

　製鉄工業は大きな石炭工業でもある。化学工業の主要原料であるメタノー
ルおよびアンモニアは，かつては石炭の乾留から製造されていた。1970 年
代，日本は二度にわたりオイルショックを経験したが，この間脱石油へ向け
て C_1 化学およびアンモニア工業と製鉄工業の複合化への動きがあった。当
時，通産省は「製鉄ガス総合利用委員会」を設置し製鉄プロセスからの副生
ガスの化学工業用原料としての利用に関し需給，経済性，技術開発などにつ
いて，製鉄工業と化学工業との複合化を目指して調査検討を行っている。

　もう一つ高炉の機能を大きく変える操業試験も行われていた。岡本等は

1955年に酸素富化空気を高炉に吹き込み，銑鉄およびアンモニア合成用ガスを同時に生産する試験研究を始めている。この試験では硫酸滓単味の焼結鉱を原料にして，Si 2〜3%の鋳物用銑 35〜40 t/日と，銑鉄トン当たりアンモニア換算 900〜950 kg の原料ガスを同時に製造する工業化試験に成功していた。しかし，オイルショック後の原油価格はショック時のピーク価格の 1/3 以下の安値で推移し，この状態は 2007 年末まで予想外の長期間にわたり続いた。日本経済は安い石油の大量消費をてこに大きく成長したが，せっかく芽生えた脱オイル計画は安い石油には抗しきれず消滅せざるを得なかった。

2003 年，国の水素エネルギー政策が水素製造から燃料電池，水素自動車の開発普及および水素エネルギーシステムのインフラ整備に変わってからは，コークス炉ガスは水素ステーションへの水素供給源として注目され始めた。東日本大震災による原発事故は原子力への安全性，経済性への信頼を著しく損ね，原子力製鉄への流れも大きく後退した。

日本鉄鋼連盟は 2008 年 7 月に CO_2 の抜本的排出削減取り組み計画である〝環境調和型製鉄プロセス技術開発〟を発表している。高炉で発生する CO_2 の排出削減技術の開発が最大の狙いで，コークス使用量を減らすため水素などのガスにより鉄鉱石を還元する反応制御技術を開発すること，コークス炉の 800℃の廃熱を利用してコークス炉ガスの改質を行い，水素量の増幅をはかること，高炉ガスからの CO_2 の分離回収技術の開発などが柱となっており，技術開発の重点が従来の製鉄から石炭へ移された。原発事故以来，日本は将来に向けて一次エネルギーの供給に大きな不安と課題を抱えることになり，自然エネルギー依存への流れは益々強まるものと思う。しかし，切り替えにはかなりの時間を要し，それまでの中継ぎとして石炭への需要は今後さらに拡大するものと予想される。

2007 年の石炭消費量は 1 億 8,943 万トンと過去最高になっており，主な用途は電力が 8,702 万トン(46%)，製鉄が 6,763 万トン(36%)でこの 2 業種で約 82% を占めている。用途別需要量の推移では鉄鋼がほぼ横ばいに対して，電力用は増加しており 2000 年には鉄鋼を上回った。

第4章　鉄製錬での水素製造　99

　日本でのCO_2の排出増加の主因は石炭の消費量の増加にあるため，その大幅削減には電力と並び製鉄工業も当然問題になる。対応策として最近 G. A. Olah 等により提案されたメタノールエコノミーがある[30]。CO_2を水素によりメタノールに変換資源化し，CO_2のリサイクルをはかるもので，水素の持つ貯蔵，輸送時の危険性，取り扱いの不便さをも補うと同時に，既存の石油インフラも活用することが狙いとなっている。

　メタノールをめぐる大きな動きとして，中国での石炭からの大量生産がある。中国では石炭の産地が内陸部に偏り，消費地の沿海地域から遠く離れていることから輸送が難しいこと，自動車保有台数の増加にともない，ガソリン市場での添加用メタノールのシェアが化学用に比べ急激に増大していることなどから，中国のメタノールプラント数，総生産能力は現在世界最大になっている[31]。

　以上 COG の利用についての歴史的変遷について述べたが，これらの経過から自然エネルギーの利用が実現するまでの過渡的方法として，オイルショック時に計画された脱石油化計画が再浮上し，今までの縦割りの産業構造をメタノールを中心とした石炭化学と製鉄の複合的産業構造に変えることも将来への方向の一つとして出てくる。なお，一般にはあまり知られていないが，カナダではアンモニア工業と非鉄製錬が結びついた例があり，工業的生産が行われているが，これについては次章で述べる。いずれにしろ今回の原発事故は，これからの冶金技術について根本的に考え直すよいチャンスだと思う。

［引用文献］

[1] H. Lanne: U. S. Patent (1913): 1, 078, 686.

[2] A. Messerschmitt: U. S. Patent (1910). 971, 206.

[3] P. B. Tarman, R. Biljetina: Coal Process Technology (1979). 5, 114-116.

[4] T. Mattisson, A. Lyngfelt, H. Leion: Int. J. Greenhouse Gas Contr. (2009), 3, 11-19.

[5] A. Abad, Adanez-Rubic, I. Gayan, P. Garcia-Labino, F. deDiegolf, J. Adanez: Int. Jour. Greenhouse Gas Contr. (2012), 6, 189-200.

[6] M. Ryden, M. Arjmand: Int. J. Hydrogen Energy (2012), 37, 4843-4854.

[7] Otsuka, C. Yamada, T. kaburagi, S. Takenaka: Int. J. Hydrogen Energy (2003),

28, 335-342.

[8] 林昭二, 木下潤一, 可児裕章：鉄と鋼(2010), 96(8), 43-48.

[9] G. Shikorr: Z. anorg. allgem. chem. (1933). 212, 38.

[10] F. J. Shipko, D. L. Douglas: J. Phys. Chem. (1956), 60, 1519-1523.

[11] T. Tanaka, H. kiuchi, R. Shibayama: Jour. Metals (1975), 27, 6.

[12] 黒木俊宏, 松本明子, 中塚勝人, 土屋範芳：資源と素材(2003), 119(8), 484-488.

[13] 鉄鋼統計要覧(2010年版)：日本鉄鋼連盟.

[14] 富田忠義：水素エネルギー技術開発会議資料(1984), Session 2. 日本能率協会.

[15] T. Hiratani: Chem. Economy & Eng. Review (1980), Feb. 12(2), 7-14.

[16] 実原幾雄, 高松信彦：水素エネルギーシステム(2003), 28(1), 5.

[17] 島貫靖史, 原田建夫：最新の水素技術(2003), 38. 日本工業出版.

[18] 伊藤彰：日本機械学会誌(2005), 108(1045), 14.

[19] 田中時昭：鉄と鋼(1981), 67(11), 1876-1885.

[20] 橋本孝雄：季報 エネルギー総合工学(2005.1), 27(4), 「講演」高温コークス炉ガスのドライガス化.

[21] 若村修, 武田卓：水素エネルギーシステム(2001), 26, 65-70.

[22] H. Geiger, F. A. Stephons: Ironmaking Conf. Proc. (1993), 333-339.

[23] Garraway: Tran. Steelmaker (1996), 23, 27-30.

[24] J. H. Grabke, E. M. Muller-Lorenz: Steel Research (1995), 66(6), 254-258.

[25] 中川大, 村山武明, 小野陽一：鉄と鋼(1996), 82(4), 1-6.

[26] 林昭二, 井口義章：鉄と鋼(2000), 86(10), 1-7.

[27] 井上英二, 駒井啓一：水素エネルギーシステム(2003), 28(2), 2-7.

[28] Canadian Chem. Proce. (1967), 51(8), 29-34.

[29] 西久保道夫, 寺門良二, 大木孝：日本鉱業会昭和51年度合同秋季大会分科研究会講演集資料(1976), L-9.

[30] G. A. Olah, A. Goeppert, G. K. S. Prakash: The Methanol Economy(小林, 斉藤, 西村 訳)(2010), 化学同人.

[31] 大久保智彦：化学経済(2011), 3月増刊号, 59-61.

第5章
金属製錬工業での
水素とアンモニアの利用

1. 製鉄工業
2. 非鉄製錬工業
3. 電子材料の製造と水素
4. 水素貯蔵・輸送媒体としてのアンモニアの利用
5. まとめ

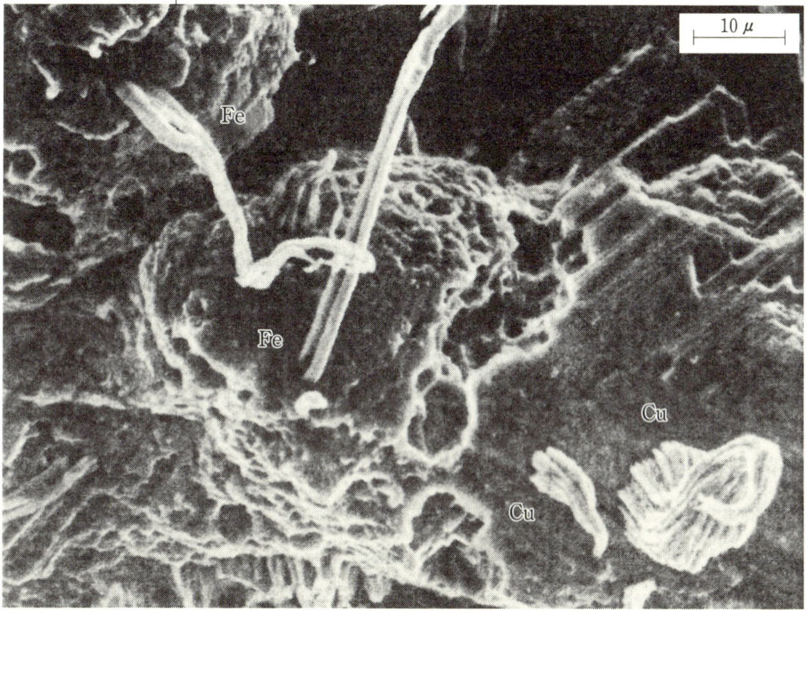

Bornite（Cu_5FeS_4）を800℃で水素還元したときに生じた金属鉄と金属銅。
右下隅の金属銅は還元途中で空冷放置後に析出成長したもの。

1. 製鉄工業

鉄鉱石の水素による直接還元

1973年から1980年にかけ通産省工業技術院では大型プロジェクトの一つとして高温ガス炉による新しい製鉄法を目指し，「高温還元ガス利用による直接製鉄技術の研究開発」を実施した。背景には熱源をコークスから原子炉冷却剤の高温ヘリウムガスに転換し，さらにその熱により水を分解，得られた水素により鉄鉱石を還元，製鉄プロセスのクローズド化を実現する原子力製鉄を21世紀へ向けての製鉄技術開発の将来像として描いていたということがある。しかしながら，核熱の金属製錬への利用については，危険性への危惧が当時から根強く，加えて昨年の福島第一原発事故により，計画そのものをも疑問視する見方が多くなり，計画の推進は行き詰まり状態にあるといってよい。

鉄は石油とともに現在の工業技術文明発展の原動力であり，しかも製鉄はエネルギーの多消費産業でもある。したがって，金属製錬技術の将来も最終的にはエネルギー問題と切り離せない。今後自然エネルギーへの流れは益々強まるものと思う。しかし，切り替えにはかなりの時間が必要で，それまでの過渡的技術開発として，どのような方向を目指すべきなのか大きな課題となる。そのようななかで，石油経済に代わるエネルギーシステムとして，水素経済社会の実現が世界的に有力視されてきた。今，水素エネルギーシステムを未来技術展望の視点ととらえると，水素による鉄鉱石の直接還元が再度浮上する可能性がある。

鉄鉱石の水素による直接還元はこれまでH-Iron法，Nu-Iron法など多くの方法が工業化された。しかし現在稼動しておらず，世界の主流はMidrex法で[1]，直接還元鉄(DRI)の世界総生産量(2008年6,845万トン)の約60%を占めているが，使用する還元ガスは天然ガスを改質した水素とCOの混合ガスで純水素ではない。鉄鉱石の水素還元は吸熱反応のため熱の供給が必要で，燃料としての水素の補給も必要になること，還元への水素の利用率が20〜

30％と低いことなどの理由から，還元炉を循環する水素量が多量になり，設備費，動力費が増す欠点がある。

　日本では臨海製鉄所での高炉-転炉による大量生産方式が定着しているが，今後原料やエネルギーの地域ごとの事情に応じ，スクラップや直接還元鉄（DRI）を利用する電気炉製鋼法が転炉鋼と並ぶとの予測もある。ヨーロッパでは設備の老朽化が進み，CO_2 の削減規制が強化されていることもあって電気炉製鋼への切り替えが多くなっている。

　電炉法は高炉-転炉法に比べ CO_2 の発生およびエネルギーの消費量が少ないこと，また設備費が安く，建設からフル生産までの期間が短く経済的に有利，需要の変化に対応して炉の操業停止，再開が容易で生産量の調整が簡単などの利点がある。

　製鉄工業をめぐる大きな動きとして見逃せない状況変化がもう一つある。経済産業省は2008年〝知識組み替えの衝撃—現代の産業構造変化の本質〟，また日本経済団体連合会は〝産業構造の将来像—新しい時代をつくる戦略〟を報じている。いずれも従来の硬直化した縦型の産業構造を改変することにより日本の産業の競争力を強化し，新しい時代をつくりだそうとする戦略である。製鉄産業は他産業と異なり多面性を持った巨大産業である。すなわち重要素材としての鉄鋼の製造だけでなく，電力の供給，石炭産業，C1 化学工業と関連分野は非常に広い。

　2008年日本鉄鋼連盟が発表した〝環境調和型製鉄プロセス技術開発〟でも製鉄の技術開発の重点は製鉄から副生ガスへと移りつつある。したがって，これからの水素による直接還元製鉄技術は従来のユニットプロセス内での改変にとどまらず，産業分野を一つの制約条件ととらえ，上述の諸分野を総合した横からの新しい最適化技術として見直すべきと考える。

2. 非鉄製錬工業

2.1　水素とアンモニアの併用製錬

非鉄製錬における水素は，還元剤として電子材料をはじめ各種金属の製造

に幅広く使用されている。またアンモニアとの併用例も多い。両者はともに肥料および化学工業での主要原材料のため，非鉄製錬工業はこれら工業と結びつく可能性が強くなるが，水素やアンモニアを利用する製錬企業の規模が小さいため，非鉄製品と化学製品の同時併産例は少ない。しかし天然ガスの産出地帯であるカナダでは含ニッケル，コバルト硫化鉱石からの金属抽出剤として肥料製造用アンモニアを利用し，さらに抽出液を水素還元して粉末NiおよびCoを製造する冶金と化学工業の複合化例がある。以下この方法について述べる。

2.2 Sherritt 法[2][3]

この方法はSherritt法と呼ばれ，操業開始は1954年で生産規模はNi 31.100 t/年，Co 3.140 t/年，肥料 250,000 t/年である。水素を利用する冶金法としてSherritt法は多くの注目すべき特徴を持っている。

第一は，今までの製錬での技術開発がプロセスと装置の改良が多く，製錬原理には変化がなかったのに対して，この方法ではまったく新しい冶金反応に基づく製錬法がとられている。

第二は，水溶液中の金属回収には通常電解採取が行われているが，Sherritt法では加圧水素による溶液からの直接還元で粉末金属を生産している。

第三は，従来の製錬では地金の供給に留まっていたのに対して，新材料の同時製造をも含む幅の広い製錬を目指している点である。含Ni溶液を水素還元する際，酸化物粉末を添加し，その表面にNiを析出させて分散強化型合金を製造している。

以上この方法の特徴について述べたが，将来の水素を利用する新しい冶金技術を考えるうえで示唆に富む製錬法といえる。

（1） 操業の概要

製錬工程は浸出，脱銅，加水分解，水素還元，コバルトの回収の5つの工程からなっている(図5.1)。

（2） 鉱石の浸出

原料鉱石はManitoba州Linn Lake鉱山から輸送され，Ni 10%，Co

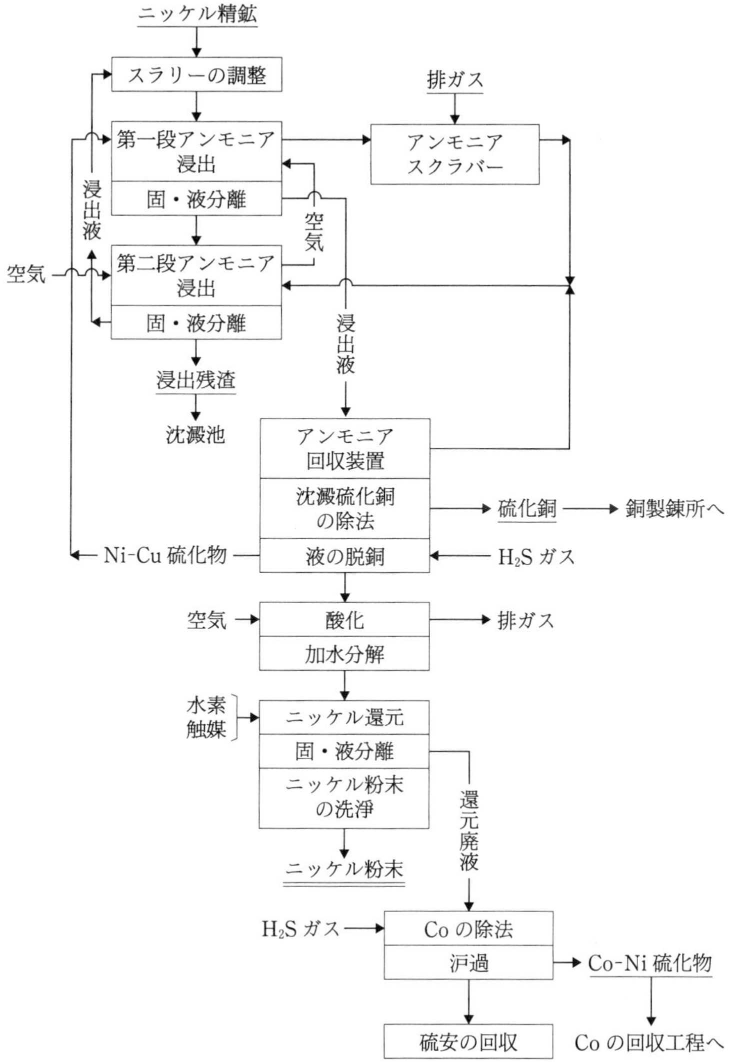

```
                    ニッケル精鉱
                         │
                 ┌───────────────┐
          ┌─────│  スラリーの調整  │                排ガス
          │      └───────────────┘                   │
          │      ┌───────────────┐          ┌──────────────┐
          │   ┌─│ 第一段アンモニア │────────│  アンモニア   │──┐
          │   │ │      浸出        │◄───────│  スクラバー   │  │
      浸   │   │ ├───────────────┤          └──────────────┘  │
      出   │   │ │   固・液分離    │    空                      │
      液   │   │ └───────────────┘    気                      │
          │   │ ┌───────────────┐                            │
   空気─┤ │ ┌│ 第二段アンモニア │◄──────────────────────────┤
          │ │ ││      浸出        │                            │
          │ │ │├───────────────┤                            │
          │ └─││   固・液分離    │                            │
          │   │└───────────────┘   浸                        │
          │   │         │            出                        │
          │   │      浸出残渣        液                        │
          │   │         │            │                        │
          │   │       沈澱池    ┌──────────────┐              │
          │   │               │  アンモニア    │◄─────────────┘
          │   │               │  回収装置      │
          │   │               ├──────────────┤
          │   │               │ 沈澱硫化銅     │──── 硫化銅 ──→ 銅製錬所へ
          │   │               │   の除法       │
          │   └── Ni-Cu 硫化物 ─├──────────────┤◄── H₂S ガス
          │                    │  液の脱銅      │
          │                    └──────────────┘

              空気 ──→ ┌──────────────┐
                      │     酸化       │──→ 排ガス
                      ├──────────────┤
                      │   加水分解     │
                      └──────────────┘
                               │
        水素 ┐      ┌──────────────┐
        触媒 ├─────│  ニッケル還元  │
              ┘      ├──────────────┤
                      │   固・液分離   │───┐
                      ├──────────────┤   │
                      │ ニッケル粉末   │   還
                      │    の洗淨      │   元
                      └──────────────┘   廃
                               │           液
                          ニッケル粉末      │
                                           │
        H₂S ガス ──→ ┌──────────────┐
                      │   Co の除法    │
                      ├──────────────┤
                      │     沪過       │──→ Co-Ni 硫化物
                      └──────────────┘
                               │
                      ┌──────────────┐
                      │   硫安の回収   │      Co の回収工程へ
                      └──────────────┘
```

図 5.1　Sherritt 法によるニッケルの製錬工程

0.3%，Cu 1.5%，Fe 38%，S 31%，貴金属 6.2 g/t 以下の硫化精鉱である。$(NH_4)_2SO_4$ 約 250 g/l，NH_3 約 125 g/l の溶液により 85℃，空気圧 10 kg/cm² で浸出すると，Ni，Co，Cu は金属アミンとして溶解するが，鉄は水酸化物として不溶解残渣中に入る。

　浸出は二段に分けて行い，二段目では未溶解の金属をできるだけ完全に溶解させてから浸出液を第一段浸出液として繰り返し，液の金属濃度を高めている。

　第一段浸出工程での主反応は次式になる。

$$2NiS + 8FeS + 14O_2 + 8H_2O + 20NH_3 = 2Ni(NH_3)_6SO_4 +$$
$$4Fe_2O_3H_2O + 4(NH_4)_2S_2O_3$$

　第二段浸出工程での主反応は以下の通りである。

$$2(NH_4)_2S_2O_3 + 2O_2 = (NH_4)_2SO_4 + (NH_4)_2S_3O_6$$
$$(NH_4)_2S_3O_6 + 4NH_3 + H_2O = NH_4SO_3NH_2 + 2(NH_4)_2SO_4$$

　上記反応から明らかなように，SO_4^{2-} までの中間体として Thiosulphate $S_2O_3^{2-}$，Thionate $S_3O_6^{2-}$，Sulphamate$(SO_3NH_2)^-$ ができる。浸出は連続カウンターカレント方式で，直径 3.4 m，長さ 13.7 m，内面をステンレス鋼鈑で内張りし，4 室に区切ったオートクレーブ四基を一系列として使用している。発熱反応のため，オートクレーブ中の冷却コイルにより液温を 85℃に保持する。浸出後の沪液組成は 40〜50 g Ni/l，0.7〜1 g Co/l，5〜10 g Cu/l，120〜180 g$(NH_4)_2SO_4$/l，85〜100 g 遊離 NH_3/l，1.5〜10 g S（Thiosulphate および Thionate として）/l である。

（3）脱　　銅

　浸出工程からの沪液は蒸気吹き込みにより 120℃に加熱して過剰の NH_3 を回収し，同時に Thiosulphate と Thionate を次の反応により分解すると大部分の銅は硫化物となって沈殿する。

$$S_2O_3{}^{2-}+Cu^{2+}+H_2O=CuS+SO_4{}^{2-}+2H^+$$
$$S_3O_6{}^{2-}+Cu^{2+}+2H_2O=CuS+2SO_4{}^{2-}+4H^+$$
$$8Cu^{2+}+2S_2O_3{}^{2-}+4H_2O=8CuS+S_3O_6{}^{2-}+8H^+$$
$$2Cu^++S_3O_6{}^{2-}+2H_2O=Cu_2S+2SO_4{}^{2-}+4H^+$$

上記反応は遊離の NH_3 が $70\,g/l$ 以下になると急速に進行する。
次の Ni アミン錯体の形成反応では

$$Ni^{2+}+nNH_3=[Ni(NH_3)n]^{2+} \qquad n=1\sim6$$

アンモニア濃度が高くなると平衡が右に偏り，Ni^{2+} 濃度が極端に低くなり次の還元に不利となるため NH_3 / Ni モル比が 2 になるまで加熱を続ける。この時点で銅濃度は $0.1\sim0.5\,g/l$ まで下がる。

（4）　加水分解

沈澱硫化銅を除去した後の沪液は Ni $46\,g/l$，Co $0.9\,g/l$，Thionate と Thiosulphate 合量で $40\,g/l$，$(NH_4)_2SO_4$ $350\,g/l$，Sulphamate $10\,g/l$，遊離 NH_3 $28\,g/l$ を含んでいる。これらの成分のうち Thionate，Thiosulphate，Sulphamate は還元 Ni 粉末の硫黄汚染を引き起こすため，$245°C$，酸素分圧 $7\,kg/cm^2$，全圧 $50\,kg/cm^2$ で酸化すると，下記反応により硫酸塩に変わる。

$$S_2O_3{}^{2-}+2O_2+H_2O=2SO_4{}^{2-}+H^+$$
$$S_3O_6{}^{2-}+2O_2+2H_2O=3SO_4{}^{2-}+4H^+$$
$$NH_4SO_3NH_2+H_2O=(NH_4)_2SO_4$$

（5）　水素還元

酸化終了後液を還元用オートクレーブに入れ，硫酸第一鉄を添加し水素圧 $25\,kg/cm^2$，液温約 $115°C$ で 30 分間保持して Ni 粉末の核生成を行う。続いて約 $10\,m^3$ の新液をオートクレーブに入れ，$185°C$，水素圧 $25\sim32\,kg/cm^2$

第5章　金属製錬工業での水素とアンモニアの利用　109

で還元すると，次式の反応により粉末 Ni が得られる。

$$Ni(NH_3)_6SO_4 + H_2(g) = Ni + (NH_4)_2SO_4 + 4NH_3$$

　Co に比べ Ni が還元されやすいため，Ni が優先的に生成するから，Co の大部分を液中に残すことができる。Ni と同時に還元される Co の量をできるだけ少なく抑えるため，Ni を全部還元せず，0.8〜1.0 g/l 程度で還元を中止し，Ni 粉末をオートクレーブ内に残したまま新しい液と交換する。このような操作を繰り返して Ni 粉末を成長せしめる。所要時間は約 50 時間である。得られた Ni 粉末の粒度は −100〜＋200 メッシュが約 73%，純度は 99.83% である。

（6）　コバルトの回収

　Ni 還元残液は Co と Ni 合量で 1.5〜2.0 g/l 含んでいるから H_2S を吹き込み，両方を硫化物として沈澱せしめる。図 5.2 に Co の回収工程を示した。

　Co と Ni の混合硫化物ケーキ(Co，Ni それぞれ約 20%)は，オートクレーブに装入し，pH 1.5〜2.5 の硫酸溶液により 7 kg/cm^2 の空気加圧下，約 140℃で浸出，金属分を硫酸塩に変える。鉄は Fe^{2+} として溶解するから，アンモニアにより液の pH を 4.5 まで上げ空気酸化することにより水酸化第二鉄として沈殿せしめて後沪過除去する。さらに，アンモニアを加え，pH を 5.8 まで上げ残りの鉄分を再酸化して除去する。

　沪液は酸化用オートクレーブに移し，Ni および Co 各 1 モルに対し 7〜8 モルのアンモニアを加え，75℃，空気圧 7 kg/cm^2 で処理すると，硫酸コバルトは酸化され，$Co(NH_3)^{3+}$ として溶解する。液は冷却後硫酸で pH を 2.6 に調節すると，$NiSO_4(NH_4)_2SO_4 \cdot 6H_2O$ が沈殿するから沪過分離する。

　最後にコバルト粉末と硫酸を加え，Co^{3+} を全部 Co^{2+} に還元し，35 kg/cm^2，180℃で水素還元して Co 粉末を製造している。なお，Co の場合も Ni のときと同様結晶核が不可欠で青酸ソーダと硫酸ソーダを混合添加している。

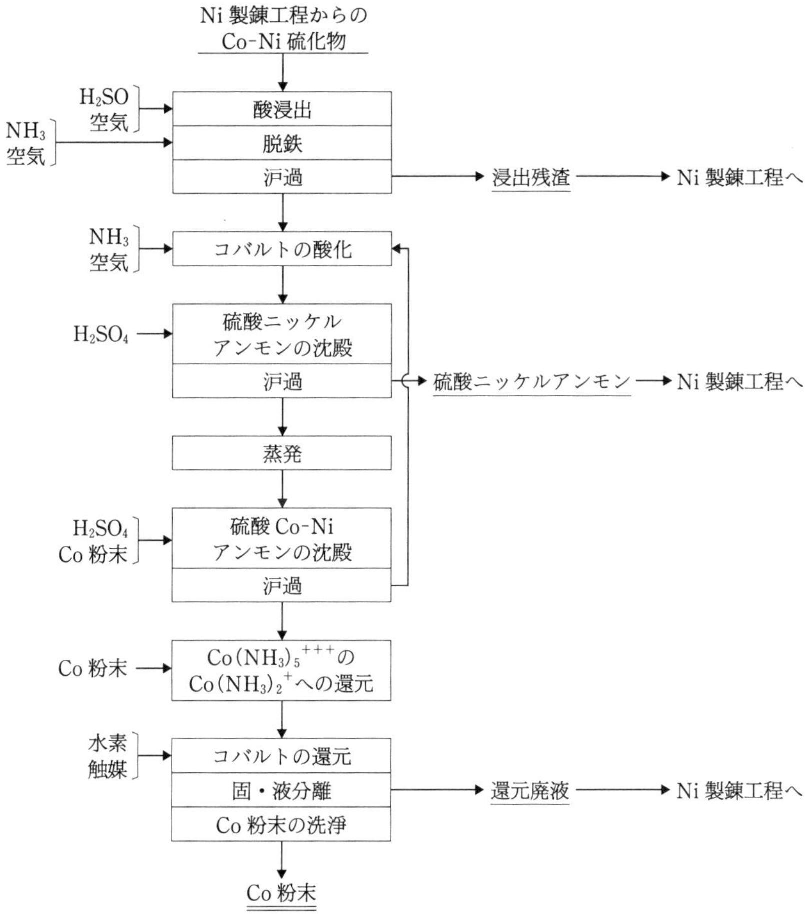

Ni 製錬工程からの
Co-Ni 硫化物

H$_2$SO
空気

NH$_3$
空気

酸浸出

脱鉄

沪過 → 浸出残渣 → Ni 製錬工程へ

NH$_3$
空気

コバルトの酸化

H$_2$SO$_4$ →

硫酸ニッケル
アンモンの沈殿

沪過 → 硫酸ニッケルアンモン → Ni 製錬工程へ

蒸発

H$_2$SO$_4$
Co 粉末

硫酸 Co-Ni
アンモンの沈殿

沪過

Co 粉末 →

Co(NH$_3$)$_5$$^{+++}$の
Co(NH$_3$)$_2$$^+$への還元

水素
触媒

コバルトの還元

固・液分離 → 還元廃液 → Ni 製錬工程へ

Co 粉末の洗浄

Co 粉末

図 5.2　Sherritt 法によるコバルトの回収工程図

2.3　モリブデンとタングステンの製錬

　金属 Mo および W は融点が高く(2,623℃, 3,407℃)，熔融状態での製錬が困難である。また，粗金属の精製に広く利用されている電解法も適用が難しい。さらに還元剤として炭素を使用すると炭化物を生成するなどの理由から，専ら水素が還元剤として用いられている。さらに，製錬工程では Mo および W の浸出にアンモニアも使用されており，両金属の製造は水素とア

第5章　金属製錬工業での水素とアンモニアの利用　　111

ンモニアの併用型製錬になる。

（1）　モリブデン製錬[4]

　原料鉱石は Molybdenite(MoS_2)で，わが国はそのほとんどを輸入している。最初〝ばい焼〞して酸化物に変える。SO_2 排出による公害への規制が厳

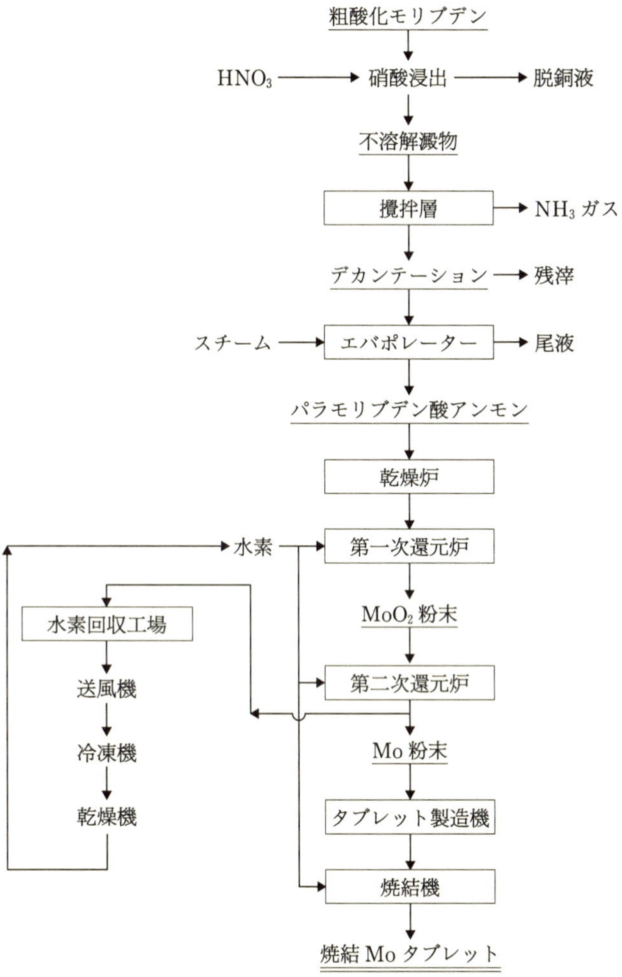

図 5.3　金属モリブデンの製錬工程図

しく国内での処理が難しくなったため最近は〝ばい焼〟済みの粗酸化モリブデンクリンカーの輸入に切り替えられた。

製錬は予備処理，アンモニア浸出，水素還元の3工程からなる(図5.3)。

①予備処理

アンモニアに溶解しやすい銅などの含有不純物を予め除去するとともに，アンモニアに難溶解のMnO_2を易溶性MoO_3に変えるため最初硝酸浸出にかける。

②アンモニア浸出

上記工程からの不溶解沈澱物に水を加え，アンモニアガスを吹き込むとMoO_3は下記反応により溶解し，SiO_2，Al_2O_3，鉄酸化物などは残渣として沈澱する。

$$MoO_3 + 2NH_4OH = (NH_4)_2MoO_4 + H_2O$$

得られた清澄液は沪過後加熱濃縮しパラモリブデン酸アンモン(PHM)を晶出させている。

$$7[(NH_4)_2MoO_4] = [(NH_4)_6Mo_7O_{24}] + 4H_2O + 8NH_3$$

③水素還元

PHMは皿状容器内に広げ第一次還元炉に装入し，水素により約600℃で還元するとMoO_2が得られる。次いで第二次還元炉で約1,000℃で再度還元すると99.9%純度の粉末状モリブデンになる。PHMの水素還元ではMoO_3の二段還元法が取られている。

図5.4の平衡状態図から，MoO_3からMoO_2への還元では，(c)線は(a)線と(b)線の間に位置するから水素の利用率はMoO_2の金属Moへの還元時より高くなる。また，(b)と(c)の直線間の差が還元の駆動力になるから温度が低いほど起りやすい。

これに対してMoO_2をMoまで還元する場合は，(c)線は(a)線より下に

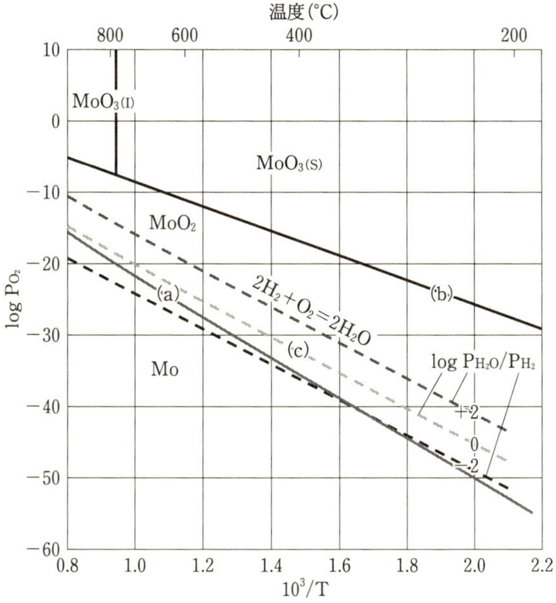

第5章　金属製錬工業での水素とアンモニアの利用　　113

図 5.4　MoO_3 および MoO_2 の水素による還元平衡図

$2MoO_3 \rightleftharpoons 2MoO_2 + O_2$,　$\triangle G° = 77,400 - 39.0T$,　$\log P_{O_2} = -16,920/T + 8.526$

$MoO_2 \rightleftharpoons Mo + O_2$,　　　$\triangle G° = 131,530 - 39.95T$,　$\log P_{O_2} = -28,760/T + 7.422$

位置することが必要である。図によれば P_{H_2O}/P_{H_2} 比が小さい所，すなわち水素の利用効率が小さい所でこの関係が成立するから，排出ガス中の水素濃度はそれだけ高くなる。

　また，(a)と(c)の二直線の差が還元の駆動力になるから，MoO_2 の金属 Mo への還元では反応温度は MoO_3-MoO_2 系のときとは逆に高い方が有利となる。さらに高温では MoO_3 の揮発損失も起りやすい。このような理由から二段還元法が取られている。

（2）　タングステン製錬[5]

　原料鉱石は Wolframite[(FeMn)WO₄] と Scheelite(CaWO₄)で，最大の産出国は中国である。金属タングステンの製造には湿式処理が取られ，図 5.5 にその処理工程を示した。

　鉱石中の硫黄，燐，砒素などの揮発性不純物の除去と，粉砕効果を高める

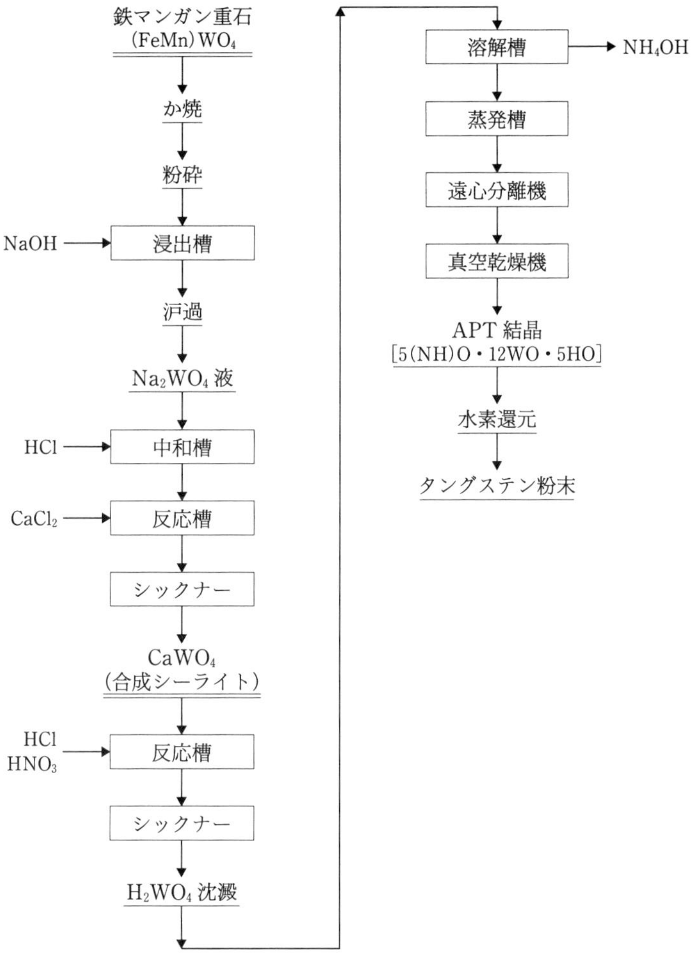

```
鉄マンガン重石
(FeMn)WO₄
    │
   か焼
    │
   粉砕
    │
NaOH ─→ 浸出槽
    │
   沪過
    │
  Na₂WO₄ 液
    │
HCl ─→ 中和槽
    │
CaCl₂ ─→ 反応槽
    │
  シックナー
    │
  CaWO₄
 (合成シーライト)
    │
HCl
HNO₃ ─→ 反応槽
    │
  シックナー
    │
 H₂WO₄ 沈澱

溶解槽 ─→ NH₄OH
    │
  蒸発槽
    │
 遠心分離機
    │
 真空乾燥機
    │
  APT 結晶
[5(NH)O・12WO・5HO]
    │
  水素還元
    │
 タングステン粉末
```

図 5.5　金属タングステンの製錬工程図

目的で，最初ロータリーキルンなどで〝か焼〟する。続いて行う焼鉱の粉砕
は，次のアルカリ浸出に大きく影響する。タングステン鉱石はアルカリとの
反応が遅いことから，高温高圧での浸出も過去に行われたが，粉砕段階で湿
式粉砕と分級の併用により常圧での溶解が可能になった。

　粉砕鉱石の浸出は，Wolframite には苛性ソーダ，Scheelite には炭酸

ソーダが用いられ，Na_2WO_4 として抽出後沪過して不溶解残渣を分離する。浸出液には $CaCl_2$ を添加し $CaWO_4$ を沈澱させる。得られた合成シーライト（$CaWO_4$）は硝酸を加えた濃塩酸で加熱分解すると黄色のタングステン酸（H_2WO_4）が沈澱する。

　タングステン酸スラリーは溶解槽でアンモニアと反応させ固形物を沪過除去してから蒸発缶に送り込み，パラタングステン酸アンモン（APT）$[5(NH_4)_2O$ $12WO_35H_2O]$ を晶出させ，遠心分離後，真空乾燥する。なお，APT の粒度で最終製品のタングステン粉末粒子の大きさが決まるので晶出過程での液温，濃度などにつき充分な管理が必要となる。

　精製 APT は水素雰囲気中で 400〜500℃で加熱し，WO_3 が主成分のブルー酸化物に変える。WO_3 を金属まで還元するには最低 700℃が必要である。ニッケルまたはステンレス製ボートに WO_3 粉末を入れ電気炉内のステンレス炉心管に挿入し，押し出し棒により一定速度で管内を移動させて還元する。W 粉末の粒度は水素流量，水素中の水分，還元温度，還元時間，昇温速度に依存する。高温で長時間還元すると粗い粉末となり，微粉タングステンが得られない。また，水素中の水分が多いと粗くなるので水素流量を増すか，ボート内の WO_3 層を薄くするなどで細粒化をはかっている。

　フィラメントの製造では微粒子 W が必要なため，WO_3 に Al_2O_3，H_2SiO_3，KCl などのドーピング剤を 0.3〜1％水溶液として添加後，還元すると粒子の焼結が抑制され，微粒子の W 粉末が得られる。

2.4　硫化鉱石の水素による直接還元と還元金属の形態[6]

　金属硫化物の水素による直接還元は熱力学的に望ましくなく，工業的には今まで取り上げられていない。還元生成物の H_2S 濃度が非常に低い状態で反応が停止してしまうほか吸熱反応になることなどによる。しかしながら，このような熱力学的に不利な条件は CaO の添加により改善できる。CaO が H_2S を吸収し，金属の生成反応が進行するからである。

　金属硫化物の水素による直接還元では生成金属の形態の特異性が大きな特徴となる。

金属硫化物からの金属の生成は天然現象としては古くから知られているが，これに関する研究は少なく，特に水素雰囲気下での成長についての研究報告はほとんどない。

水素還元時の金属の成長は硫化物内での金属イオンおよび電子の移動，格子欠陥，相転移，熱伝導などのほか気相中の水素および H_2S 濃度，還元温度，ガス流速などによって大きく影響を受ける。しかもこれらの要因は還元時の核発生と，それに続く繊維状，ホイスカー状，海綿状など特異な形状を示す結晶の形成と密接に関連している。このため，田中等は固体硫化物と気相の条件を変えて生成金属の形状と成長状態を調べた[4]。

硫化コバルトの還元で見られる生成 Co の大きな特徴は，Co_4S_3 の安定温度域の 780℃ 以上では写真 5.1 と 5.2 に示すホイスカー状および角ばった準繊維状結晶が見られることである。かつ還元温度が高いほど，また水素濃度が低いほどホイスカー状のものが多くなる傾向が強く，最大 10 mm の結晶が

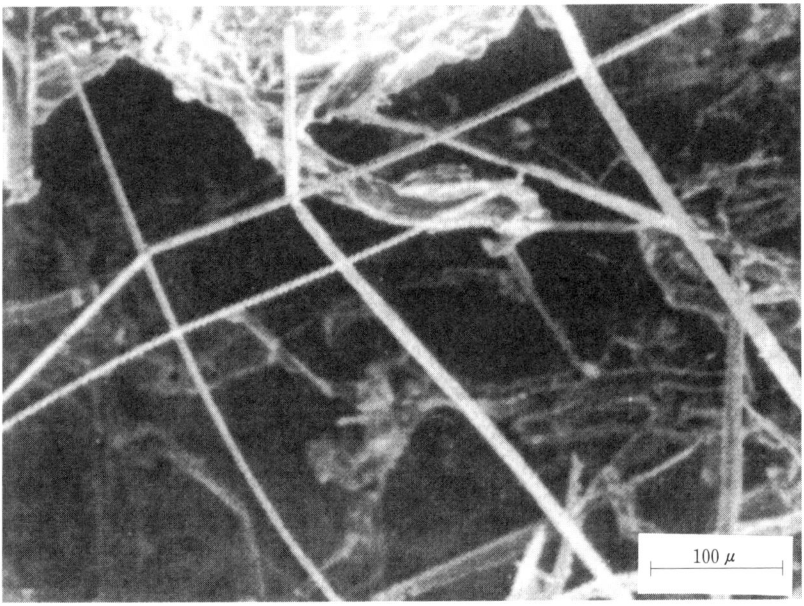

100 μ

写真 5.1　ホイスカー状 Co

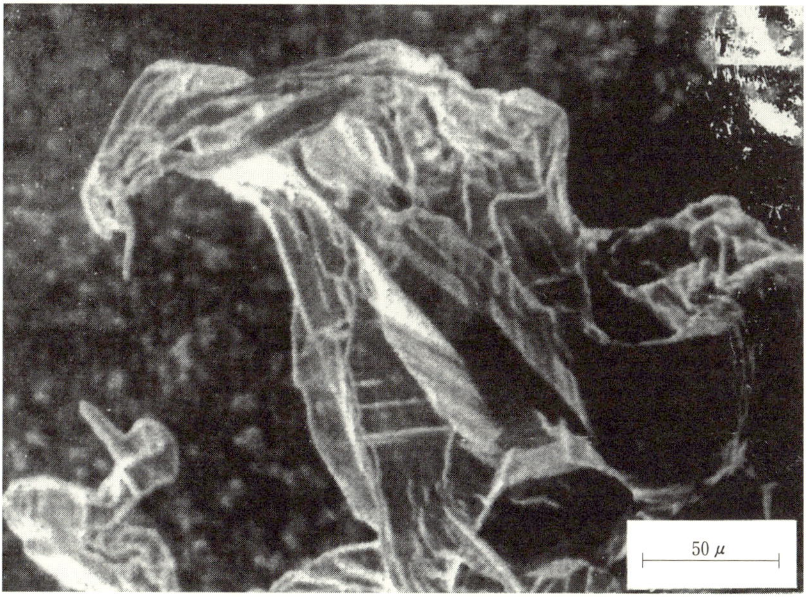

写真 5.2 有ほうな樹繊維状 Co

得られた。一方 Co₉S₈ の生成は 780℃以上では還元初期には小さい発泡状の金属 Co が生成された[写真 5.3・(1)]。時間の経過とともに写真 5.3・(2)を経て写真 5.3・(3)に見られる樹枝状粒子になる。Ag₂S の水素還元では写真 5.4 に示すような樹枝状の単体銀の生成が起こる。樹枝状の水素還元では写真の他方の鎖が見られ反応が進行する。

$$S^{2-}(\text{in sulfide}) + H_2(g) = H_2S(g) + 2e$$
$$2M^{2+}(\text{in sulfide}) + 2e = 2M^0$$

Ag₂S 中の金属イオンは樹枝状に無軌道に分布し、非常に動きやすい状態にある。このため反応により生じた電子と金属イオンと接触した瞬間の金属の核水に接触して成長するため、そ樹枝状銀の核水直近では視分的に銀濃度が低下する現象が起こる。同様の現象が CuS についても見られた。

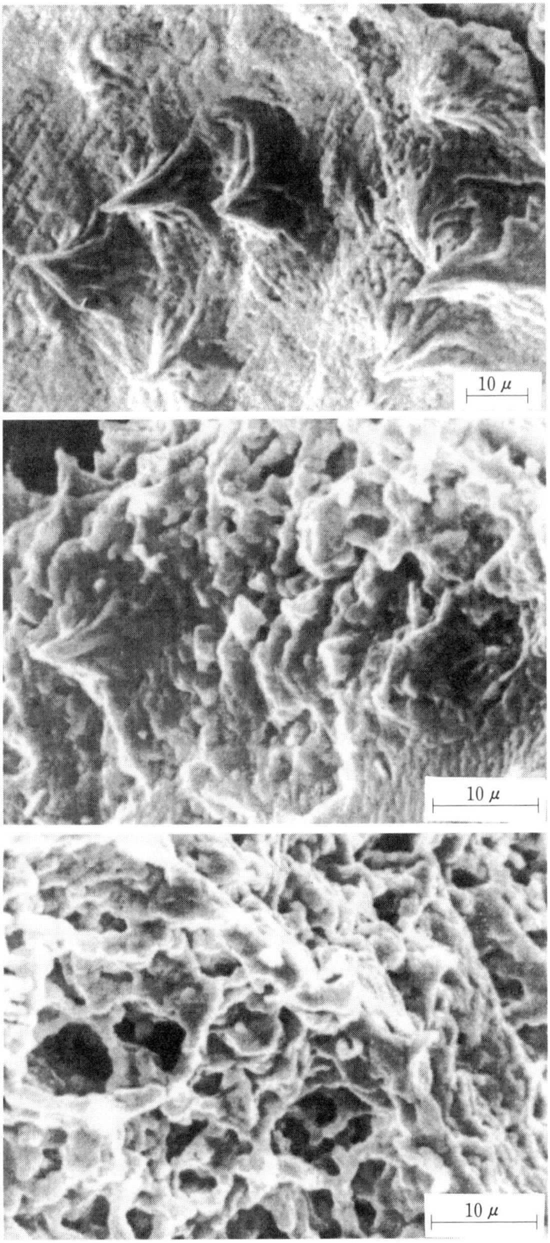

写真 5.3　780℃以下での Co₉S₈ の水素還元で生じる金属 Co

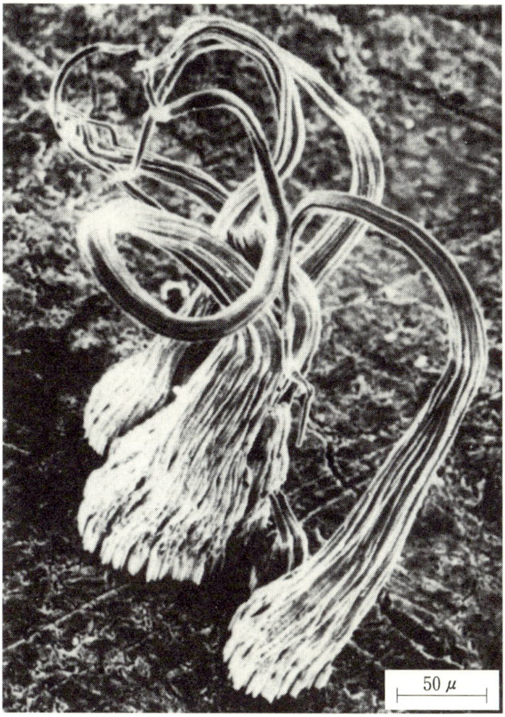

第 5 章　金属製錬工業での水素とアンモニアの利用　119

写真 5.4　Ag₂S の 500℃での水素還元時に生じた金属銀

　鉄の自己拡散係数は 10^{-7}〜10^{-8}cm²/秒になり，Ag₂S 内での銀の拡散値 10^{-2} に比較して著しく小さい。このため 53 at%S 組成の FeS を水素還元すると，最初金属鉄を生じず硫化物表面に脱硫によるピットが現れる(写真 5.5)。続いてピットのエッジの部分から結節状の鉄が生成し始め，時間の経過とともに多数の鉄の微粒子に変わる。

　これに対して 50 at%S の FeS ではピットは生じず，直接鉄の生成が起こり，次いで前述の 780℃以下の Co₉S₈ の水素還元に似た成長が観察された(写真 5.6)。Bornite(Cu₅FeS₄)の水素還元では銅，鉄いずれも毛髪状になる(写真 5.7)。なお，還元途中で資料を空冷後樹脂に埋め込み，表面研磨した状態で放置すると，同じ形状の金属銅が常温で析出成長するのが見られた。この

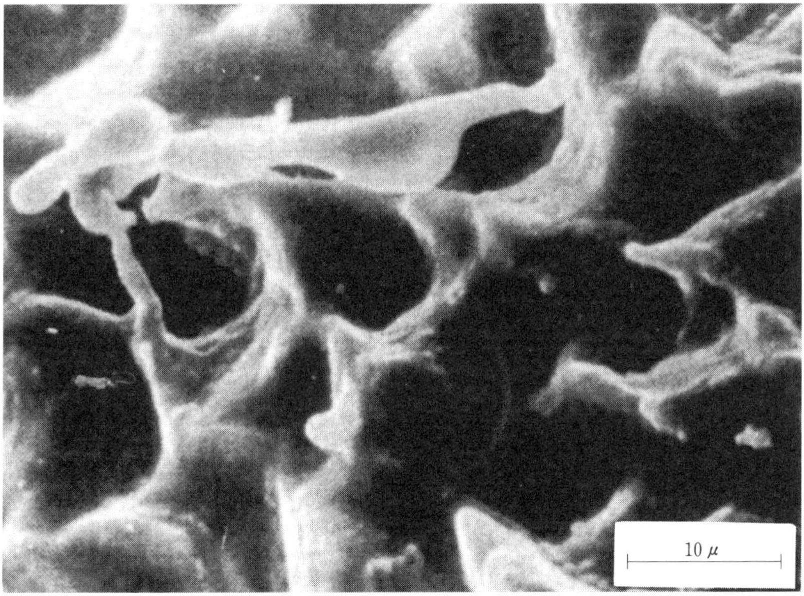

写真 5.5　FeS(53 at%S)の水素還元時に生じたピット

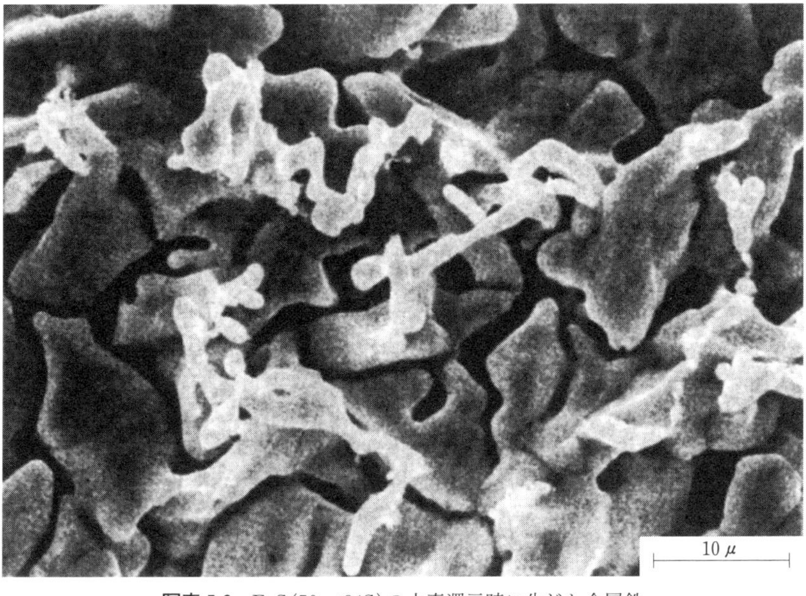

写真 5.6　FeS(50 at%S)の水素還元時に生じた金属鉄

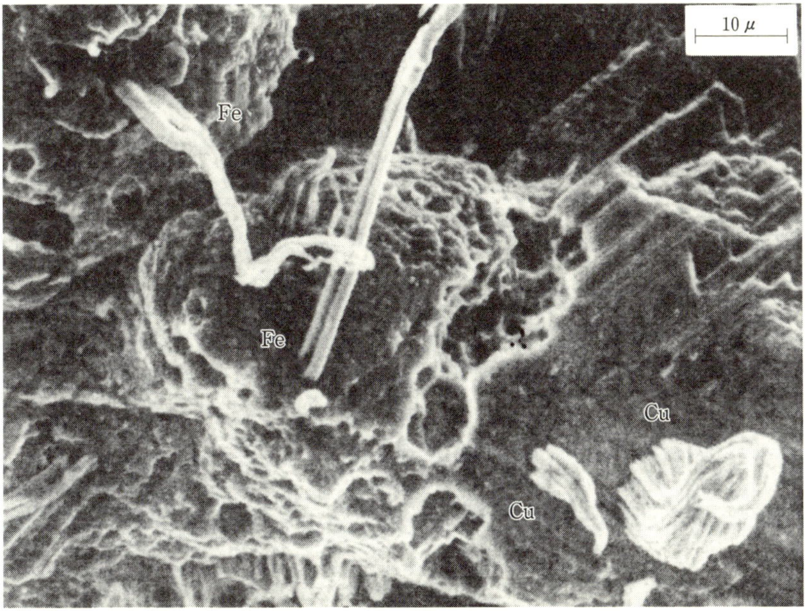

第 5 章　金属製錬工業での水素とアンモニアの利用　　121

写真 5.7　Bornite の水素還元時に見られる毛髪状鉄と銅

ような現象が起こるのは，Bornite 中への銅の溶解度が温度により差があること，および Bornite 内での金属イオンの移動が容易なことに起因する。

2.5　金属硫酸塩の水素還元[7]

硫酸塩を水素還元する際見られる第一の特徴は，還元温度が 300℃と著しく低くなることである。このことは従来の高温型の冶金反応に対して低質エネルギー，例えば各種廃熱，太陽熱などの利用の可能性を示唆する。第二は，この系の反応には発熱になるものが多く，硫化物の還元に比べ熱的に有利となる。

硫酸塩の水素還元では下記の反応が同時に起こる。

$$MSO_4 + H_2(g) = MO + SO_2(g) + H_2O(g) \tag{5.1}$$
$$SO_2(g) + 3H_2(g) = H_2S(g) + 2H_2O(g) \tag{5.2}$$

(5.2)の400℃における平衡定数 Kp 値は約 $6 \cdot 10^{12}$ となり，反応は大きく右に偏る。それ故，生成 $SO_2(g)$ はほとんど全部 $H_2S(g)$ に変わると見てよい。しかしながら，硫酸銅の水素還元では硫化銅と H_2S は検出されなかった。このことから H_2S の発生には生成金属の触媒作用が大きく影響しており，硫酸銅の場合は還元銅が触媒作用を持たないため平衡論的に安定な硫化銅と H_2S が生じないことになる。これに対して還元金属が触媒作用を持つときには H_2S が生成し，ただちに硫化物として固定される。さらに条件によっては，この硫化物は残余の未反応硫酸塩と固体-固体反応を起こして酸化物に変わることも実験からわかった。

例えば $CoSO_4$ は450℃以上で下記反応により CoO に変わる。

$$25CoSO_4 + Co_9S_8 = 34CoO + 33SO_2(g)$$

したがって $CoSO_4$ の水素還元では次の循環過程を経て反応が進行する[5]。

$$CoSO_4 \xrightarrow{H_2(g)} CoO \xrightarrow{H_2(g)} Co \xrightarrow{H_2S(g)} Co_9S_8$$

しかもガス中の $H_2(g)$ と $SO_2(g)$ 比が大きくなるほど硫化物が生成しやすいことは次式から明らかである。

$$CoSO_4 + 2H_2(g) = Co + SO_2(g) + 2H_2O(g)$$
$$\Delta H^0 = +92.25 kJ, \ \log Kp = 5.612 \qquad (400℃)$$
$$CoSO_4 + 34H_2(g) = Co_9S_8 + SO_2 + 34H_2O(g)$$
$$\Delta H^0 = -1569.36 kJ, \ \log Kp = 185.026 \qquad (400℃)$$

$CuSO_4$ の水素還元については40年ほど前に低品位酸化銅鉱を硫酸浸出後溶媒抽出にかけ，得られた硫酸銅結晶を300℃で水素還元して銅粉を製造す

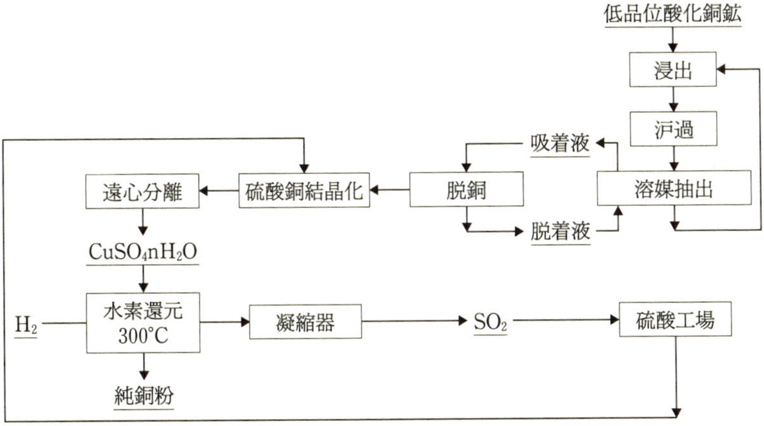

第5章　金属製錬工業での水素とアンモニアの利用　123

図5.6　低品位酸化銅鉱の硫酸浸出‐溶媒抽出と硫酸銅の水素還元による銅粉の製造[9]

る製錬法を F. Habashi 等が提案している(図5.6)[8]。

　しかし銅粉の純度が電解銅なみまでは上がらず，工業化は中止された。その後1980年代に入り，溶媒抽出法により酸性溶液から高効率で銅を分離し，かつ水素によらず電解により山元で高純度銅を製造できる技術が開発され，SX-EW法(Solvent Extraction and Electro Winning)へと発展した。この方法は主として南米で銅鉱山の廃石からの銅の湿式回収法として現在稼働しており，2012年には世界総生産予想量1,700万トンの約30%を超えるものと見られている。

2.6　黄銅鉱の酸浸出の活性化と水素[9][10]

　黄銅鉱の酸浸出の活性化手段として，水素による部分脱硫がある。芝山等は黄銅鉱の部分脱硫での相変化を知るため，700℃で次の実験を行った。

（1）　アルゴン雰囲気および減圧(100 mmHg)による部分脱硫

　α-chalco. から β-chalco. への変化はトポケミカルには進行せず，粒子全体が単一相の状態で脱硫が進む。続く Bornite 相への移行では，FeS と Chalco. の三つの相がそれぞれ別々に分散して生じ，減圧脱硫では Bornite と FeS への完全分離は困難であった。

（2） 水素による部分脱硫

水素による 700℃脱硫では脱硫速度が大きくなるため，粒子周辺部で Bornite の成長が急速に進み，内部の β-Chalco. は FeS 相に変化する(写真 5.8)。写真 5.8 に対応する試料を塩酸浸出した際得られた残渣の状態を写真 5.9 に示した。浸出後には未溶解の Cu_2S のほか僅かな Bornite が残り，FeS 相は溶解して空洞化していた。

Chalco. Bornite はともに酸に溶けづらく湿式処理が難しいが，水素による部分脱硫で生じた Bornite では酸溶解への活性化が認められたため合成試料につき溶解挙動を調べた。合成 Bornite は Cu_5FeS_4(No. 1)，$Cu_4FeS_{3.5}$(No. 2)，Cu_4FeS_3(No. 3)の 3 種で，浸出条件は HCl(1：2)，40℃，20 分であった。

No. 1 の試料では溶解速度が非常に遅く，H_2S の発生もほとんど認められなかった。No. 2 および No. 3 の試料では，いずれも浸出直後から H_2S の発生をともないつつ溶解が起こった。また H_2S の発生量は No. 3 の方が多かった。水素による黄銅鉱の部分脱硫は，ほかの不活性ガスや減圧による方法に比べ，脱硫速度が大きく，bornite と FeS への分離状態も良好のほか吸熱量も小さく熱的に有利などの利点がある。

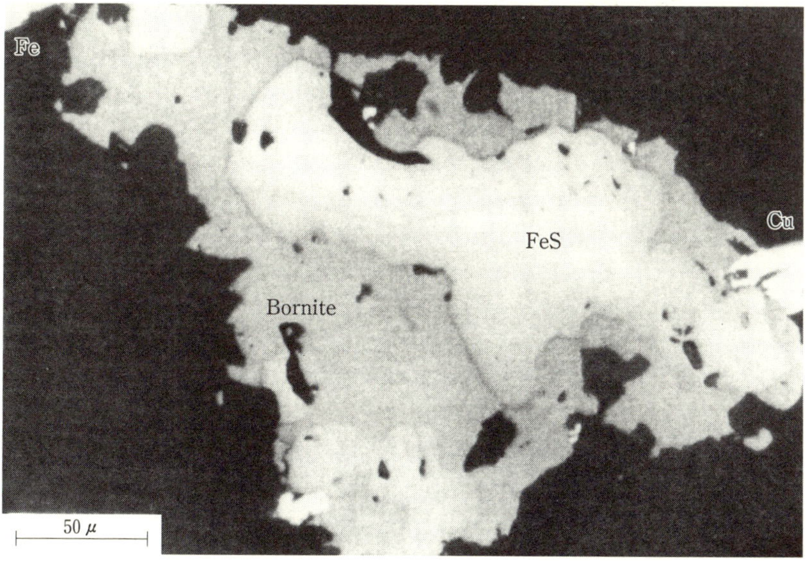

第5章　金属製錬工業での水素とアンモニアの利用　　125

写真5.8　700°Cにおける黄銅鉱の水素による部分脱硫生成物

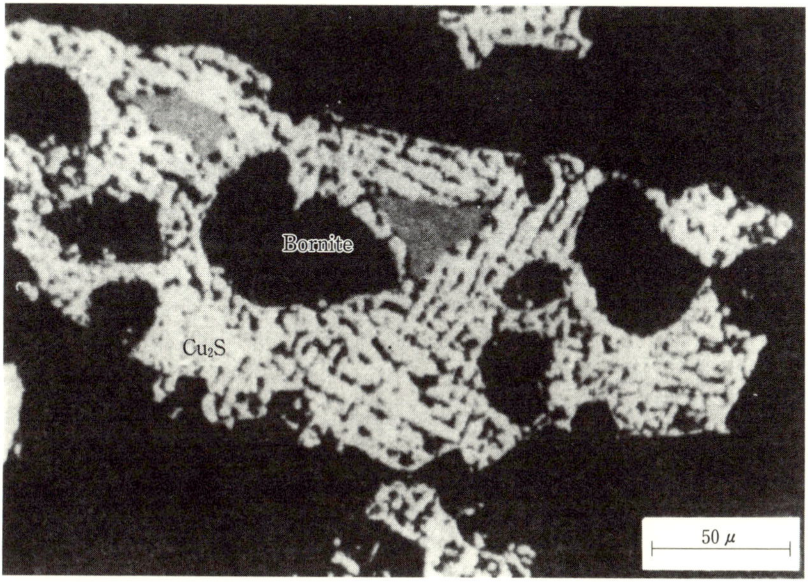

写真5.9　黄銅鉱の水素による部分脱硫生成物を塩酸溶解したときの溶解残渣
　　　　HCl 濃度 1：2, 40°C, 30 分

2.7 Cymet 法[11]

銅精鉱の塩化物による浸出法には Clear，Cymet，Cuprex，Outo-kumpu，Intec など多くの方法があるが，水素が処理工程で使用されているのは Cymet 法のみである。この方法は $FeCl_3$-$CuCl_2$-$NaCl$ 混合溶液を用いる二段浸出法で処理温度は $100℃$，浸出液中の銅は半分を $CuCl$ として真空晶析させた後流動炉で水素還元している。また，浸出液中の鉄分は二段目の浸出工程で Jarosite として分離する。電解によらない点がこの方法の大きな特徴となるが，電解銅なみの純度が得られなかったほか，流動炉での塩酸による反応装置の腐食も大きかったため予期した成績が得られず，1982 年試験を中止した。

3. 電子材料の製造と水素

3.1 電子材料製造用水素

電子材料では微量の不純物が性能に致命的な影響を与えるため使用還元剤に対しては，目的金属と化合物をつくりにくいこと，溶け込みによる汚染の恐れのないこと，不純物との分離が容易なことなど多様な性質が要求されるが，水素はこれら条件を満たす。特に最近サブミクロオーダーの微細加工を必要とする超高集積半導体デバイスへの需要が高まった結果，その生産プロセスで使用される水素についても高純度が求められ，含有不純物の許容量も ppm から ppb，さらに ppt へとハイレベル化している。

半導体用水素としては外販圧縮水素が使用されており，供給源は大部分が食塩電解工場である。工場での副生水素は最初苛性ソーダミストを水洗塔で除去後活性炭素などの吸着剤で油分を除き，続いて Pt-Pd 触媒で微量の酸素を水に変えてからモレキュラーシーブなどで脱湿し，99.99％以上の純度で出荷される。なお，半導体メーカーに供給されている高純度水素には，充填容器としてボンベの内面を鏡面仕上げし，特殊コーティングした容器詰めの水素も市販されている。一般ボンベ詰め水素に比べガス中に含まれる固体微粒子が著しく少ない。

第5章　金属製錬工業での水素とアンモニアの利用　127

工場に送られた水素はいったん貯蔵タンクに入れ，ここから減圧弁，フィルターを経て水素の精製装置に導入する。固体微粒子除去用フィルターとしてはテフロン膜や金属粉末を焼結した高性能フィルターが開発され，0.1μm以下の微粒子の沪過も可能になった。

半導体製造工場では7ナイン以上の高純度水素が必要なため，Pd膜による精製が行われている。純Pd膜は300℃以下では水素化物相への移行により約10%体積膨張を起こして割れやすくなる。このため銀や銅などを添加した合金膜が使用されてている。逆に500℃以上でも膜強度が低下する。透過速度は膜厚および膜両面での水素圧の平方根の差に比例する。高価なPd基合金に代わりNbやVをベースにした合金膜も最近開発されている。

3.2　高純度多結晶シリコンの製造

高純度多結晶シリコンの製造法には多くの方法があるが，トリクロロシラン($SiHCl_3$)を用いるシーメンス法が世界的に広く実施されており，モノシラン(SiH_4)法も一部行われている。

（1）　トリクロロシラン法[12]

トリクロロシラン($SiHCl_3$；.m.p.-134℃.b.p.31.9℃)は珪素樹脂などの有機シリコン化合物の製造原料として工業的に生産されており，ほかに使用分野の少ない原料に比べて調達コストが有利となる。また，沸点が32℃で蒸溜精製が容易なほか，モノシランのような爆発の危険性が少ない利点がある。図5.7に製造工程の概略を示した。

製造原料となる工業用シリコンは，SiO_2が99.5%の白珪石に還元剤として灰分の少ない木炭，オイルコークスを配合し，電気炉で2,000℃以上に加熱すると炉底に熔融状態でシリコンが溜まる。消費電力は1万3,000〜1万4,000 kWhr/t Siでアルミニウムに次いで多く，電力コストの高い日本での生産は中止されている。

電気炉からの粗還元シリコンは微粉砕し，塩酸ガスと300℃で反応させて$SiHCl_3$の原液をつくる。その際の反応は下記のようになる。

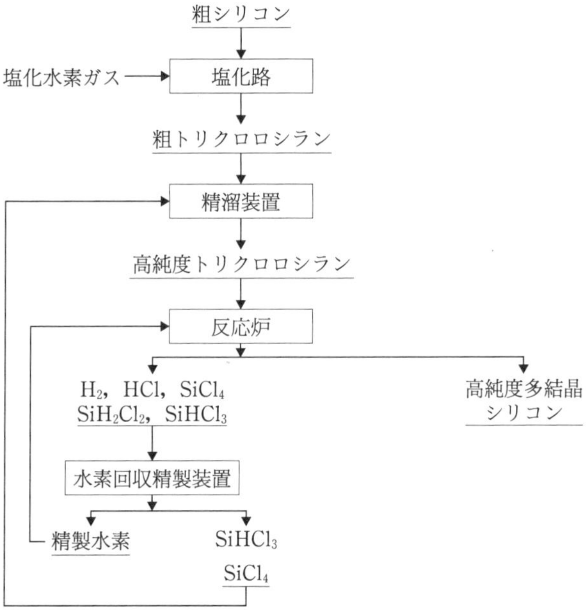

図 5.7 シーメンス法による高純度多結晶シリコンの製造工程図

$$Si + 3HCl(g) = SiHCl_3 + H_2(g)$$

塩化に際しては下記の反応も同時に進行する。

$$Si + 4HCl(g) = SiCl_4 + 2H_2(g)$$

$SiHCl_3$ と $SiCl_4$ の生成割合は約 9：1 である。反応は発熱反応のため最初過熱するだけで，後は冷却して一定温度に保持する。塩化には流動炉が用いられ，また塩酸ガスは電解からの精製高純度水素から製造している。

合成 $SiHCl_3$ 中にはまだ 1〜3 ppb 程度の不純物が含まれており，特にゾーンメルティングで除去困難なボロンについては，予め徹底的に除いておくことが高純度製品を得るポイントとされている。精製手段としては $SiHCl_3$ の沸点が約 32℃ と著しく低い性質を利用する精溜と，複化合物形成

剤の添加の組み合わせ法が効果的で，0.05 ppb 程度までの除去が可能である。複化合物形成剤としてはアントラキノン誘導体，ジフェニルアセトアミドのほかモリブデン酸ソーダなどの報告がある。

　SiHCl₃ から高純度多結晶 Si を製造するには水素を適当な割合に混合して還元する。還元炉内の Si シード棒表面では次の反応が進行する。

$$SiHCl_3(g) + H_2(g) = Si + 3HCl(g)$$
$$4SiHCl_3(g) = Si + 3SiCl_4(g) + 2H_2(g)$$

このほか下記の不均化反応も起こり，Si の析出機構は複雑となる。

$$2SiHCl_3(g) = SiH_2Cl_2(g) + SiCl_4(g)$$

　トリクロロシラン法では，還元 Si を棒状に，しかも均一に成長させることができ，鋳型に鋳込むとか吸い上げでゾーンメルチング用試料をつくる必要がなく，汚染の防止，コストの引き下げにより生産能率が飛躍的に向上した。還元工程では水素はシランのキャリアーガスとしての役割を持っており，その使用量も多くなる。しかも前述のように反応が複雑で副反応による生成物も生じるため，シリコンの収率は 30% と低い。このような理由から廃ガス処理が必要で，冷凍機による塩化物の分離やパラヂウム透過膜により高純度水素の再生を行い再循環させている。

（2）　**モノシラン法**[13]

　製造工程を図 5.8 に示した。

　前述の電気炉からの還元粗 Si と金属 Mg の混合粉末を水素雰囲気中で 500℃に加熱して Mg₂Si に変え，これを塩化アンモンと液化アンモニアの混合溶液中で 0℃以下の温度で反応させると，下記反応により粗モノシランが生成する。

$$Mg_2Si + 4NH_4Cl =$$
$$SiH_4 + 2MgCl_2 + 4NH_3$$

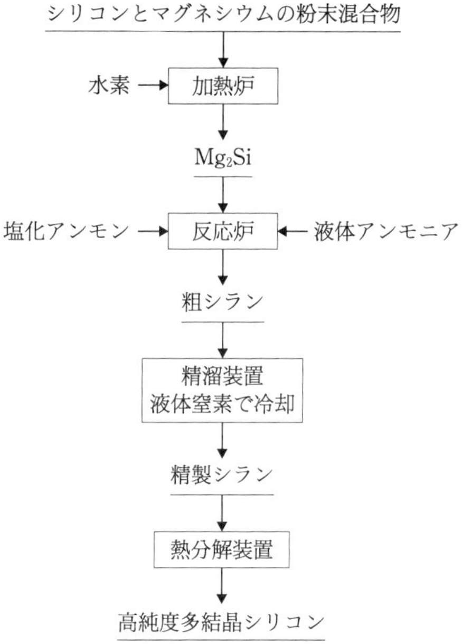

得られたモノシランは沸点が
−112℃と非常に低いことから，
液体窒素で冷却した精溜装置に
導入し，減圧下で精製する。

モノシランは熱分解が容易で，
キャリアーガスとして水素を用
い，約900℃に保持された Si
心棒表面上に析出させる。

$$SiH_4(g) = Si + 2H_2(g)$$

モノシランからの半導体用シ
リコンの製造では，副生物が水
素のためシリコンの汚染，反応

```
シリコンとマグネシウムの粉末混合物
        │
水素 → [ 加熱炉 ]
        │
       Mg₂Si
        │
塩化アンモン → [ 反応炉 ] ← 液体アンモニア
        │
      粗シラン
        │
   [ 精溜装置
    液体窒素で冷却 ]
        │
     精製シラン
        │
   [ 熱分解装置 ]
        │
  高純度多結晶シリコン
```

図 5.8　モノシラン法による高純度多結晶シリコンの製造工程図

器の腐蝕も避けうるほか，モノシランの精製が容易，原料の Si 含有量が多くて処理量が少なくてすむなどの利点がある。しかし，製造費が高くなること，空気に触れると爆発の危険があること，沸点が低いため深冷に経費がかかることなどの欠点もある。なお，モノシランは太陽電池製造用原料として使用されている。

3.3　半導体用高純度ひ素[14]

ひ素はこれまで蓄電池用鉛の合金元素，医薬品などに利用されてきたが，最近電子材料として新しい用途が開発され，この分野での需要が伸びている。GaAs がその代表例で，ダイオード，レーザー素子，太陽電池など，また，ひ素-カルコゲン化合物は赤外線透過用ガラス，赤外ファイバーなどの用途がある。

第5章　金属製錬工業での水素とアンモニアの利用　131

電子材料用ひ素の製造法としては，国内では $AsCl_3$ の水素還元が実施されている。図5.9に製造プロセスの概略を示した。原料は純度98%程度の亜ひ酸(As_2O_3)である。昇華しやすく，800℃で〝揮発ばい焼〟すると純度99.9%の As_2O_3 が得られる。

昇華精製した亜ひ酸は塩酸またはHCl(g)と反応させ $AsCl_3$ に変える。$AsCl_3$ の沸点は130℃と低いので，蒸溜精製を繰り返すと純度を6ナイン以上に高めうる。なお，As_2O_3 中の主な不純物であるSbは $SbCl_3$ として $AsCl_3$ 中に移行するが，沸点が240℃と高く蒸溜により除去できる。

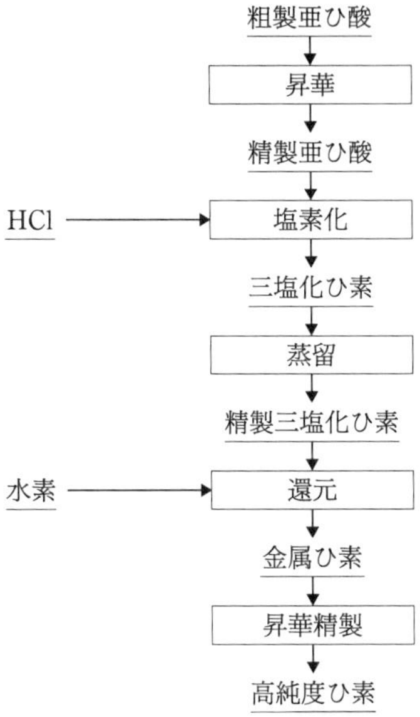

```
            粗製亜ひ酸
               │
         ┌─────────┐
         │  昇華   │
         └─────────┘
               │
            精製亜ひ酸
               │
 HCl ─────→┌─────────┐
         │ 塩素化  │
         └─────────┘
               │
           三塩化ひ素
               │
         ┌─────────┐
         │  蒸留   │
         └─────────┘
               │
         精製三塩化ひ素
               │
 水素 ─────→┌─────────┐
         │  還元   │
         └─────────┘
               │
            金属ひ素
               │
         ┌─────────┐
         │ 昇華精製 │
         └─────────┘
               │
           高純度ひ素
```

図5.9　半導体用高純度ひ素の製造工程図

精製 $AsCl_3$ はPd膜により純化した高純度水素により800℃以上で還元すると，次の反応により純度6ナイン程度のひ素が得られる。

$$4AsCl_3(g) + 6H_2(g) = 4As + 12HCl(g)$$

還元ひ素中にはまだ数10 ppbのNa，C，Clが含まれているので，さらに昇華精製すると7ナイン以上の純度になる。

3.4　半導体用高純度ゲルマニウム[15]

Geの主な需要先は以前はトランジスターであったが，シリコンにその座を奪われ，半導体材料としてのシェアは減少した。最近は光通信用石英グラスファイバーへの添加剤や光信号を電気信号に変換する受光装置などへの用途の拡大も期待されている。

Geは銅，亜鉛などの硫化鉱石に微量含まれているが，揮発しやすいため

製錬の際煙灰中に濃縮する。含有量は 0.2
～0.5％である。煙灰は酸化ばい焼などの
予備処理により 20～30％ GeO_2 に濃縮後，
製錬にかける。図 5.10 に処理プロセスの
概要を示した。

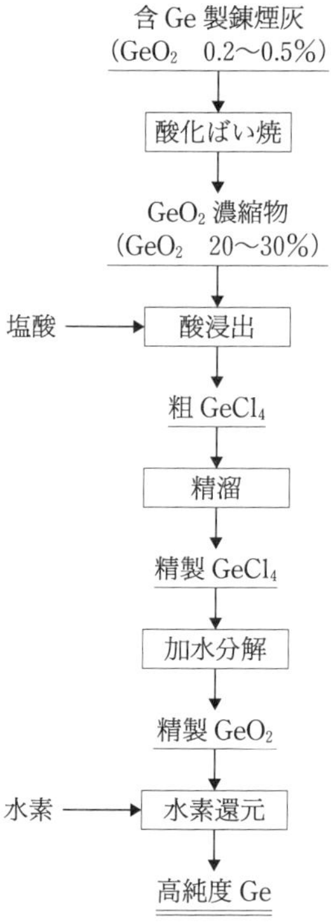

　最初原料を塩酸浸出し，GeO_2 を $GeCl_4$
に変える。$GeCl_4$ の沸点は 84℃と低いこ
とから蒸溜により精製できる。得られた
$GeCl_4$ に純水を加えると加水分解を起こし
GeO_2 が沈殿する。添加する純水はイオン
交換樹脂もしくは石英容器で蒸留したもの
を用いている。沈殿 GeO_2 は純水で洗浄乾
燥後，次の水素還元工程に送る。還元は下
記二段の反応で進行する。

$$GeO_2 + H_2(g) = GeO + H_2O(g)$$
$$GeO + H_2(g) = Ge + H_2O(g)$$

含 Ge 製錬煙灰
(GeO_2　0.2～0.5％)
↓
酸化ばい焼
↓
GeO_2 濃縮物
(GeO_2　20～30％)
塩酸 → 酸浸出
↓
粗 $GeCl_4$
精溜
↓
精製 $GeCl_4$
加水分解
↓
精製 GeO_2
水素 → 水素還元
↓
高純度 Ge

図 5.10　半導体用高純度ゲルマニウ
ムの製造工程図

　高温ほど還元速度は大きくなるが，中間
生成物の GeO の昇華温度が 710℃と低いので，650～675℃で還元し，生成
した Ge 粉末を同じ水素気流中で融点以上に加熱して熔融塊としてから最終
的にゾーンメルチングにより 9 ナイン以上の単結晶ゲルマニウムにしている。

4. 水素貯蔵・輸送媒体としてのアンモニアの利用

　アンモニアは大部分が肥料，合成繊維，硝酸などの化学工業用基礎原料と
して使用されているが，水素含有量が多く，また分解，取扱いの容易なこと
などから水素の貯蔵・輸送媒体として注目されている。文科省も 2013 年度
から開始した〝水素から他のエネルギーキャリアーへの転換・輸送・利用技

術の基礎研究″でもアンモニアを研究対象に取り上げている。

　液体アンモニアは単位容積当たりの水素量，熱量がともに液体水素より多く，水素含有量も 17.7 mass％で水素吸蔵合金やメタノールよりも大きい。また，室温では 10 atm，大気圧では−33℃で比較的容易に液化できることなどの利点があるため，水素の貯蔵，輸送媒体の一つとして使用されている（表 5.1）。

表 5.1　水素貯蔵・輸送媒体の機能特性の比較

貯蔵・輸送媒体	化学組成	沸点 (℃)	質量水素密度 (mass ％)	体積水素密度 (kg/m³)
アンモニア	NH_3	−33.4	17.7	121（液体）
メタノール	CH_3OH	64.7	12.5	99.5
メチルシクロヘキサン	C_7H_{14}	101	6.16	47.3
水素吸蔵合金	$LaNi_5H_6$		1.4	98.6
液体水素	H_2	−253	100	70.6
圧縮水素	H_2		100	20（35 MPa）

4.1　粗銅の精製とアンモニア[16]

　転炉熔銅のアンモニア処理工程を図 5.11 に示した。

　転炉熔銅には酸素，硫黄のほか各種金属不純物が含まれているので電解精製にかける前に空気を吹き込み，鉛，ひ素，アンチモンなどの比較的酸化されやすい不純物をスラッグ化除去し，次いでアンモニアガスを吹き込んで脱酸を行う。分解ガスの窒素は熔湯の攪拌を促進し，含有酸素は約 0.2％まで減少する。吹

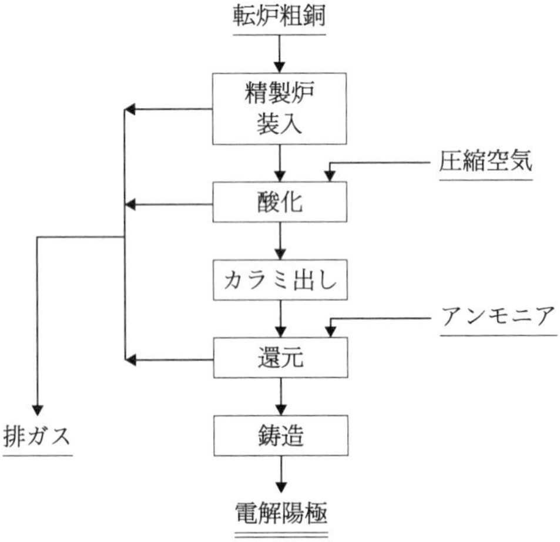

図 5.11　転炉へのアンモニア吹き込みによる熔融粗銅の精製

き込み温度は 1,150℃，アンモニアの消費量は熔銅トン当たり約 7.3 N m³ である。なお，脱酸用ガスとしてはアンモニアのほかブタンも使用されている。

4.2 アンモニア分解水素の利用

液体アンモニアは大量輸送，貯蔵が可能で，ボンベ詰めの水素よりコスト安になること，分解工程が単純で高純度の水素が得られることから金属加工分野で広く使用されている。

アンモニアのクラッキングプロセスを図 5.12 に示した。

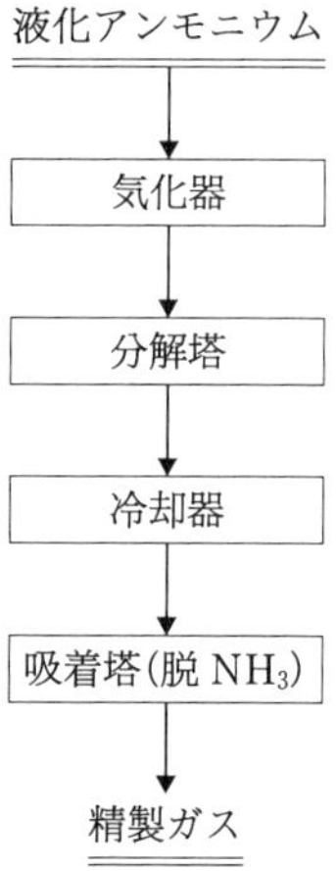

気化器でガス化したアンモニアはアルミナ系担持酸化 Ni 触媒を充塡した分解塔に導入し，850～1,000℃ に加熱すると水素と窒素の混合ガスが得られる。分解塔からのガスには未分解のアンモニアが残っているから，高純度水素が必要なときはさらに吸着塔で精製する。用途としてはトタンの製造工程で，連続乾式亜鉛鍍金を行う際，鋼板表面の酸化皮膜の還元除去用のほか，ステンレス鋼の光輝焼鈍，ろう付け時の雰囲気ガスとしても使用されている。

液化アンモニウム
↓
気化器
↓
分解塔
↓
冷却器
↓
吸着塔(脱 NH₃)
↓
精製ガス

図 5.12 アンモニアの
クラッキング工程図

5. ま と め

本章では金属製錬における水素およびアンモニアの利用状況について述べた。製鉄工業では純水素ではなく，改質天然ガスによる直接還元が行われており，その代表例は Midrex 法になる。純水素による直接還元は吸熱になることから熱の供給が不可欠で，必要熱量を余分の水素で補わなければならない。また還元ガスの利用率が 20～30％ と低いことも重なり，還元炉を循環する水素が多量になり，設備費や動力費が増大すること，さらに還元に際し

ては流動炉が望ましいが，焼結による流動障害が起りやすいなどの欠点がある。

しかしながら，製鉄への水素適用の最終目標が CO_2 による環境汚染の回避のほか，水の熱化学分解との組み合わせによる鉄鋼製錬プロセスのクローズドシステム化にあると考えると，現時点での直接還元はこれら目標達成への第一段階との見方もできる。アンモニアは水素との組み合わせで，鉱石からの金属抽出や還元に使用されている。

Mo および W の製錬への適用は以前から行われているが，カナダでは Ni と Co 含有の硫化鉱石の湿式処理，およびオートクレーブによる高圧水素還元による浸出液からのニッケルとコバルト粉末の製造工場が稼動しており，金属製錬と化学工業の複合化例として世界的に知られている。この方法は素材の供給にとどまらず，最終製品として新しい材料の開発をも目指した製錬法で，将来の冶金技術を考える上でも示唆に富む方法として注目される。

水素は精製が容易なこと，溶け込み，化合による汚染がないことなどの理由から，半導体用超高純度金属の製造に広く利用されている。本章では Si，As，Ge 精製への適用について述べた。

さらにアンモニアは水素の輸送および貯蔵媒体として各種金属工業で使用されていることについても述べた。水素社会の将来を展望するときアンモニアの果たす役割を軽視することはできない。

［引用文献］

[1] 稲田裕：R-D Kobe Steel Engineering Report (2000), 50(3), 86-89.

[2] F. A. Forward: Min. Metal. Bull. (1953), 46, 499.

[3] F. A. Forward: J. of Metals (1993), 5, 775-779.

[4] 井上博司：日本鉱業会誌(1993), 12, 1150-1156.

[5] 山口悟，伊藤正美：日本鉱業会誌(1993), 12, 1146-1149.

[6] 田中時昭，芝山良二：文部省科学研究費補助金特定研究「結晶成長」報告書第2年度(1974). 金属硫化物からの金属の結晶成長に関する研究.

[7] R. Shibayama, K. Kaneko, T. Tanaka: ACS/CSJ Chemical Congress (1979), 520. Inorganic Chemistry.

[8] F. Habashi, R. Dugdale: Metall. Trans. AIME (1973), 4, 1439-1440.

[9] K. N. Subramanian, P. H. Jennings: Can. Metall. Quarterly (1972), 11(2), 387-400.

[10] 芝山良二，田中時昭：Bulletin Faculty Eng. HokkaidoUniv. (1982), 110, 13-24.

[11] J. H. McNamaras, W. A. Ahrens, J. G. Franck: 107th TMS-AIME Annual Meeting Denver Colorado (1978).

[12] 荻野貞明, 竹口正勝, 幸野博, 南秀晃：日本鉱業会誌, 109(12), 1191-1197.

[13] 前田正史：生産研究(1986), 38(9), 431.

[14] 関口宏, 三角孝, 俣田信次, 石黒三郎：日本鉱業会誌(1993), 109(12), 1140-1145.

[15] 塩崎：日本鉱業会北海道支部冶金研究会第4回冶金研究会資料(1974), 35-39.

[16] 苅田鉄三郎：日本鉱業会誌(1970), 86(985), 329-330.

第6章
明日の冶金に挑む

1. 金属およびエネルギーと文明の興亡
2. 冶金工業と水素製造
3. 鉄鋼製錬と水素製造
4. 非鉄製錬と水素製造
5. まとめ

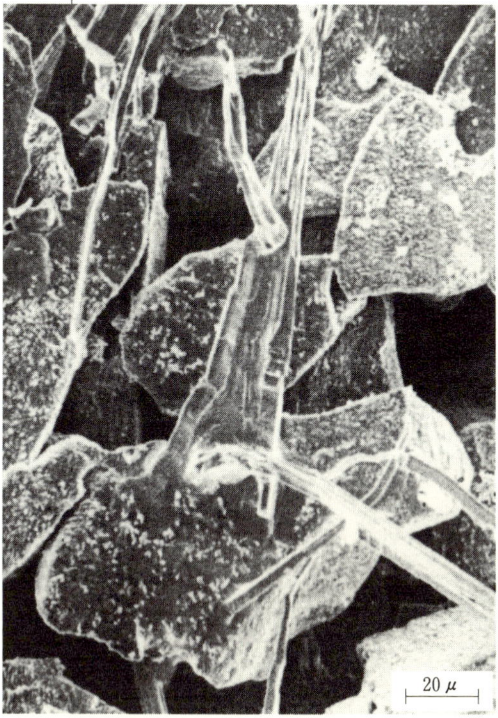

20 μ

Co_4S_3 を 850°C で水素還元したときに生じた金属コバルト

1. 金属およびエネルギーと文明の興亡

金属の発見や利用が文明の進化と発展に果たした役割の大きさははかり知れない。洋の東西を問わずいつの時代にも金属を道具や武器として最大限利用した民族が優れた文明を生み出したことは史実に明らかである。

金属と並び文明の進化に決定的な影響を与えたのは冶金に必要なエネルギー源となる燃料の変遷であった。紀元前3,000頃，古代オリエントに栄えた世界最古の文明において青銅合金の製法が発見されてから17世紀までの約4,000年の長い間，人類が使用した燃料は主として森林に依存した薪や木炭であった。時代の流れとともに金属の使用量は急激に増大し，メソポタミアでは砂漠化が，イギリスでは早くも16世紀末には広範な森林の消滅が起き，大きな社会問題に発展した。

日本での古代製鉄法である〝たたら吹き〟でも，炉1基当たりの木炭の年間消費量は約1,100トンである。これだけの木炭を確保するには約60町歩の森林を必要としたことから，江戸時代後半には中国地方の砂鉄産地では英国と同様に森林の荒廃と木炭不足の危機的状況が起こっている[1]。

コークスによる製鉄が始まったのは今から約250年程前である。鉄鉱石の還元剤である薪，木炭から石炭，コークスへの切り替えは冶金技術に画期的な進歩をもたらした。この新製鉄法からスタートした近代工業文明の波は，ヨーロッパ，米国，日本へと急速に波及し，その間一次エネルギーの供給源も石油へと移行した。

20世紀は〝自動車の時代〟ともいわれ，現在9億台もの車が世界で使用されている。これにともない世界の石油消費量の1/3が自動車用である。また，自動車の構成材料についても，鋼材(sheet, bar, cast)などが68.7%，アルミ材が10.6%で(トヨタ Mark II)，合わせて約8割を金属が占めている[2]。

自動車以外にも，広範な普及により人々の生活を豊かにしたものにIT機器，家電があるが，これら製品にも以前には余り知られていなかった新しい

140

多くの金属，所謂レアメタルが使用されるようになり，ハイテク産業には不可欠の材料となっている。

まさに金属と化石燃料の膨大な消費なくしては今日の工業文明は成立しなかったのである。

2. 冶金工業と水素製造

水素経済社会での究極的な水素製造方式は自然エネルギーによる水の分解といってよいと思う。自然エネルギーの大量獲得には多くの制約をともなうから，ここ当分は既存の化石燃料に依存する時代が続くと見なければならない。したがって，現在のエネルギー需給システムと調和した過渡的かつ現実的な水素製造技術の開発シナリオづくりが必要となる。

現在世界的に進められている水の熱化学分解による水素製造はエネルギー供給サイドからのアプローチであり，ユニット技術の組み上げがその基本になっている。しかし，これまでの研究経過から見てそのような技術のうちで実用化に結びつくものは少なく，工業化の可能性も低い。

エネルギーの大量消費産業である冶金サイドから見ると，今までの縦の行き方のほか，既存の産業に合わせる形でユニット技術の性格を決める横からのアプローチもあってよい。また，このようなアプローチを取ることにより水素と金属の同時製造を含めた特徴ある水素エネルギーの開発研究が展開できる。

水の熱化学分解では入力側は水とエネルギーのみであるが，これに適当なほかの原料物質を加えることにより酸素以外の付加価値の高い製品を製造し，しかも水素も同時に回収することが可能である。このようなオープンシステムの利点は水の直接分解より少ないエネルギーで水素を製造できること，熱化学分解サイクルに組み込まれた水素発生反応を利用でき，工業スケールでの実用化に際しても既存の信頼性が高く，かつ安定した技術的蓄積の適用が可能なこと，水素を主体とした新しい製錬技術の開発に対しても先導的な役割を果たしうることなど多くの魅力的な特徴を持っている。

3. 鉄鋼製錬と水素製造

日本の製鉄と鉄鋼製品の品質は非常に高いレベルにあり，技術的にも成熟期に入りつつある。これに対して副生ガスについては，その利用と高付加価値という面で残された未開発分野の一つとされており，今後の技術開発の重点はこの分野に移るものと見られる。

特にコークス炉ガスは以前から水素源として注目されていた。今までの歴史的経過を見ても，オイルショック時の製鉄と化学工業との複合化，さらに最近では燃料電池，自動車などへの重要なエネルギー供給源として取り上げられている。製鉄からの副生物であることから，水素の利用は今後，高炉でのCO_2削減に向けての取り組みが期待される。

副生ガスの重要な用途として，もう一つ火力発電用燃料がある。製鉄所では鉄の生産に必要な電力を，所内から出る副生ガスを使用して自家発電でまかなっており，発電技術について長年にわたる多くの知識と経験の蓄積がある。

国が取ってきたエネルギーの縦型体制政策から，エネルギー産業への他産業の進出は最近まで困難であった。しかし1995年末の電気事業法の改正で，今までの規制が緩和され，製鉄工業から電力会社への電力の卸し供給が始まっている。

製鉄所の副生ガスを利用している全国のIPP関連の共同火力発電会社(君津，戸畑，大分，鹿島，和歌山，水島，福山，神鋼神戸)の総出力が700万kW，その他二つの製鉄所(室蘭，釜石)の自家発電設備30万kWを入れると，合計730万kWになる。原発1基の出力を100万kWとすると，7基分に相当することから，製鉄工業は電力の供給産業としての機能も持った企業と見ることができる。

将来の冶金技術開発のパラダイムとして水素を指向すると，水素エネルギーシステム実現の鍵は大量安価な水素製造法の開発にかかってくるが，自然エネルギーの本格的始動が早急には望めない現状からすると，水素供給ポ

142

テンシャルの高い有力候補は製鉄プロセスからの副生ガスになる。したがって，製鉄の将来構想として鉄と水素を機軸とした複合型産業への移行も予測しうる。

ただ水素は石油に比べ貯蔵・輸送の面で大きな欠点があり，CO_2 の液体燃料化による再循環も考慮して水素に代わりメタノールへの転換による無機と有機化学工業の融合した素材産業への変身もあり得る。

いずれにせよ，さらなる冶金技術の発展には従来の鉄のみの生産にこだわらず，Steam-Iron 法でとられている鉄鉱石の水素製造への適用，Fe(II) を含む鉄珪酸塩系冶金スラグからの水素や CO_2 のメタン化など鉄以外の併産をも組み込んだ幅広い視野からの技術開発が今後必要と思う。

4. 非鉄製錬と水素製造

銅，鉛，亜鉛などの非鉄製錬原料は硫化鉱石である。硫黄化合物は酸化物とはまったく異なる化学的挙動を示す。これは硫黄が $-2 \sim +6$ 価までの幅広い原子価をとり，水素，酸素のいずれとも結び付く性質を持っていることによる。

硫化鉱石の水素による直接還元は酸化物とは異なり低 H_2S 濃度で還元が停止してしまう。このような平衡論的制約から実用化は無理として今まで取り上げられていない。しかし，H_2S に対して強力な捕集作用を持つ CaO との共存下では，発生 H_2S を CaS として固定でき水素還元が可能となる。

一方，湿式製錬では，水素の工業的適用例としてカナダでの Sherritt 法がある。製錬所の近くに出る天然ガスから水素とアンモニアを製造する化学工業と，含 Ni，Co 硫化鉱石をアンモニア浸出後抽出液を水素により加圧還元して Ni と Co の粉末を製造する冶金と化学との複合というカナダの事例は，水素を中心とした将来の冶金技術を考える上で示唆に富む方法と思う。

水素製造の面からも硫化物は多くの特徴ある性質を持っている。水の熱化学分解で取り上げられた水素発生反応を見てもこのことは明らかである。

硫化鉱製錬での水素の同時製造を前提にすると，水素源として重視される

ものに H_2S, FeS, Fayalite スラグが挙げられる。H_2S の最大資源にサワーガスがある。10%以上の H_2S を含んだサワーガスの世界埋蔵量は約 10 兆 m^3 にのぼるが[3]，有毒ガスであるのに加え腐食性が強いため，従来の天然ガスに比べ開発が困難で，その多くが未開発のままとなっている。最近天然ガスの豊富な UAE は造水，電力への大幅な需要の伸びから天然ガスの供給不安が強まり，未開発のまま残されているサワーガスの開発に乗り出している。しかし，その処理はクラウス法で，水素の回収は考慮されていない。もう一つ H_2S の大きな工業的発生源として石油の脱硫プロセスがあるが，サワーガスと同様これもクラウス法により処理され硫黄のみの回収に留まっている。したがって，資源の活用と水素エネルギーの両面から硫黄と水素を同時に回収できる処理法の開発が重視される。

　H_2S からの水素回収については，$FeCl_2$-H_2S 系による熱化学分解があるが，$FeCl_2$ は揮発しやすいことから平衡論的には気相 $FeCl_2$ との反応の利用が望ましい。ただ，この系の利用では反応装置の腐食が大きな障害になることが予想される。H_2S の金属による分解では製錬プロセスとの組み合わせを考慮して銅および鉛の熔融状態での反応について検討したが，水素と等モルの SO_2 が生成し，含有硫黄の全量を $S°$ として回収できない。この点 Ni-Cr 系の複硫化物を使用すると H_2S の二段の熱化学分解が可能となる。

　硫黄含有量が黄鉄鉱より少なく，硫酸製造原料として利用できない磁硫鉄鉱(FeS)の資源化策として FeS-CaO-H_2O(g)系による水素の回収についても述べた。

　非鉄製錬での水素の同時製造に関連して，もう一つ CaO-FeO-SiO_2 系スラグの利用がある。平衡論的に Fayalite への CaO の添加により水素の回収が可能なこと，また $CaFeSiO_4$ 系スラグが Fayalite 系よりも水素製造に有利なことについて述べた。しかし，固体表面に生成する Ca 珪酸塩被膜による反応阻害が予想されるから，今後速度論的研究による検証が必要となる。

5.　ま　と　め

　世界経済は現在低迷状態にあり，打開策として産業構造の改変や技術イノベーションが以前にも増して重視されつつある。先進諸国はこれまでの経済成長を維持するため，原動力として技術革新を重視しており，国家戦略としてその実現に動き始めた。資源に乏しい日本でも経済の再生と発展には，創造的科学技術が不可欠との見方が強い。

　国が戦略として技術イノベーションを取り上げるようになったのは，現在の経済システムでは短期的な利潤のリターンへの要求が強く，遠い将来を見据えての長期投資が難しいためである。加えて，石油や鉱産資源は通常の流通商品とは異なり，価格が上がっても生活レベルを下げない限り消費を減らすことは困難で，供給についても資源の開発に長期の時間と巨額の投資が必要になることも国が戦略として取り上げた理由となっている。

　さらに 2003 年頃から資源の高騰を背景に自国の資源を囲い込む動きが出てきた。鉱山の国有化，外資の制限，鉱石の輸出禁止，関連税率の引き上げ等資源ナショナリズムが世界的に広まっている。

　イノベーションを目指す際，最も重要となるのは核となる技術目標である。石油の枯渇と炭酸ガスによる地球温暖化防止策として水素経済が提案された。

　海外では石油メジャーが多額の資金を投入し，水からの水素製造技術の研究開発を行う専門会社を設立する動きも見られた。日本もこの問題には逸速く反応し，ナショナルプロジェクトとして努力が積み重ねられてきたが半世紀を経過したにも関わらず実用化に結び付く成果は得られなかった。このため，水素社会は実現不能な幻の計画との見方さえ出ている。

　しかしながら，今後 50～100 年の長期を見据えた展望では，石油や鉱産資源の価格上昇と供給ひっ迫は必ず起こるとみなければならない。資源の制約問題と炭酸ガスによる地球の温暖化の同時解決は人類の生き残りにも関わる重要課題になる。

　夢のない技術者には革新的な科学技術創造への決意と情熱は湧き出ない。

夢は若さの象徴である。

　要は，このような重大な問題の解決に対して，エネルギーの多消費産業の冶金分野からどのようなアプローチが可能なのかである。

　冶金工業の将来として，人類の進化に不可欠な金属に加え，水素製造というエネルギー産業をも双方向で捕らえた新しい対応も可能である。さらに，水素を軸とした他産業との複合化への道も残されている。

　文明の原動力である金属とエネルギーといった二つの貴重な鍵を付託された冶金工業が，この黄金の鍵により新しい文明創造の扉を開くことを期待して止まない。

[引用文献]
　[1] 星野芳郎：技術と文明の歴史(岩波ジュニア新書)(2000), 44-45.
　[2] 大宮義信, 佐野豊和, 箕浦忠行：R・D神戸製鋼技術(2007), 57(2), 2-7.
　[3] 藤井哲哉：JOGMRC　海外事務所レポート(2009/08/18), 1-14.

JN331371